THE CHEMISTRY BOOK

"人类的思想"百科丛书
精品书目

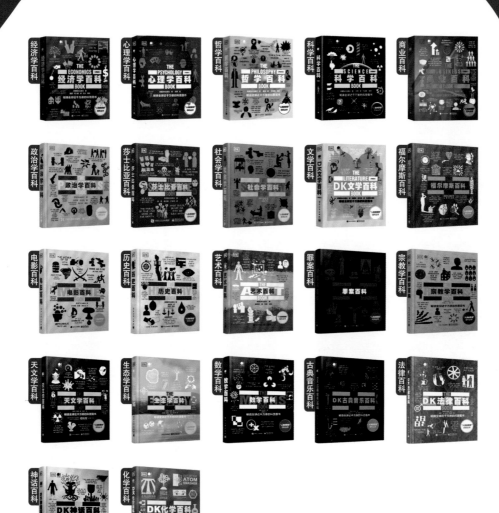

更多精品图书陆续出版，
敬请期待！

"人类的思想"百科丛书

CDK化学百科

英国DK出版社 著

张 洁 译

電子工業出版社
Publishing House of Electronics Industry
北京·BEIJING

图书在版编目（CIP）数据

DK 化学百科 / 英国 DK 出版社著；张洁译 . —北京：电子工业出版社，2024.1

（"人类的思想"百科丛书）

书名原文：The Chemistry Book

ISBN 978-7-121-46610-6

Ⅰ . ①D… Ⅱ . ①英… ②张… Ⅲ . ①化学－普及读物 Ⅳ . ① O6-49

中国国家版本馆 CIP 数据核字（2023）第 214121 号

责任编辑：郭景瑶
文字编辑：刘　晓
印　　刷：鸿博昊天科技有限公司
装　　订：鸿博昊天科技有限公司
出版发行：电子工业出版社
　　　　　北京市海淀区万寿路 173 信箱　邮编：100036
开　　本：850×1168　1/16　印张：21　字数：672 千字
版　　次：2024 年 1 月第 1 版
印　　次：2024 年 7 月第 2 次印刷
定　　价：168.00 元

凡所购买电子工业出版社图书有缺损问题，请向购买书店调换。若书店售缺，请与本社发行部联系，联系及邮购电话：（010）88254888，88258888。

质量投诉请发邮件至 zlts@phei.com.cn，盗版侵权举报请发邮件至 dbqq@phei.com.cn。

本书咨询联系方式：（010）88254210，influence@phei.com.cn，微信号：yingxianglibook。

"人类的思想"百科丛书

本丛书由著名的英国DK出版社授权电子工业出版社出版，是介绍全人类思想的百科丛书。本丛书以人类从古至今各领域的重要人物和事件为线索，全面解读各学科领域的经典思想，是了解人类文明发展历程的不二之选。

无论你还未涉足某类学科，或有志于踏足某领域并向深度和广度发展，还是已经成为专业人士，这套书都会给你以智慧上的引领和思想上的启发。读这套书就像与人类历史上的伟大灵魂对话，让你不由得惊叹与感慨。

本丛书包罗万象的内容、科学严谨的结构、精准细致的解读，以及全彩的印刷、易读的文风、精美的插图、优质的装帧，无不带给你一种全新的阅读体验，是一套独具收藏价值的人文社科类经典读物。

"人类的思想"百科丛书适合10岁以上人群阅读。

《DK化学百科》的主要贡献者有Andy Brunning, Cathy Cobb, Andy Extance, John Farndon, Tim Harris, Charlotte Sleigh, Robert Snedden等人。

目 录

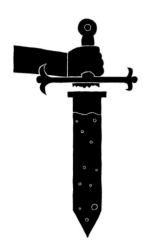

化学革命
1800—1850年

工业时代
1850—1900年

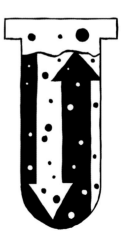

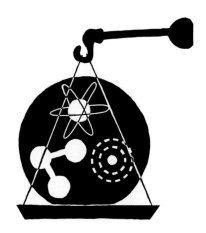

机器时代
1900—1940年

核子时代
1940—1990年

不断变化的世界
1990年至今

INTRODUCTION

前言

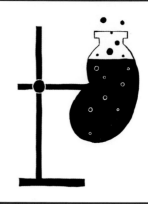

化学可以被定义为对构成我们自己和我们周围世界的元素和化合物，以及将各种物质转化为不同物质的反应的研究。但如此简单的定义会削弱化学的神秘和奇妙，这种神秘和奇妙多年来一直吸引着人们对其进行研究。

化学是天赋和奇观的科学。两种无色液体混合在一起，可以产生一团盛开的亮黄色沉淀物；一片闪闪发光的金属落入水中，会起泡并剧烈地"爆裂"成空灵的淡紫色火焰……这些反应在被解释之前，看起来像是魔法。

然而，与魔法不同的是，化学在几个世纪以前就已经"脱下"了它的"神秘外衣"，尽管探索它们所需的一些工具可能很复杂。随着我们对化学的不断探索，我们对这门科学的认知也在不断深化。

从炼金术到化学

在古代，化学是作为分离和提炼物质的一种实用手段出现的。其驱动力是，人们认识到构成混合物的各成分可能具有不同的性质。

在古巴比伦、古代中国、古埃及，这些技术的早期实践者们开发了专门的设备来更好地改进他们的工艺。其中一些工艺，如生产肥皂、制造玻璃和提炼金属的工艺，至今仍以改良形式被使用。

在中世纪，炼金术被认为能带来财富和不朽。炼金术士们孜孜不倦地寻找传说中的"贤者之石"，这是一种传说中的物品，据说可以将普通金属变成黄金，并能制造出让服用者长生不老的"灵丹妙药"。

尽管这些目标无法实现，并且在今天看来可能会令人惊讶，但炼金术士们为实现这些目标所做的努力促进了实验化学的发展，甚至引导了新元素的发现。

到了18世纪，现代化学的雏形从日益受到贬低的炼金术实践中出现。化学思维的革命使人们对物质的相互反应和结合有了更清晰的认识。

19世纪见证了现代原子理论的建立，以及化学中最知名的可视化表现形式——元素周期表的出现。19世纪还见证了化学工业应用的爆炸式增长，这些应用将这门科学转变为一种使创新能够实现的技术学科。

20世纪见证了诸多创新的实现。正如我们所知，塑料、肥料、抗生素和电池是现代生活的重要组成部分，同时也很少有发明能够像避孕药那样产生如此巨大的社会影响。

但化学的力量及其潜在危害也给我们带来了警示，含铅汽油的长期使用及其对神经系统的潜在影响，消耗臭氧层的化合物对臭氧层造成的损害，以及核武器的问世，

化学这门科学的伟大之处就在于它的进步为我们打开了通往更深入、更丰富知识的大门。

迈克尔•法拉第

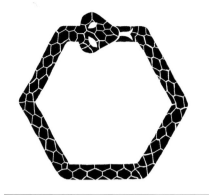 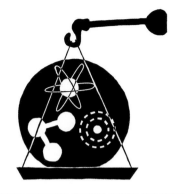 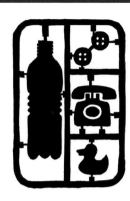

都在提醒人们，化学品既有益又危险。

今天，我们与化学的关系是矛盾的。一方面，它持续为我们提供重要的和拯救生命的创新，不断扩展我们的知识范围，如疫苗就依赖化学作用。另一方面，人们也持续关注化学品对健康、气候和地球的影响。然而，要解决这些化学问题，我们必须将化学与其他科学结合起来。

化学的分类

一般来说，现代化学可分为三大类：物理化学、有机化学和无机化学。

物理化学是处于物理和化学之间的交叉领域，通常应用数学概念来理解化学现象。它的内容包括热动力学，化学家可以应用热动力学来确定化合物的稳定性、某些反应是否能够发生，以及反应发生的速度。

有机化学主要研究碳基化合物及其衍生物。碳原子的独特之处在于它能够与其他碳原子和其他元素（如氧、氢和氮）的原子以化学

化学不仅是一种思想学科，还提供了一种冒险和审美的体验。

西里尔·欣谢尔伍德爵士

键的形式形成大的网络。生物化合物，包括我们的DNA，都是有机化合物，我们使用的许多药物也是如此。有机化学的研究是为了了解这些化合物的结构和反应。

无机化学研究有机化合物及其衍生物之外的所有元素及其化合物，包括金属化合物，确定它们的结构及它们如何反应。这一领域的进步引导了染料、新材料和锂电池的出现。

虽然教科书和化学课程通常将化学进行这样的分类，但它们内部之间，以及化学、生物学和物理学之间的界限越来越模糊。近年来

的许多重大科学进步，如使用粒子加速器发现新元素、基因编辑技术的发展和COVID-19疫苗的开发，超越了这些简单的分类，需要跨学科的专业知识。

化学已成为中心科学，并与其他科学交叉以提供令人兴奋的新进展。这本书描绘了这种演变的过程，从化学在古代的实践根源开始，讲述了现代化学如何从炼金术中出现，并最终揭示了化学的影响如何延伸到当今世界的几乎每一个领域。■

PRACTICAL CHEMISTRY
PREHISTORY TO 800 CE

实用化学

史前到800年

有证据显示，几个古代文明都在酿造发酵饮料。

约公元前7000年

世界上第一位有记录的化学家塔普蒂-贝拉特卡里姆使用萃取、蒸馏和过滤的方法来制造香水。

约公元前1200年

吕底亚人开发了提炼贵金属的方法。

约公元前6世纪

约公元前2800年

苏美尔文明用动物脂肪、木灰和水制造了肥皂。

约公元前650年

第一本玻璃制造手册出现在亚述巴尼拔国王的图书馆。

实用性通常是早期化学实践的驱动力。虽然西方世界经常把自己视为有记录的化学史的中心，但事实上，实用化学的基础是由全球的各个古代帝国共同奠定的。

最初，人们使用化学工艺来制造日常使用的物品或能带来便利的物品，如肥皂、陶器、织物、染料和房屋建筑材料。

从考古证据中我们知道，发酵是我们的祖先最早进行实验的生化过程之一，并被用于制造面包和发酵饮料。在古代中国，早期的米酒通过发酵大米、蜂蜜和水果来生产。古代中国人还开发了蒸馏工艺。美洲和撒哈拉以南非洲的几个文明也发明了自己的酒精饮料。

化学工艺

蒸馏并不仅仅用于酒精生产。在古巴比伦，早期化学仪器和技术的发展实现了混合物的分离，而分离过程就利用了各组分的不同性质。

这些技术后来转向了手工艺应用，包括香水的生产。古巴比伦诞生了有记录以来第一位可确定姓名的化学家塔普蒂-贝拉特卡里姆（Tapputi-Belatekallim），她在泥板上记录了她的工作。她详细介绍了她使用萃取、蒸馏和过滤的方法来调制用于医药和典礼的香水的过程。

玻璃制造是另一种手工艺应用的化学过程。亚述巴尼拔国王（公元前685—公元前631年）的图书馆中出现了第一本玻璃制造手册——但我们从考古证据中得知，古埃及、古代中国和古希腊等其他文明的人们，在此之前都在试验制造玻璃。生产的玻璃被用于制造武器、装饰品和空心器皿，尽管玻璃吹制工艺直到1世纪才发展起来。

冶金

早期的化学技术还被用于金属冶炼。金和银等贵金属比其他金属更方便实用，但它们通常与其他元素共存，而在吕底亚开发的金银提炼技术成功创建了一套标准造

在古希腊，留基伯和德谟克利特提出，一切物质都是由极小且不可分割的部分组成的。

亚里士多德改进了恩培多克勒的理论，并添加了第五种元素，称为"以太"。

约公元前 **5** 世纪

约公元前 **4** 世纪

约公元前 **475** 年

约公元前 **450** 年

中国、南美和非洲的冶金学家使用早期的高炉从矿石中提取铁。

恩培多克勒提出四种"基本根源"——土、气、火和水——构成了万物。

币系统。

更重要的是从矿石中分离金属的技术，这些金属原本与其他元素结合在一起。中国古代出现的早期高炉一般用于提炼铁，南美的一些土著文明中也有铜冶炼的证据。这些技术将金属的使用范围从装饰性文化物品转变为包括武器在内的一系列实际应用。

元素基础

大约2500年前，古希腊哲学家们开始思考什么构成了我们的世界。他们的哲学思想为物质世界的研究奠定了理论框架的基础，在之后的几个世纪里一直具有重要意义。

古希腊伟大的哲学家留基伯（Leucippus）和他的学生德谟克利特（Democritus）提出了原子的概念，即构成一切物质的坚硬且不可分割的小块。德谟克利特还提出假设：不同形式的原子构成不同的物质，并且原子可以以多种方式相互结合。

在同一时期，恩培多克勒（Empedocles）提出，每一种物质都是由四种"基本根源"组合形成的，这四种"基本根源"分别是土、气、火和水。柏拉图（Plato）可能是第一位将这些物质称为"元素"的古希腊哲学家。亚里士多德（Aristotle）进一步将元素定义为"本身不能分割成不同形式的物体"。他还赋予了元素可描述的性质，以解释物质的特性。他的理论一直流行到17世纪，直到被物理元素的发现取代。与之相反，原子理论在这一时期消失了，直到18世纪才重新兴起。

这些经典思想，以及被各种古代文明创造出来的技术和仪器，将构成现代化学的基础。■

不懂啤酒的人，不知道什么是好啤酒？

酿酒

背景介绍

关键人物

不知名的酿酒者
（约公元前11000年）

此前

约公元前21000年 在以色列加利利海附近，狩猎采集者建造灌木小屋来储存种子和浆果。小屋设有壁炉、密封地板和睡眠区。

此后

约公元前6000年 在现今格鲁吉亚第比利斯附近发现的酒坛里保存着酿酒的化学证据。

约公元前1600年 古埃及文献记录了大约100个含啤酒的医疗处方，用于治疗各种疾病。

约公元前100年 在现今美国西南部，帕帕戈人在他们的神圣仪式中使用由树形仙人掌酿制的酒。

约1000年 啤酒花在德国的啤酒酿造过程中被广泛使用。

有文字记录以来，酒精就与社会活动相关——无论是神圣的还是世俗的，它的生产是可证实的最古老的化学过程之一。

最早的啤酒

我们无法确定酒精最初是如何被发现的，但酿酒是人类早期对化学的重要尝试。人类最早发现酒精很可能是偶然的，可能与腐烂的水果有关。有证据表明，酒精生产甚至可能早于大约11000年前的首次农作物种植。

在约公元前15000年到约公元前11000年，生活在地中海东部的纳图夫人，可能是最早酿造啤酒的人。在位于现在以色列海法附近的纳图夫墓地中，考古学家发现了约公元前11000年的石臼（碗），并分析了其中的残留物。他们发现，这些石臼曾被用于酿造野生小麦或大麦，以及储存食物。

考古学家推测，纳图夫人使用了一种三阶段的酿造工艺。首先，将小麦或大麦放入水中，使其发芽变成麦芽，之后将其取出，晾干；其次，将麦芽捣碎并加热；最后，将其发酵。在发酵过程中，空气中自然存在的野生酵母将大

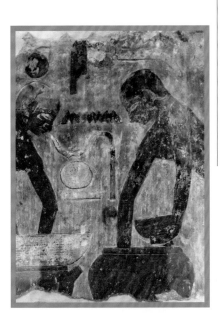

这个古埃及人酿酒的场景，可追溯到公元前2500—公元前2350年，是上埃及古城北阿比多斯的一座葬礼教堂的石灰石彩绘的一部分。

参见：纯化物质 20~21页，催化 69页，酶 162~163页。

1. 淀粉糖化
先将大麦麦芽与热水混合，然后过滤得到麦芽汁（一种糖溶液）。

2. 煮沸
将啤酒花添加到麦芽汁中，在酿造锅中煮沸。然后将麦芽汁冷却并过滤掉啤酒花。

3. 发酵
将麦芽汁转入发酵容器中并添加酵母。酵母将糖转化为酒精和二氧化碳。

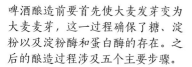

啤酒酿造前要首先使大麦发芽变为大麦麦芽，这一过程确保了糖、淀粉以及淀粉酶和蛋白酶的存在。之后的酿造过程涉及五个主要步骤。

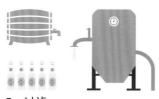

5. 过滤
最后，啤酒被过滤，变得清澈。也有一些啤酒种类未经过滤，保留了浑浊状态。

4. 熟成
啤酒在经过熟成之前是不可饮用的。在熟成过程中，酵母会分解有难闻气味的化合物。

麦或小麦中的糖转化为乙醇（酒精）。这一工艺生产出的更像是"啤酒粥"，而不是我们今天所熟知的啤酒。

现在普遍认为，早在约公元前7000年，几个古代文明的人就已经在酿酒了，并且关于最古老的酒精饮料的化学证据也可以追溯到这一时期。考古学家在中国贾湖遗址发现了陶瓷罐，并分析了其中的残留物。他们发现了一种由蜂蜜、大米和水果制成的发酵饮料。

对遗址内的器皿和残留物的检测表明，在该地区植物驯化的早期，人们使用了一种名为"曲"的谷物发酵剂来制作类似于啤酒的饮料。与纳图夫墓地的发现一样，这些器皿来自与墓葬有关的地点，这表明饮酒可能在葬礼中发挥作用。

面包和啤酒

关于啤酒生产最古老的文字记录来自美索不达米亚（位于底格里斯河和幼发拉底河之间，广泛覆盖现代叙利亚和土耳其的部分地区以及伊拉克的大部分地区）的一块有6000年历史的陶片。它被认为是由苏美尔文明创造的，苏美尔文明有一位名叫宁卡斯的酿造女神。

现存最古老的啤酒配方，是从一首有3900年历史的赞美宁卡斯的诗歌中发现的，其中描述了用大麦面包制造啤酒的过程。

古埃及是古代最大的葡萄酒和啤酒生产国之一。事实上，世界上已知最古老的啤酒厂（约公元前3400年）位于上埃及古城希拉孔波利斯，据说每天可生产超过1100升的啤酒。

古埃及啤酒厂通常与面包店联系在一起，两者都依靠酵母的活性将大麦和小麦等谷物中的糖转化为酒精和二氧化碳。不同之处在于，酒精是酿酒师所需的产品，而面包师则依靠二氧化碳来发制面包。似乎我们的祖先在烤面包之前就已经在酿造啤酒了。今天，酿酒过程中剩下的酵母通常用于制作面包。■

香甜的油

纯化物质

背景介绍

关键人物

塔普蒂-贝拉特卡里姆

（约公元前1200年）

此前

约公元前4000年 底格里斯河谷的人们制作了钟形罐子，这些罐子可能是蒸馏装置的一部分。

约公元前3000年 印度河流域的陶土蒸馏装置很有可能用于生产精油。

约公元前2000年 一个规模巨大的香水制造厂在塞浦路斯运营。

此后

约9世纪 阿拉伯哲学家肯迪（al-Kindi）的《香水和蒸馏化学》一书列出了100多种香水配方和制造方法。

约11世纪 波斯博学家伊本·西纳（Ibn Sina）发明了一种通过蒸馏从花中提取精油的工艺，以制造更精致的香水。

将液体混合物置于烧瓶中。

当液体被加热时，沸点最低的组分最先蒸发。

蒸气在冷凝器中液化。

纯化的液体作为馏出物被收集。

蒸馏是一种提纯、分离液体的过程，既适用于从固体中提取液体，例如从发酵物中提取酒精，也适用于从沸点不同的液体混合物中提取液体，例如从原油中分离丁烷、汽油等。

早期技术

人类最早的技术发现之一是从桦树皮中蒸馏出焦油。这种天然黏合剂是制造复杂工具的关键，可以将石刀片固定在斧头、长矛和锄头的木柄上。

人们在旧石器时代中期的欧洲遗址中发现了古老的焦油珠，这些遗址比现代智人到达西欧的时间早了大约15万年。这些早期采用蒸馏方法的人是尼安德特人，他们可能在火的余烬中加热桦树皮来提取焦油。

在此之后，人们学会了使用蒸馏来制造香水。从象形文字的证据来看，这是一种可以追溯到至少5000年前的技艺，当时，古埃及祭司在仪式中使用了芳香树脂。

制造香水的第一步是从植物中提取芳香精油，最常用的方法就是蒸馏。

参见：酿酒 18~19页，精炼贵金属 27页，制造黄金的尝试 36~41页，裂化原油 194~195页。

蒸馏器

在美索不达米亚，早在公元前3500年，蒸馏器就被用于蒸馏和过滤液体。当时，它们由一个盖子和双层黏土容器组成。液体在容器内被加热，变成气体积聚在盖子内并被水冷却。冷凝液（冷凝形成的液体）从盖子流入容器双边缘形成的槽中，并被收集。

这种工艺效率非常低，并且通常必须重复多次蒸馏才能达到所需的浓度。

第一位化学家

在公元前1200年左右的泥板上刻印的楔形文字，描述了古巴比伦人（美索不达米亚南部）使用早期蒸馏技术制造香水的过程。

泥板文献记录了古巴比伦一位名为塔普蒂-贝拉特卡里姆的香水制造者，她是有记录以来第一位可确定姓名的化学家。

"贝拉特卡里姆"的意思是"监督者"，"塔普蒂-贝拉特卡里姆"这个名字指的是皇家香水厂的监督者。

这些泥板记载了她关于香水制造的论述，以及她如何过滤和蒸馏香水，以供宗教仪式、医疗及皇室使用。虽然蒸馏器的出现远远早于塔普蒂所处的年代，但这些泥板文献提供了最早使用蒸馏器的文字记录。

塔普蒂等香水制造者还使用了一系列其他设备，其中大部分是从家庭器具改造而来的，如陶器、石锅、烧杯、秤、筛子、杵和研钵、滤布，以及能够达到一定温度的炉子。

另一块泥板上记载了塔普蒂生产一种软膏的过程，这种软膏含有水、花、油和菖蒲（可能是柠檬草）。

泥板上详细介绍了她用蒸馏器精炼各种原料的过程，这是蒸馏技术最古老的记录。原料先用水软化，再用油软化，之后被煮沸释放精油。精油迅速凝结在蒸馏器的壁上。之后，用水和酒精稀释收集到的浓缩液，就像今天的香水一样。■

这本18世纪的图书中描绘的蒸馏器，据说是由古埃及炼金术士玛丽亚·希伯来亚（Maria Hebraea）在2世纪左右发明的。冷凝液从冷凝管流入收集瓶。

女性调香师开发了蒸馏、萃取和升华的化学技术。

玛格丽特·艾力克
《海帕蒂亚的遗产》

蒸馏和升华

蒸馏是分离沸点不同的液体混合物的有效方法。最易挥发的组分在最低温度下蒸发。蒸气通过冷凝器，在其中冷却并恢复液态，之后作为馏出物被收集。通过调节温度可以分离不同的组分。另一种分离方法是升华，指固体直接变成蒸气而不经过变成液体的过程。一个现代的例子是固态二氧化碳（干冰）在室温下变成蒸气。碘、樟脑和萘等物质在加热时会升华，之后人们可以通过冷却蒸气来回收固体沉积物或升华物，这与收集液体馏出物的方式类似。

公羊的脂肪，火中的灰烬

制作肥皂

背景介绍

关键人物
苏美尔的肥皂制造者
（约公元前2800年）

此后

约公元前600年 腓尼基人使用山羊油脂和木灰制造了肥皂。

79年 早期肥皂制造厂存在的证据，在意大利庞贝古城的废墟中被发现。

700年 阿拉伯化学家使用植物油（如橄榄油）制造了最早的固体皂条。他们使用百里香油等芳香油进行调香和着色。

12世纪 一份文件将肥皂的关键成分描述为al-qaly，即"灰烬"，化学术语"碱"（alkali）由此而来。

1791年 法国化学家尼古拉斯·吕布兰（Nicolas Leblanc）开设了第一家用食盐生产碳酸钠的工厂，降低了制造肥皂的成本。

肥皂很可能是历史上第一种化学制剂，它是两种或多种化学物质的混合物。在苏美尔城市吉尔苏，人们发现了来自约公元前2500年的泥板，上面有制造肥皂类似物的最早记录。然而，考古学家认为，在此之前，肥皂可能已经被使用了至少300年。

制造肥皂的化学过程在所有文明中基本相同。吉尔苏是苏美尔的纺织生产中心，留存的肥皂配方主要用于羊毛的洗涤和染色。苏美尔人使用木灰和水的混合物来去除羊毛的天然油脂，这是附着染料的一个必要过程。苏美尔祭司很可能在仪式前使用类似的混合物来净化自己。

碱性的灰烬

灰烬和水的混合物之所以起作用，是因为灰烬中的碱（与酸相对）与油脂发生了反应，将其转化为了肥皂。肥皂可以溶解残留的油和污垢。人们意识到他们可以比较容易地制造肥皂产品，并将动物脂肪与碱性灰烬混合在一起制成清洁

> 这种水圣洁了天堂，净化了大地。
>
> 库苏赞美诗

剂，以清洗羊毛或棉花等纺织品。

在人体上，肥皂似乎更多地被用来治疗皮肤病，而不是清洁。来自约公元前2200年的苏美尔文字描述了肥皂在一个有皮肤病（皮肤状况不明）的人身上的应用。

古埃及人开发了一种与苏美尔人类似的制造肥皂的方法，并用肥皂来治疗皮肤病和清洗身体。约公元前1550年的《埃伯斯纸草书》，是已知最古老的医学著作之一，其上记录了通过将动植物油与碱性盐混合来制造肥皂的方法。

参见: 新型化学药物 44~45页, 酸和碱 148~149页, 酶 162~163页, 裂化原油 194~195页。

大约在公元前1000年, 中国人发现某些植物的灰烬可以用于去除油脂。周朝末期出现的一份名为《考工记》的文献记载, 在灰烬中添加贝壳粉末可以改进清洁效果。这一过程中产生了一种碱性化学物质, 可以去除织物上的污渍。

肥皂的发展

古罗马人和古希腊人通过将油涂抹到皮肤上, 然后用金属或木头刮去污垢来清洁他们的身体, 最早的例子可以追溯到公元前5世纪。

"肥皂" (soap) 一词首次出现在1世纪。当时, 古罗马作家和博物学家老普林尼 (Pliny the Elder) 在他的百科全书《自然史》中提到了 "sapo"。在书中, 他给出了用牛油和木灰制造肥皂的配方, 并将其作为 "治疗脓疮" 的一种方法。

2世纪, 著名的古希腊医生盖伦描述了用碱液 (从木灰中提取的氢氧化钾和氢氧化钠) 制造肥皂的方法。他指出, 使用肥皂可以有效清洁身体和衣物。

肥皂化学

植物或动物的脂肪中含有甘油三酯。甘油三酯由甘油分子连接三个脂肪酸长链组成。当甘油三酯与强碱溶液混合时, 脂肪酸会与甘油分子分离。这个过程被称为皂化。甘油分子转化为醇, 脂肪酸形成盐, 即肥皂分子。肥皂分子的头部是亲水的 (被水吸引) 和可溶的, 但它的尾部是疏水的 (被水排斥) 和不溶的。肥皂分子是强表面活性剂, 会在水的表面聚集。在水中, 肥皂分子形成微小团簇, 被称为 "胶束"。肥皂分子的亲水部分朝外, 形成胶束的外表面, 疏水部分朝内。脂肪和油等疏水性分子被包裹在胶束内, 而胶束可溶于水, 很容易被冲洗走。

现代肥皂

今天用于制造肥皂的最常见的脂肪或油是椰子油、葵花油、橄榄油、棕榈油和牛油 (牛的脂肪)。肥皂的特性取决于所用脂肪或油的类型: 动物脂肪可制成非常坚硬的不溶性肥皂, 而椰子油可制成更易溶解的肥皂。使用的碱的类型也很重要: 钠皂较硬, 而钾皂较软。

许多现代洗涤剂使用酶 (一种生物催化剂) 来分解食物和其他污渍中的脂肪、蛋白质和碳水化合物。■

肥皂分子疏水的尾部会附着在皮肤上的污垢和油脂上, 并将它们包裹在胶束中。

肥皂分子
亲水的头部
疏水的尾部
污垢
污垢中的细菌

肥皂分子的尾部附着到污垢上

肥皂分子的头部溶解在水中并将污垢带离皮肤
胶束
皮肤

暗淡的铁在深处沉睡

从矿石中提取金属

背景介绍

关键人物
安纳托利亚金属工人
（约公元前2000年）

此前
约公元前5000年 有证据表明，人类已学会从矿石中提取铜。

约公元前4000年 在巴尔干地区铸造的铜斧表明，当时的技术可以熔化和铸造金属。

此后
约公元前400年 古印度金属工人发明了一种冶炼方法，将碳与熟铁结合生产出钢。

约12世纪 西方的第一座高炉在瑞士的杜斯特尔建造。

提取金属是一项关键的技术进步，人们可以用金属来制造工具和其他物品（如珠宝）。最早被使用的金属是铜、银和金。大多数金属与其他物质结合在一起形成矿石。将金属从矿石中分离出来的过程被称为"冶炼"，这需要高温。

铜的提取

最早发现冶炼过程的人很可能是陶工，他们在烧制陶瓷时观察到闪亮的熔融金属从窑中流出。

冶炼铜需要将矿石加热到超过980℃的温度，这对于明火来说并不是一件容易的事，但在窑炉中可以实现。

右图显示，在青铜时代的一个作坊里，铜锡合金先在熔炉中进行混合及熔炼，然后被倒入一个砂模中以制造青铜器具。图中还有一个人正在检查一把新铸的剑刃。

参见: 精炼贵金属 27页, 制造黄金的尝试 36~41页, 氧气的发现和燃素的消亡 58~59页, 用电分离元素 76~79页。

> 黄金和铁, 无论在现代还是在古代, 都影响着世界的规则。

威廉·惠威尔
《艺术与科学进展讲座》

在巴尔干地区和埃及的西奈半岛, 人们发现了可追溯到大约6000年前的铜矿石竖井。早期矿工面临的一个主要挑战是打碎岩石以获取矿石。采矿技术的第一个重大技术突破是火烧——首先烧热岩石使其膨胀, 然后用冷水浇注使其收缩并破裂。在矿山附近还发现了坩埚(用于熔化金属矿物的耐高温黏土容器), 表明该地点也进行过矿石冶炼。

合金

铜本身是一种相对较软的金属, 在制造工具方面用处有限。大约5000年前, 人们发现将铜与其他材料混合制成合金可以制造出强度更高的金属。

将烧红的木炭与硫化铜矿石一起加热, 是早期生产铜合金的一种工艺。这些合金含有砷, 比纯铜硬得多。

铜锡合金可能是因为在冶炼过程中混入了含锡矿石而产生的。在铜中添加锡所得的合金比单独任一种金属都要硬得多, 也更容易铸造, 这种合金被命名为"青铜"。

大约在公元前3000年, 这种实用的金属在美索不达米亚的底格里斯-幼发拉底河三角洲被制造出来, 并通过贸易广泛传播, 预示着青铜时代的来临。

铁的冶炼

铁的冶炼最初可能是在约公元前2000年安纳托利亚的铜冶炼炉中偶然完成的。冶炼铁需要使用木炭作为燃料, 木炭燃烧的温度比木材高, 并可通过化学反应去除铁矿石中的一些杂质。

风箱的发明可以将含氧的空气泵入熔炉, 从而使熔炉更易达到较高温度。这些古老的熔炉, 被称为"渣坑"或"初轧炉", 因为无法达到熔化铁所需的温度, 所以只能生产出粗坯, 这是一种纯铁和其他材料的混合物。然后, 金属工人通过反复加热和锤打粗坯来进行精炼。以这种方式制成的铁被称为"熟铁"。

铁是地球上储量第四多的元素, 比铜和锡更易获得。在公元前1200年到公元前1000年间的地中海和近东地区, 关于铁器加工的知识迅速传播, 农具、武器等铁制品贸易也迅速扩展。而在中国, 高炉的发明极大地提高了铁的生产效率。■

高炉

高炉用于冶炼铁等金属。燃料和矿石不断地从炉顶送入, 同时空气被吹入炉膛底部以确保炉中的氧气供应。化学反应在整个炉膛中发生, 产生的熔融金属和熔渣落到底部, 烟气从顶部排出。到公元前5世纪, 铸铁工具在中国已十分普遍, 表明此时中国的高炉技术已发展成熟。这些高炉有黏土外壳, 并使用富磷矿物作为助熔剂来降低金属的熔点。1世纪, 中国工程师杜诗开发了水车来驱动活塞风箱, 从而节省了劳动力并提高了高炉的效率。在当时的欧洲, 铁的生产仅限于锻打生铁, 以生产熟铁。

如果它不是那么易碎，我会喜欢它胜过黄金

制造玻璃

背景介绍

关键人物

美索不达米亚的玻璃制造者
（约公元前2500年）

此前

约公元前5000年 人类开始使用天然玻璃来制造切割工具。

此后

约公元前1500年 玻璃制造在青铜时代晚期传播到古埃及和古希腊。

约公元前7世纪 亚述巴尼拔国王图书馆中的泥板上，有各种玻璃的制作说明。

约公元前1世纪 腓尼基人发明了玻璃吹制工艺。他们使用空心铁管将空气吹入一团熔融玻璃中以将玻璃塑造成器皿。

约1世纪 古罗马人发现添加氧化锰可以使玻璃更清晰，并首次在窗户上使用玻璃。

玻璃是一种非结晶物质，在地壳中天然存在，最常见的形式是黑曜石，这是一种在熔岩快速冷却时形成的黑色玻璃。它在世界范围内都有发现，可以被剥离成薄片并产生锋利的边缘，用于制造刀具、锯和矛头。

公元前2500年产自美索不达米亚的玻璃珠是已发现的最早的玻璃制品之一。其制造过程可能是陶工于高温下在陶瓷外部涂防渗釉时发现的。美索不达米亚人用三种成分制造玻璃：二氧化硅（SiO_2，通常是沙子）；苏打（氢氧化钠，$NaOH$）或钾碱（氢氧化钾，KOH），充当助熔剂以降低沙子熔化的温度；石灰[氢氧化钙，$Ca(OH)_2$]，用于稳定混合物。熔化原材料需要超过1000℃的温度，这是熔炉很难达到的。因为制造困难，所以玻璃制品备受推崇，也非常昂贵。熔融玻璃可以塑形。到了公元前16世纪中叶，美索不达米亚人通过胚心成形法来制造小型玻璃器皿。黏土或动物粪便作为胚心被连接到金属棒上并浸入熔融玻璃中，待玻璃冷却后，移除胚心便可制成器皿。

公元前5世纪，玻璃制造者发明了反射炉。反射炉一端有一个燃烧室，另一端有一个通风口。这使得几吨原材料可以一次熔化，大大提高了生产效率。■

> 玻璃和铜一样，在一系列熔炉中熔炼，形成暗黑色团块。
>
> 老普林尼
> 《自然史》

参见： 硼硅酸盐玻璃 151页。

黄金和白银是天然的货币

精炼贵金属

人类最早使用的金属是铜和金。在伊拉克北部发现了有8000年历史的铜珠，而黄金可能在更早的时间被用于装饰。到公元前4000年，有七种金属被使用：铜、金、银、铅、铁、锡和汞。其中，前三种在原生状态下被发现并且相对容易获得，而后四种是通过冶炼从矿石中提取的。

原生金属并不总是纯净的。公元前7世纪后期，安纳托利亚的吕底亚人从河沙中收集银金矿——一种苍白色的天然金银合金，并用它来生产钱币。公元前6世纪，吕底亚国王克里萨斯推出了世界上第一种标准化纯度的金币。

克里萨斯金币是由精炼、提纯的黄金制成的，这是通过将银金矿敲平并将其放在陶罐中的盐层之间制成的。在使用低于金熔点的温度加热几个小时后，银金矿中的银与盐发生反应生成氯化银，并被"载体"黏土（如炉砖和陶器）吸

世界上最早的金币之一，可追溯到克里萨斯国王时代。金币上有一头狮子和一头公牛的图案，这是将图像锤入金子中留下的印记。

收，留下的几乎是纯金。

为了回收银，"载体"黏土与铜或铅一起被熔炼。然后，金属工人通过灰吹法将银与其他金属分离。这一过程需要使用风箱并达到高温，以在灰皿（碗）中加热合金。形成的铜或铅氧化物被灰皿吸收，银被分离出来并被用来制造更多的钱币。■

参见： 从矿石中提取金属 24~25页，用电分离元素 76~79页。

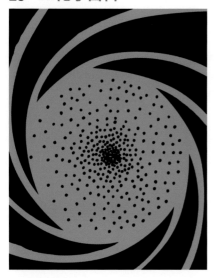

原子和虚空是宇宙的开端

原子宇宙

背景介绍

关键人物
德谟克利特（约公元前460—约公元前370年）

此前
约公元前475年 古希腊哲学家留基伯提出了最早的原子理论，即一切事物都是由不可分割的元素组成的。

此后
约11世纪 伊斯兰哲学家安萨里（al-Ghazali）将原子描述为唯一永恒的物质。

1758年 克罗地亚博学家路德·博什科维奇（Roger Boscovich）发表了第一个关于原子论的一般数学理论。

所有物质都是由原子构成的观点由来已久。它始于公元前5世纪的古希腊哲学家德谟克利特。他借鉴了他的老师留基伯和同时代的阿那克萨戈拉（Anaxagoras）的思想，后者认为物质是无限可分的，但前者认为所有物质都由无数个不可见的、小且不可分割的粒子组成。

永恒的原子

德谟克利特知道，如果将一块石头切成两半，那么每一半都

> 因为小的也是无限的……
>
> 阿那克萨戈拉
> 古希腊哲学家

与原来的石头具有相同的性质。他推断，如果不断分割石头，最终碎片会变得非常小，以至于在物理上不能再进一步分割它们。他用"atomos"这个词来定义这些无限小的物质，意思是"不可分割的"，之后由此衍生出了"atoms"（原子）这个词。他认为原子是永恒的，不会被毁灭，但它们可以不断地结合、分离以及重新结合，从而形成不同的物质。

他认为，这些原子是实心的，没有内部结构；它们都是相同的物质，只是大小、重量和形状不同。每种材料都来自特定形式的原子，例如，石头的原子是独特的，并且不同于羽毛的原子。材料的性质取决于形成它的原子的形状，以及这些原子结合在一起的方式。例如，铁原子呈锯齿状并锁定在一起，而水原子则是光滑的，可以相互滑动。

德谟克利特的宇宙

在德谟克利特的思想中，宇宙永恒存在。宇宙的结构是通过原

参见： 四大元素 30~31页，微粒 47页，道尔顿的原子理论 80~81页。

子的随机运动产生的，原子通过碰撞形成更大的物体和世界。这些碰撞产生了运动或涡流，将原子按质量区分开。

世界由原子的性质、运动以及聚集方式所支配。这是将数学规律应用于自然的尝试，因为原子的行为是由数学规律决定的。对于德谟克利特来说，自然是一种机器。

德谟克利特通过推论而非实验得出了他的结论。其他哲学家，尤其是亚里士多德，并不同意他的观点。亚里士多德赞同恩培多克勒的观点，坚持认为宇宙中的一切都是由火、气、土和水组成的。此外，亚里士多德也不认同原子运动持续发生且没有起始的观点。

后期发展

公元前4世纪，古希腊哲学家伊壁鸠鲁（Epicurus）支持原子理论。然而，为了反对德谟克利特的机械式、宿命论宇宙的概念并捍卫

根据德谟克利特的说法，构成不同材料的原子具有不同的形状。水原子很光滑，容易相互滑动或滚动，而铁原子是锯齿状的，通过钩在一起形成坚硬的物质。

圆形、光滑的水原子

原子可以滑动或滚动

水

铁原子钩在一起

结构坚固

铁

自由意志的概念，伊壁鸠鲁坚持认为，在空间中移动的原子可能偶尔会"偏离"它们预定的路径，从而增加偶然性因素，并引发新生事件。公元前1世纪，古罗马哲学家卢克莱修（Lucretius）在《论事物的本质》一书中写道，物质是由"事物的最初起源"组成的，即由"以非常高的速度永恒运动的微小粒子"组成。同古希腊的许多思想一样，原子理论在欧洲被遗忘了几个世纪，直到被亚里士多德攻击原子理论的阿拉伯语译本重新提及。

亚里士多德的四元素说战胜了原子理论，基督教学者认为原子理论与他们的教义相悖。原子的概念直到18世纪才被启蒙哲学家们重新审视，并在19世纪初进化为英国化学家约翰·道尔顿（John Dalton）的原子理论。■

德谟克利特

德谟克利特出生于公元前460年左右，可能出生在古希腊色雷斯的阿卜杜拉，也可能出生在米利都（现土耳其西部）。他以开朗、轻松的人生观而被称为"笑的哲学家"。人们对他的生平知之甚少，他的著作都没有留存下来。他的思想以片段的形式流传下来，主要是通过亚里士多德的专著，以及3世纪古希腊传记作家第欧根尼·拉尔修（Diogenes Laërtius）记录的奇闻轶事。

据说，德谟克利特曾到处旅行——

几乎可以肯定他去过古埃及和波斯，也可能去过埃塞俄比亚和古印度，见过这些国家的学者。他还在古希腊旅行，与古希腊的自然哲学家们交谈。米利都的留基伯成了他的导师，对他的思想产生了很大的影响，并与他分享了原子理论。

德谟克利特的死因不明。据说他活到了90岁，即在公元前370年左右去世，也有一些记录称他活到了109岁。

火、水、土和无价的气

四大元素

背景介绍

关键人物

恩培多克勒
（公元前492—公元前432年）

亚里士多德
（公元前384—公元前322年）

此前

约公元前6世纪 米利都的古希腊哲学家泰勒斯（Thales）断言，所有现象都可以用自然的、理性的方式来理解。

此后

约8世纪 炼金术士贾比尔·伊本·海扬（Jābir ibn Hayyān）扩展了四元素说，增加了金属的硫汞理论。

1661年 自然哲学家和化学家罗伯特·波义耳（Robert Boyle）否定了四元素说，他赞同所有物质都是由微小粒子组成的理论。

古希腊人被认为最早提出这个问题：一切事物是由什么组成的？在亚里士多德的《形而上学》中有记录，米利都的泰勒斯认为，水是万物的"最初起源"（本源）。而当时的其他哲学家有不同的看法：赫拉克利特（Heraclitus）认为万物的起源是火，而米利都的阿纳克西梅尼（Anaximenes）则认为万物起源于空气。

《纽伦堡编年史》中的恩培多克勒。这本书是1493年德国人文主义者哈特曼·舍德尔（Hartmann Schedel）所著的世界历史百科全书。

原始根源

公元前5世纪，出生于西西里的哲学家恩培多克勒宣称，所有物质，包括生物，都由四种"基本根源"（希腊语为rhizomata）组成——气、土、火和水。各种材料是由不同物质组合形成的，而"基本根源"的比例决定了每种物质的性质。在他的体系中，有两种力量作用于"基本根源"而引起变化：爱（希腊语为philotes）将不同种类的物质聚集在一起；冲突（希腊语为neikos）将物质分离开。恩培多克勒还相信，所有物质，无论是否有生命，在某种程度上都是有意识的。

恩培多克勒的体系建立在哲学之上，而非实验证据之上。然而，据称他证明了空气不仅仅是虚无。他使用漏壶进行了实验，这是一种底部和顶部有孔并可测量水流的容器。恩培多克勒观察到，如果他将底部的孔浸入水下，容器里就会充满水；如果他先用手指堵住顶部的孔，水就不会流入容器，但是一旦他移开手指，水就会流入。恩

参见: 原子宇宙 28~29页, 制造黄金的尝试 36~41页, 气体 46页, 微粒 47页, 氧气的发现和燃素的消亡 58~59页, 道尔顿的原子理论 80~81页, 理想气体定律 94~97页, 元素周期表 130~137页。

> **元素是物体的主要成分。**
>
> 亚里士多德

培多克勒推断，容器中的空气阻止了水的进入。

互补性质

雅典哲学家柏拉图可能是第一个使用"元素"（希腊语为sto-icheion，表示日晷的最小分隔或字母表中的字母）这个名称来表示四种"基本根源"的人。然而，他的学生亚里士多德在著作《论天》中提供了第一个定义："元素……是一个可以分析其他物体的物体……而不是本身可分为不同形式的物体。"

亚里士多德认为所有物体都是物质和形式的结合。物质是形成物体的材料，而形式则赋予物体结构并决定其特性和功能。他同意恩培多克勒斯的观点，即物质是由气、土、火和水的不同比例形成的。然而，他认为这些元素仅作为潜能存在，而不是物体本身，直到它们获得形式，才成为具体物体。

亚里士多德认为四种元素具有不同的性质：火是热的、干的；

气是热的、湿的；土是冷的、干的；水是冷的、湿的。在恩培多克勒斯的四元素之外，他添加了第五种元素，后来被称为"精华"或"以太"——一种形成恒星和行星的"神圣"物质。

在亚里士多德的地心宇宙中，以太是最轻的元素，构成了宇宙的最外层；然后从轻到重依次是火、气、水和土。每种元素总是试图回到自己的自然位置——雨从空中落到地上，回到了水的位置，火上升去到了自己的位置。

持久的影响

四元素说成为炼金术的基础，也对医学产生了重大影响。在公元前5世纪，古希腊"医学之父"希波克拉底（Hippocrates）在《论人的本性》一书中，将四元素与身体中的四种生命液体或体液联系起来：血液（气）、黏液（土）、黄胆汁（火）和黑胆汁（水）。

亚里士多德

亚里士多德于公元前384年出生于古希腊北部的马其顿。公元前367年，他成为柏拉图学院的学生，后来在那里任教。柏拉图去世后，亚里士多德于公元前335年在雅典创立了自己的学校吕克昂。传说他指导过年轻的亚历山大大帝，但这个故事可能是后人杜撰的，尽管他在亚历山大的父亲马其顿国王菲利普的宫廷里度过了一段时间。亚里士多德于公元前322年去世。亚里士多德提倡用

火
热　　干
气　　　土
湿　　冷
水

自然哲学家们设计了这个图表来说明元素相似和相反的性质。中心的符号显示了与每种元素相关的能量向上或向下运动。

四元素说后来传播到伊斯兰世界，并从那里传回欧洲。它主导了中世纪及以后的思想。直到17世纪和18世纪，伽利略（Galileo）和罗伯特·波义耳等科学家提倡实验和观测高于哲学思考，亚里士多德的四元素说才最终被取代。■

自然法则的概念来解释物理现象。他的著作涵盖从哲学、逻辑学、天文学和生物学到心理学、经济学、诗歌和戏剧等诸多领域。他的思想统治了西方科学和哲学近2000年，直到17世纪才受到自然哲学家的挑战。

主要作品

《形而上学》

《论生灭》

《论天》

THE AGE OF ALCHEMY 800–1700

炼金术时代
800—1700年

炼金术士贾比尔·伊本·海扬，发展了金属的硫汞理论，试图解释金属是如何在土壤中形成的。

已知最早的关于火药化学配方的文字记录由曾公亮在中国出版。

帕拉塞尔苏斯（Paracelsus）认为，物质的量是判断其是否有毒的决定性因素，这一观点开创了化学医学的新时代。

约800年   **约1040年**   **1538年**

约900年   **约1310年**

波斯医生穆罕默德·伊本·萨卡里亚·阿尔-拉兹（Muhammad ibn Zakariya al-Razi）为许多天然物质设计了一个分类系统。

以化名"贾比尔"（Geber）出版的《完满大全》，总结了阿拉伯炼金术士的大部分知识。

炼金术时代有时被嘲笑为伪科学和神秘主义阻碍化学思维进步的时代。诚然，炼金术士的"崇高"目标，比如将普通金属变成黄金、炼制"长生不老药"，都没有实现。

然而，将炼金术士视为迷信的神秘主义者甚至是骗子的观点，掩盖了炼金术的实验主义，而这种实验主义是炼金术的重要组成部分，也是现代化学知识和经验逐渐积累的基础。

一种神秘的艺术

早期炼金术士用来描述他们的实验和发现的神秘语言，进一步阻碍了人们对炼金术的认识。早期和中世纪的炼金术配方中充斥着诸如"吞噬太阳的绿狮子""灰狼""龙的种子"等模糊的话语。然而，这些令人费解的话语被破解后，就变成了对化学反应的描述，表明炼金术士已准确地理解了他们正在探索的过程。

炼金术的起源

炼金术的确切起源是不确定的，并且世界不同地区出现了不同的形式。例如，在古代中国和古印度的著作中，我们可以发现人们追求"长生不老药"的记录。

西方炼金术的根源可以确定在古埃及，当时它由古希腊人统治。炼金术源于古希腊思想和古埃及实践的融合，例如对死者进行防腐处理的做法。这一融合的过程还涉及对已经使用了几个世纪的设备和技术的改进，如对蒸馏和过滤技术的改进。

炼金术在罗马帝国晚期逐渐淡出人们的视野，但在7世纪末期，伊斯兰世界的炼金术士推动着它继续发展。

著名的贾比尔·伊本·海扬等实践者超越了古希腊人的土、气、火、水的物质分类体系，发展出了新的分类系统，并开始对各种物质的性质进行系统探索。

1095—1291年，当基督教发起针对穆斯林的十字军东征时，两种文化之间的冲突导致了西欧炼金

扬·巴普蒂斯塔·范·海尔蒙特（Jan Baptist van Helmont）创造了"气体"（gas）这个词，以定义不同于我们呼吸的空气的其他气态物质。

亨尼格·布兰德（Hennig Brand）在尝试从尿液中提取黄金时，意外分离出了磷。

1648年

约 **1669**年

1597年

1661年

1697年

德国医生安德烈亚斯·利巴菲乌斯（Andreas Libavius）出版了《炼金术》一书，该书被认为是最早的化学教科书之一。

罗伯特·波义耳出版了《怀疑派化学家》，他在其中提出了所有物质都由微小的粒子组成的观点。

格奥尔格·恩斯特·施塔尔（Georg Ernst Stahl）解释了物质与一种被称为"燃素"的不可见物质一起燃烧时的观察结果。

术的重新兴起，因为有关炼金术的阿拉伯著作在12世纪左右被翻译成了拉丁文。

元素和气体

欧洲炼金术士对"贤者之石"的坚定追求间接推动了重大进步。德国炼金术士分别于13世纪和17世纪首次分离出砷和磷。

16世纪，炼金术的一些概念被应用于医学，人们对化学物质影响生物体的方式有了新的认识。炼金术士开始更详细地分析物质世界的化学复杂性。

17世纪，佛兰德化学家扬·巴普蒂斯塔·范·海尔蒙特最早认识到由某些化学反应产生的类似于

空气的物质并非不同种类的空气，而是完全不同的物质——他称之为"气体"（gas）。这是在随后的几个世纪中对地球大气进行更彻底研究的初始步骤。

火与燃素

在这一时期的尾声，炼金术士将注意力转向了一个困扰他们几个世纪的问题：到底是什么让火燃烧？1697年，德国医生格奥尔格·恩斯特·施塔尔提出，一种他称之为"燃素"的物质与此有关——这一提议引发了近一个世纪的争论。

燃素理论一直持续到18世纪后期，当时法国化学家安托万·拉瓦锡（Antoine Lavoisier）分离出

了氧气，从而终结了这一理论。拉瓦锡将燃素理论描述为"无端的假设"。

从现代的角度来看，燃素的概念就像炼金术的目标一样，经常被嘲笑为伪科学。然而，就像对炼金术的研究一样，对所谓的燃素的探索引导了更详细的定量实验，以及对空气成分的发现，标志着从炼金术向化学过渡的一个重要节点的到来。■

贤者之石

制造黄金的尝试

背景介绍

关键人物

贾比尔·伊本·海扬

（约721—约815年）

此前

约公元前3300年 苏美尔的金属工人发现了如何用铜和锡锻造青铜。

约公元前450年 古希腊哲学家恩培多克勒宣称万物都由四种"基本根源"构成：气、土、火和水。

此后

1623年 英国哲学家弗朗西斯·培根（Francis Bacon）出版了《学术的进展》，其中包含了对实验方法的描述。

1661年 化学家罗伯特·波义耳的《怀疑派化学家》在炼金术和现代化学之间划分了界线。

这是一块石头，但不是普通的石头……

本·琼森
英国剧作家

远古时代到18世纪，炼金术都是探究世界运作方式的重要分支。尽管今天它经常被认为是伪科学，但炼金术更应该被视为一门原始科学。

炼金术实践结合了秘传方面（仅限于入门者的精神或神秘知识）和公开方面（实际应用）。炼金术士的最终目标或"伟大的工作"是金属的"质变"，即将一种金属变成另一种金属——尤其是将贱金属（非贵金属）变成金或银（贵金属）。炼金术士相信，他们可以使用一种被称为"贤者之石"的物质来实现这一目标。他们还认为这种"质变"有象征性的对应物，可以净化灵魂。

起源于古埃及

西方炼金术的早期实践出现在古希腊人统治期间（公元前305—公元前30年）的古埃及。事实上，

这幅1650年由佛兰德艺术家大卫·特尼尔斯（David Teniers the Younger）绘制的画作，展示了一位炼金术士和他的助手在使用风箱、天平和蒸馏器等设备。

"炼金术"（alchemy）这个词来源于希腊语中的chémeia（意思是浇注或浇铸在一起），它还与古埃及的一种工艺——khemeia相关，而这种工艺与葬礼仪式相关。khemeia可能的实践者精通尸体防腐技术，被视为"魔法师"。他们的工艺还扩展到了冶金和玻璃制造等领域。

中世纪晚期的炼金术士声称他们的实践起源于一位被称为赫尔墨斯·特里斯墨吉斯忒斯（Hermes Trismegistus）（意为三倍伟大的赫尔墨斯）的人物——他是古希腊神赫尔墨斯（Hermes）和古埃及神托特（Thoth）的组

参见： 纯化物质 20~21页，精炼贵金属 27页，四大元素 30~31页，新型化学药物 44~45页，微粒 47页，燃素 48~49页，催化 69页，尿素的合成 88~89页。

合，被认为是犹太先知摩西的同时代人。他的哲学思想被称为"赫尔墨斯主义"。其实践包括"贤者之石"的制造——将多种材料混合物放入玻璃容器中，然后将容器颈部熔合封闭以密封容器。这种方法被称为"赫尔墨斯的封印"，并由此衍生出了"赫尔墨斯式封闭"这个词，来形容密封的东西。

寻找"贤者之石"

300年左右，帕诺波利斯的炼金术士佐西莫斯（Zosimos）在已知最古老的炼金术著作《手作之物》中首次记录了"贤者之石"。他描述了尝试将贱金属转化为黄金的化学过程，其中涉及一种他称之为"酊剂"的催化剂。

佐西莫斯对实验的详细描述和对结果的仔细记录可以被视为现代科学方法的先驱。佐西莫斯还记录了实验设备，其中大部分是从作坊工具和炊具改造而来的，用于蒸馏和过滤等过程。

他承认他借鉴了前人的著作，如1世纪居住在亚历山大港的玛丽亚·希伯来亚的著作。他认为玛丽亚开发了大量的仪器和技术，其中一种技术是温和的，加热使用的是热水而不是明火。今天厨师使用的贝恩-玛丽隔水炖锅（bain-marie）就是以她的名字命名的。

296年，罗马帝国皇帝戴克里先（Diocletian）在整个罗马帝国禁止了炼金术，因为他担心炼金术士会突然制造出大量黄金从而破坏帝国的经济。西方炼金术从

> 因此，制造黄金的探索和努力，带来了许多有用的发明和有启发性的实验。
>
> 《学术的进展》

人们的视野中消失了几个世纪，直到7世纪被穆斯林复兴。他们的影响持续存在于阿拉伯语衍生词中，例如"酒精"（alcohol）来自al-kuhl，"蒸馏器"（alembic）来自al-inbiq，"碱"（alkali）来自al-qaly，以及"炼金术"（alchemy）这个词本身来自al-kimiya。

伊斯兰世界的炼金术

贾比尔·伊本·海扬是伊斯兰世界最著名的炼金术士之一。他继承了古希腊哲学家恩培多克勒的思想，相信所有物质都由四种元素组成——火、气、土和水。他还遵从亚里士多德的做法，赋予这些元素基本性质：火是热的和干燥的；土，寒冷干燥；水，冷而湿；气，又热又湿。在这些元素之外，贾比尔增加了体现可燃性的硫和代表金属性的汞。

贾比尔认为，金属是由硫和

汞的不同组合在土壤中形成的，而金属的"质变"可以通过调整金属中汞和硫的比例来实现（见后页图示）。该过程需要使用一种被称为al-iksir（源自希腊语xerion，意为"干燥伤口的粉末"）的催化剂，"长生不老药"的英文名称elixir就由此而来。

贾比尔的灵药不仅被视为一种万能药（一种可以治愈所有疾病的药物），还被视为"长生不老药"，可以赋予人不朽和永恒的青春。

尽管"长生不老药"从未被发现，但贾比尔系统地探索了氯化铵（NH_4Cl）等物质的性质。他蒸馏出了乙酸（CH_3COOH），并用硝石（硝酸钾，KNO_3）制备了

这幅锡耶纳大教堂的地板马赛克创作于1488年，展示了赫尔墨斯·特里斯墨吉斯忒斯教他人"埃及人的文字和法律"的场景。

> 正如书中所言，所有矿石都以各种方式在陆地矿山中产生，由汞和硫组成。

让·德·梅恩
法国作家和诗人

稀硝酸（HNO_3）溶液。他还被认为发明了王水——一种硝酸和盐酸（HCl）的混合物，它是少数可以溶解黄金的化学品之一。

后来的穆斯林炼金术士在古典知识的基础上进一步探索"贤者之石"。值得注意的是，9世纪的波斯炼金术士穆罕默德·伊本·萨卡里亚·阿尔-拉兹为天然物质（如盐、金属和烈酒等）设计了一个分类系统，并定义了一系列程序和设备，这些程序和设备在之后的几个世纪里被用于炼金术。

进一步的发现

在信仰基督教的欧洲压制"异教的"古希腊和古罗马的几个世纪间，炼金术仍在世界其他地区发展。4世纪，逃到波斯的异教徒们带去了炼金术知识。

与此同时，在中国，另一种炼金术传统至少从公元前2世纪就开始蓬勃发展了。与西方同行们一样，中国的炼金术士也致力于将贱金属变成黄金，并寻找"长生

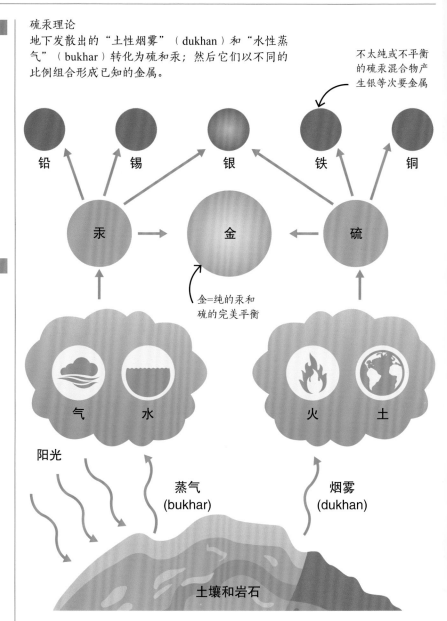

硫汞理论
地下发散出的"土性烟雾"（dukhan）和"水性蒸气"（bukhar）转化为硫和汞；然后它们以不同的比例组合形成已知的金属。

不太纯或不平衡的硫汞混合物产生银等次要金属

铅　锡　银　铁　铜

汞　金　硫

金＝纯的汞和硫的完美平衡

气　水　火　土

阳光

蒸气 (bukhar)　烟雾 (dukhan)

土壤和岩石

不老药"。

12世纪，在基督教对穆斯林的十字军东征期间，炼金术知识重新回到了西欧。欧洲的自然哲学家研究了穆斯林炼金术士和古希腊人的作品，尤其是亚里士多德的作品。13世纪，德国修道士阿尔伯特·马格纳斯（Albertus Magnus）

将他对亚里士多德思想的研究与实际实验相结合，发现了砷。与阿尔伯特同时代的英国修道士罗杰·培根（Roger Bacon）受到了赫尔墨斯主义的影响，但也强调了实验对于理解物质世界的重要性。

和许多工匠一样，炼金术士对普通人隐瞒了他们的技术。他们

贾比尔·伊本·海扬

关于贾比尔是否曾经存在有一些争议，据说他是海扬·阿兹迪（Hayyan al-Azdi）的儿子。海扬·阿兹迪是一位药剂师，于8世纪初居住在伊拉克的库法，但为了逃避倭马亚王朝的哈里发而逃往伊朗。721年左右，贾比尔出生在伊朗东北部城市图斯。

据说贾比尔回到伊拉克后，跟随伊玛目·贾法尔·萨迪克（Imam Jafar al-Sadiq）学习了哲学、天文学、炼金术和医学等方面的知识。他成为哈里发·哈伦·拉希德（Caliph Haroun Al-Rashid）的宫廷炼金师和大臣的医生。贾比尔也被认为是数百本关于炼金术和哲学的图书的作者，但其中许多书可能是他的追随者写的。他的作品很少流传到中世纪的欧洲。贾比尔被认为死于806年至816年之间。

主要作品

《伟大的仁慈之书》
《七十本书》

使用象征和隐喻的系统来隐藏他们的理论和精神知识，这遵循了据说是赫尔墨斯主义流传下来的古埃及传统。

许多炼金术士在寻找点金石。在14世纪的法国，方济会修道士和炼金术士鲁佩西撒的约翰（John of Rupescissa）生产了一种他称之为quinta essentia（"精粹"）的葡萄酒蒸馏物。他声称这是元素的完美平衡，并声称这是一种万能药。

16世纪的德国人亨尼格·布兰德使用了一种不那么令人愉快的方法：他将50桶尿液静置，直到它"滋生虫子"，然后将其与沙子和木炭一起煮沸蒸干。结果他得到了一种在黑暗中发光的白色蜡状物质。布兰德将他的新物质称为"磷"（phosphorus），该词来自希腊语，意思是"光的承载者"。

炼金术一直持续到17世纪后期。著名的英国数学家和自然哲学家艾萨克·牛顿（Isaac Newton）是一名炼金术实践者，他热衷于寻找"贤者之石"。盎格鲁-爱尔兰自然哲学家罗伯特·波义耳在1689年成功地向英国议会请愿，要求废除一项禁止制造黄金的法律，因为他认为这会阻碍对"贤者之石"力量的研究。然而，到18世纪早期，炼金术士日益精确的实验方法促进了启蒙运动时期的新发现，也彻底终结了炼金术作为一门严肃学科的历史。

炼金术士的信仰被证明是不真实的，但炼金术士确实为许多领域的技术和知识的发展做出了贡献，包括冶金、颜料和染料的生产。炼金术也影响了物理学和医学，引导了诸如液体蒸馏和金属化学变化等过程的发展，从而产生了现代化学科学。■

炼金术士通过象征和隐喻的表达来保护他们的知识。右图《蒸馏的寓言》出自克劳迪奥·德·多梅尼科·塞伦塔诺·迪·瓦勒·诺夫（Claudio de Domenico Celentano di Valle Nove）所著的《炼金术公式书》（1606）。

整个房子都被烧毁了

火药

背景介绍

关键人物

曾公亮（998—1078年）

此前

142年　中国的炼金术士魏伯阳描述了一种可能是火药的物质。

300年　中国哲学家葛洪在尝试制造黄金时使用硝石和木炭进行了实验。

此后

1242年　英国哲学家罗杰·培根记录了一种爆炸性混合物，这是欧洲关于火药的第一个记录。

15世纪　欧洲人发展了火药混合技术和颗粒化技术，使火药更高效且更易于处理。

火药——硝石、木炭和硫黄的混合物——是第一种已知的化学炸药。它首先在中国被制造，后来在亚洲和欧洲被用作武器，之后也被用于采矿。

火药

火药被视为中国古代"四大发明"之一，其他三个分别是造纸术、指南针和印刷术。几个世纪以来，硝石和硫黄一直被用于医药——具有讽刺意味的是，它们被用作延长生命的灵药而不是结束生命的火药。关于火药的记录可以追溯到9世纪中叶，其中提到了一种会造成伤害甚至会使房屋着火的危险配方。炼金术士称这种混合物为火药——今天，中国仍在使用该术语。

早在904年，唐朝军队就在战场上使用了火药装置，其中包括"飞火"（附有火药燃烧管的箭头）、火枪（原始的火焰喷射器）等。但现存最古老的火药配方出现在宋代军事家曾公亮编写的军事技术手册《武经总要》（中国古代最

手持火炮（一种由一个人操作的爆炸性武器）是第一种真正的火器。手持火炮可以用双手握住，也可以被固定在架子上。

参见: 氧气的发现和燃素的消亡 58~59页,爆炸化学 120页,反应为什么会发生? 144~147页,化学战 196~199页。

快速燃烧火药依靠其成分的快速燃烧来产生能量。木炭和硫黄是燃料,硝石(硝酸钾)是氧化剂。

以热量和气体的形式快速、剧烈地释放能量

木头热解(部分被火分解)产生的木炭提供碳作为反应的燃料

图例:
- 硝石75%
- 木炭15%
- 硫黄10%

在高温下,硝酸钾分解为反应提供额外的氧气

硫黄会发生放热反应,从而降低木炭的着火温度;同时也作为燃料

重要的军事技术汇编之一)中。该手册描述了三种火药:两种用于燃烧弹,一种用作发射毒烟的炸弹的燃料。

爆发式增长

13—14世纪,阿拉伯发明家哈桑·拉姆(Hassan al-Rammah)描述了一种提纯硝酸钾的方法及100多种火药配方。当时的贸易商和十字军的士兵在中东学习了这项技术。到1350年,英国和法国军队开始部署大炮,到15世纪初,第一支枪出现了。

炸弹和爆破

第一次使用爆炸性武器的记录出现在中国。1221年,金朝围攻宋城齐州期间,进攻的金朝军队投掷了铁壳"铁火弹",它们爆炸时会喷射出致命的金属碎片,这些碎片破坏了城墙。

17世纪,炸药在欧洲被用于采石和采矿。爆破岩石时,需要将火药放入一个洞中,用黏土填充,然后铺设一条火药线到远处。1831年,英国发明家威廉·比克福德(William Bickford)发明的安全引信使这一过程变得更安全,安全引信用两层黄麻纱线编织成管状,包裹着火药,使火药可以稳定的速度燃烧。

烟花

火药在用于战争之前一直被用于庆祝活动。在中国,装满火药的竹筒被扔进火里,产生的爆炸可能会吓跑"邪灵"。在意大利,有记录显示,1377年的神秘剧使用了烟花。而在英国,亨利七世(Henry VII)与伊丽莎白(Elizabeth of York)的婚礼以烟花表演作为标志。现代烟花是由意大利人发明的,他们在19世纪30年代在火药混合物中加入了微量金属,以产生更多色彩缤纷的爆炸。

火药配方

虽然今天烟花的标准成分是75%的硝酸钾、15%的木炭和10%的硫黄,但火药并没有单一的配方。改变成分的比例会产生不同的效果。火器中使用的火药需要快速燃烧,以产生加速弹丸所需的爆炸性气体。相比之下,当用作火箭推进剂时,火药需要燃烧得更慢些,以在更长的时间内释放能量。

为确保火药有效燃烧,各种成分被精细研磨并被充分混合。在14世纪的欧洲,人们发明了两种新技术,即用水"湿磨"以保持成分充分混合,以及"颗粒化"技术(将糊状混合物制成玉米粒大小的颗粒并干燥成型),以制造出更耐用、更可靠的炸药,所有成分可以被同时点燃,从而提高了武器的效力。

烟花也为火箭科学开拓了道路。14世纪的中国军事专著《火龙经》,展示了一种多级火箭。16世纪,德国烟花制造商约翰·施米德拉普(Johann Schmidlap)制造了一种两级"阶梯火箭",当较大的火箭燃烧完后,较小的火箭点火并继续升高。这种多级点火方式至今仍被用于航天器的研发中。■

剂量决定物质是否有毒

新型化学药物

在16世纪的欧洲，医学思想发生了翻天覆地的变化。哲学家、医生和其他学者开始重新审视古希腊和古罗马的思想，同时挑战几个世纪以来盛行的正统观念。当时最有影响力的人物之一是瑞士医生和炼金术士帕拉塞尔苏斯。

作为一名自由思想家，帕拉塞尔苏斯反抗当时的医学权威。作为巴塞尔大学的医学讲师，他使用

菲利普斯·奥里欧勒斯·德奥弗拉斯特·博姆巴斯茨·冯·霍恩海姆为自己取名帕拉塞尔苏斯，拉丁语意为"超越塞尔苏斯"，以表明他超越了罗马帝国著名的医生塞尔苏斯（Celsus）。

德语而不是传统的拉丁语讲课，以使每个人都能听懂。他花了数年时间向药剂师、理发师、澡堂服务员和其他受他尊敬的人学习治疗病人的实用技能。

1529年，帕拉塞尔苏斯在《奇迹医粮》一书中阐述的医学理论建立在四个基础之上：自然哲学，强调医生通过观察自然来学习；占星术，详细说明宇宙对人类生活的影响；支撑医生工作的伦理和宗教价值观；炼金术，特别是精炼材料以将其毒性属性转化为治疗属性的工艺。

人体炼金术

在当时，医学仍以2000多年前的古希腊"医学之父"希波克拉底的思想为中心，即身体内含有四种液体或"体液"：血液、黏液、黄胆汁和黑胆汁。良好的健康取决于这四种体液的平衡。任何一种体液过多都会引起疾病；对疾病的治疗方法是通过放血等做法使体液重新达到平衡。帕拉塞尔苏斯认为这些治疗是无用的，甚至是危险

参见： 四大元素 30~31页，制造黄金的尝试 36~41页，麻醉剂 106~107页，抗生素 222~229页，化疗 276~277页。

的。他的方法基于炼金术，并且他认为，包括人体在内的所有物质都是由三种基本"法则"——硫、汞和盐——创造出来的，而一种"法则"与另外两种"法则"的分离则会导致疾病。医生必须了解特定身体部位的组成才能进行适当的治疗。

化学药物

帕拉塞尔苏斯将矿物质重新引入疾病治疗中——被称为"医疗化学"（iatrochemistry，来自希腊语iatrós，意为"医生"）。他的治疗基于"同类治疗"原则，即体内中毒可以通过从外部给予相同的毒药来治愈。

帕拉塞尔苏斯认为，某些物质对特定的身体器官或部位最有效，而对其他器官或部位则不产生影响。这个想法现在被称为"靶器官毒性"，在现代毒理学中仍然很重要。他的治疗方法包括使用砷、汞、硫、银、金、铅和锑。例如，

> 帕拉塞尔苏斯的遐想是臭名昭著的，他可不仅仅是一个庸医。
>
> 林恩·桑代克
> 《魔法在欧洲知识史上的地位》

他用汞软膏治疗梅毒，用锑清除体内的毒素。在回应同行的批评时，他强调了剂量的重要性："万物皆毒，万物皆无毒；只有剂量决定了一种物质是否有毒。"

帕拉塞尔苏斯最早注意到一种化学物质在低剂量时可能无害或有益，但在高剂量时有毒。他是第一个描述剂量和反应之间关系的人。■

药物和毒药

针对化学物质对生物体（包括人）的影响的研究被称为"毒理学"。该学科的主要考虑因素之一是剂量和反应之间的关系。例如，配制药物的药剂师必须考虑良好的反应和不良的反应，并确定能产生益处而不会产生严重副作用的剂量。许多物质在少量使用时可能是安全的，但在一定剂量以上是危险的。对于人类使用的物质，剂量被用消耗量除以体重来定义。例如，体重约70千克的成年人喝一杯咖啡或一罐能量饮料将摄入100毫克咖啡因，用100毫克除以70千克的体重，得到1.4毫克/千克体重的咖啡因剂量。然而，虽然摄入100毫克咖啡因可能是完全安全的，但若摄入10克咖啡因，就很可能会致命。

毒性更弱

水 90000 mg/kg	蔗糖（食糖）29700 mg/kg
— 10000	
乙醇（酒精）7060 mg/kg	氯化钠（食盐）3000 mg/kg
— 1000	
布洛芬 636 mg/kg	咖啡因 192 mg/kg
— 100	
氟化钠（牙膏）52 mg/kg	维生素D$_3$ 37 mg/kg
— 10	
氰化钠 6.4 mg/kg	氯毒素（蝎毒）4.3 mg/kg
— 1	
尼古丁 0.8 mg/kg	拉特罗毒素（黑寡妇蜘蛛毒素）0.0043 mg/kg
— 0.001	
钋-210 0.00001 mg/kg	肉毒毒素（保安适）0.000001 mg/kg

毒性更强

毒理学家通过LD$_{50}$来定义物质的致死性。LD代表"lethal dose"（致死剂量），"50"表示可杀死50%特定群体（如人类）的剂量。此图表显示了常见物质的粗略LD$_{50}$值。LD$_{50}$越低，表明该物质的致死性越强。

比蒸气更微妙的东西

气体

背景介绍

关键人物

扬·巴普蒂斯塔·范·海尔蒙特

（1580—1644年）

此前

约公元前450年 古希腊哲学家恩培多克勒宣称空气是四种"基本根源"（土、气、火和水）之一，这一观点后来被亚里士多德扩展。

约1520年 瑞士医生和炼金术士帕拉塞尔苏斯在用铁和硫酸做实验时发现了一种神秘的可燃气体，后来被确定为氢气。

此后

1756年 英国化学家约瑟夫·布莱克（Joseph Black）分离出了二氧化碳，他称之为"固定空气"。

1778年 法国化学家安托万·拉瓦锡识别出了氧气并定义了它在燃烧中的作用。

直到17世纪，气体都被视为空气的变种。第一个认识到气体具有不同性质的人是佛兰德化学家扬·巴普蒂斯塔·范·海尔蒙特。"气体"（gas）这个词可能是从他对古希腊词语"混沌"（chaoes）的荷兰语发音演化而来的，后者表示空间的虚无。

范·海尔蒙特否定了恩培多

> 事实上，化学的原理不是通过论述得到的，而是通过自然……化学提供了知识以刺破自然的秘密。
>
> 扬·巴普蒂斯塔·范·海尔蒙特
> 《物理精炼》

克勒的四元素说和帕拉塞尔苏斯的"三法则"理论，他只认同空气和水。他认为所有物质都是水的变形——除了空气，他认为空气是水蒸气和气体的载体。

范·海尔蒙特的《医学起源》在他去世四年后，即1648年出版，其中最早研究了某些化学反应如何释放出与空气类似但具有不同性质的气体。

在一项实验中，范·海尔蒙特燃烧了28千克木炭，他发现最后只剩下0.45千克灰烬。他得出结论，其余的物质以"木气"（gas sylvestre）的形式逃逸了。他指出，这种"木气"是通过发酵和燃烧释放出来的。我们现在知道它是二氧化碳（CO_2）。在另一项实验中，他在隔绝空气的情况下加热煤，发现了一种可燃气体。他将其命名为"肥气"（gas pingue），即现在的煤气。它是甲烷（CH_4）、一氧化碳（CO）和氢气（H_2）的混合物。■

参见: 固定空气 54~55页, 易燃空气 56~57页, 氧气的发现和燃素的消亡 58~59页, 质量守恒 62~63页, 理想气体定律 94~97页。

我指的是元素……绝对纯粹的小体

微粒

背景介绍

关键人物
罗伯特·波义耳（1627—1691年）

此前

约公元前5世纪 古希腊哲学家德谟克利特提出了不可见、不可分割的原子的存在。他认为物质是由这些原子组成的。

约公元前4世纪 古希腊哲学家亚里士多德宣称所有物质都是由四种元素——气、土、火和水——形成的。

此后

1803年 英国化学家约翰·道尔顿提出了他的原子理论。该理论认为，一种元素的原子都是相同的，而与其他元素的原子不同。

1897年 英国物理学家约瑟夫·约翰·汤姆森（J. J. Thomson）发现了电子，从而证明了原子是由更小的粒子组成的。

在17世纪，德谟克利特于2000多年前提出的原子论开始复兴。盎格鲁-爱尔兰自然哲学家罗伯特·波义耳提出了类似的理论。

波义耳否定了亚里士多德的理念，即物质由四种元素（火、土、水、气）构成，也否定了帕拉塞尔苏斯关于物质来源于汞、硫和盐的"三法则"理论。相反，他设想所有物质都是由被称为"微粒"（"小的物体"）的微小粒子的集合组成的，这些粒子具有形状、大小和运动等特定性质。包括"热"在内的许多自然现象是由运动中的微粒碰撞产生的。

在1661年出版的《怀疑派化学家》一书中，波义耳将基本粒子定义为"元素……某些原始的和简单的，或绝对纯粹的小体……不是由任何其他物体构成的，也不是由彼此构成的"。

波义耳相信通过重新排列每种元素中的微粒可以将一种元素转

这幅罗伯特·波义耳的画作由德国画家约翰·克瑟布姆（Johann Kerseboom）于1689年完成，展示了波义耳和一本书，表现了波义耳一生致力于科学研究和写作。

化为另一种元素，并且可以通过实验证明这一点。正是他所强调的通过实验检验的想法，为现代化学使用的方法铺平了道路。∎

参见：原子宇宙 28~29页，四大元素 30~31页，新型化学药物 44~45页，道尔顿的原子理论 80~81页，电子 164~165页。

一种最强大的物质——火：燃烧，炽热，火热

燃素

背景介绍

关键人物

格奥尔格·恩斯特·施塔尔

（1659—1734年）

此前

1650年 德国物理学家奥托·冯·格里克（Otto von Guericke）证明蜡烛不会在已除去空气的容器中燃烧。

1665年 英国科学家罗伯特·胡克（Robert Hooke）提出空气中有一种活性成分会与可燃物质结合。

此后

1774年 英国自然哲学家约瑟夫·普里斯特利（Joseph Priestley）分离出了一种易燃气体，他称之为"脱燃素空气"。

1778年 法国化学家安托万·拉瓦锡将"脱燃素空气"重新命名为"氧气"，从而终结了燃素理论。

几千年来，人们一直试图弄明白是什么让火燃烧。公元前4世纪，柏拉图提出可燃物含有一些易燃"法则"，而在恩培多克勒和亚里士多德的四元素说中，木头等物质燃烧时，火焰就是逃逸的火元素。16世纪的炼金术士将易燃性等同于硫黄。罗伯特·波义耳挑战了这个想法，他认为没有"法则"，只有物质。但问题仍然存在：什么是火？燃烧是如何发生的？寻找答案的一种尝试是燃素理论。

肥土

1667年，德国医生和炼金术士约翰·约阿希姆·贝歇尔（Johann Joachim Becher）在他的《物理种属》一书中改编了帕拉塞尔苏斯的"三法则"理论。他假设物质是由三种"土"形成的："肥土"（terra pinguis）与硫有关，并产生可燃、油性或脂性的特性；"流体土"（terra fluida）与汞相关，产生流动性和挥发性；"玻璃土"（terra lapidea）与盐相关

> **这是一个假想，是一种无端的假设。**
>
> 安托万·拉瓦锡
> 《关于燃素的思考》

的，带来坚固性。当一种物质燃烧时，"肥土"被释放出来。

贝歇尔的一位学生格奥尔格·恩斯特·施塔尔在他1697年出版的《发酵工艺基础》一书中改进了这一理论，将"肥土"重新命名为"燃素"（phlogiston，源自希腊语phlogizein，意为"点火"）。施塔尔假设硫实际上是硫酸和燃素的结合物。燃素，而非硫本身，才是火产生的原因。

施塔尔的理论

在施塔尔的理论中，所有易燃物质都含有燃素。他认为，燃

参见: 四大元素 30~31页, 微粒 47页, 易燃空气 56~57页, 氧气的发现和燃素的消亡 58~59页, 质量守恒 62~63页。

素在燃烧时被释放出来, 并且燃烧会一直持续到燃素耗尽。

施塔尔还认为金属的腐蚀也是燃烧的一种形式, 在这一过程中, 金属失去燃素变成金属灰 (现在称为 "氧化物")。他通过实验来证明自己的想法, 即燃烧汞以形成其金属灰, 然后将金属灰和木炭一起重新加热以使金属恢复原始状态。

正轻量

该理论存在一个主要问题:

金属灰的密度较低, 但实际上比原本的金属更重。为了解决这个问题, 该理论的支持者称燃素具有负重量或 "正轻量"——这就是燃素或火焰会抵抗重力上升的原因。

这一论点使得燃素理论难以被反驳。它一直占据主导地位, 直到18世纪70年代法国化学家安托万·拉瓦锡证明燃烧需要 "重要的空气", 即他命名的氧气。■

格奥尔格·恩斯特·施塔尔

1659年, 施塔尔出生在德国的安斯巴赫。他曾在耶拿大学学习医学, 该大学当时是医疗化学 (化学医学) 的中心。1684年毕业后, 他在那里任教至1687年, 当时他被任命为萨克森-魏玛 (Sachsen-Weimar) 公爵的医师。他于1694年成为新成立的哈雷大学的医学教授, 并于1716年成为普鲁士国王的医生, 直到1734年去世。

尽管施塔尔最初接受了炼金术的原理, 但后来他对那些原理产生了怀疑。他的燃素理论通常被视为标志着从炼金术到化学的转变, 直到18世纪后期, 燃素理论在自然哲学家中仍然具有影响力。

主要作品

1697年 《发酵工艺基础》或《发酵的一般理论》

1730年 《通用化学的哲学原理》

燃烧金属

在施塔尔的理论中, 金属是由金属灰和燃素组成的。燃烧金属会释放燃素, 留下金属灰。将富含燃素的木炭和金属灰一起加热, 可以使金属恢复到原始状态。

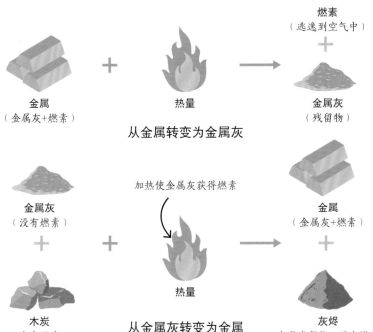

燃素
(逃逸到空气中)

金属
(金属灰+燃素)

+

热量

金属灰
(残留物)

从金属转变为金属灰

金属灰
(没有燃素)

加热使金属灰获得燃素

金属
(金属灰+燃素)

+

木炭
(富含燃素)

+

热量

从金属灰转变为金属

灰烬
(木炭残留物; 没有燃素)

ENLIGHTENMENT CHEMISTRY
1700—1800

启蒙化学
1700—1800年

法国化学家埃蒂安·杰弗里（Étienne Geoffroy）发表了一份表格，列出了不同化学试剂对不同物质的亲和力。

约瑟夫·布莱克从碳酸镁中分离出了一种他称之为"固定空气"的气体，现在我们知道这种气体是二氧化碳。

约瑟夫·普里斯特利利用氧化汞制得了"脱燃素空气"，即我们现在所知的氧气。

1718年　　　　　　**1756**年　　　　　　**1774**年

1735年　　　　　　**1766**年

瑞典化学家乔格·勃兰特（Georg Brandt）发现了钴，这是人类首次发现古代未知的金属。

亨利·卡文迪许（Henry Cavendish）通过金属与酸的反应分离出了一种他称之为"易燃空气"的气体，即我们现在所知的氢气。

18世纪是多项革命的交汇点。始于17世纪的科学革命推动了人类对物质世界的理解，使化学继续发展成为一门不同于中世纪炼金术的学科。启蒙运动带来了科学思想的革命，并引发了许多关键的发现。

18世纪后期，法国大革命的政治动荡夺去了化学发展的关键人物之一的生命——在此之前，他的贡献为化学革命奠定了基础。这个人就是拉瓦锡。

元素的爆发

直到18世纪初，仍只有少数元素被认识——主要是自古以来已知的元素，以及最新发现的砷和磷。但到了18世纪末，已经有20多种新元素被分离了出来。

这些新发现的元素中有许多是金属，包括钴、铂和锰。其中大多数是由于采矿技术的进步而被发现的：铂是在位于现在哥伦比亚的金矿中被发现的，而钴是在铜矿里的蓝色矿石中被发现的。

稀土元素的发现，是从瑞典的小村庄伊特比（Ytterby）的矿石中发现了钇开始的。后来稀土金属发展为一个新的金属元素家族。

之后人们在这个小村庄里发现了更多元素，比世界上其他任何地方发现的都多——几十年来，人们在其矿石中发现了10种新元素，其中4种元素的名称直接源于它们的发现地伊特比：钇（Y）、镱（Yb）、铽（Tb）和铒（Er）。稀土元素的发现一直持续到20世纪。

气体化学

除了金属元素，还有其他物质被首次发现。17世纪，在对燃烧反应的初步研究的基础上，许多化学家专注于制造、分离和鉴定新的气体。

这些努力的关键是集气槽的发明，这是一种收集气体的装置。这不是一个新概念，但英国牧师和化学家斯蒂芬·黑尔斯（Stephen Hales）在1727年制造了一种新型集气槽，可以收集化学反应产生的气体。

法国化学家安托万·拉瓦锡将"脱燃素空气"重新命名为"氧气"，并提出了推翻燃素理论的证据。

伊丽莎白·富勒姆（Elizabeth Fulhame）发表了关于用金属盐和还原剂进行丝绸染色的著作，她成为第一个描述催化概念的人。

1778年   **1794**年

1777年   **1787**年   **1794**年

卡尔·威尔海姆·舍勒（Carl Wilhelm Scheele）发现银盐的光敏反应产物可以使用氨"固定"并保持永久化。

法国化学家拉瓦锡、盖顿（Guyton）、佛克罗伊（Fourcroy）和贝尔托（Berthoet）发表了《化学命名法》，引入了一种通用的化学命名法。

约瑟夫·普鲁斯特（Joseph Proust）提出了定比定律，解释了为什么化合物的化学配比是固定的。

黑尔斯集气槽立即成为研究新气体的化学家的必备仪器。在接下来的几十年中，二氧化碳、氢气和氧气的发现都用到了集气槽。

氧气的发现为持续了近一个世纪的燃素理论（见第48~49页）敲响了"丧钟"。英国化学家约瑟夫·普里斯特利发现了这种气体，并将其命名为"脱燃素空气"。

然而，法国化学家安托万·拉瓦锡将其认定为"真正的可燃体"，并进行了定量实验，进而提出了一种新的基于氧气的燃烧理论。

革命的种子

拉瓦锡推翻燃素理论并不是他对现代化学的唯一贡献。当时的化学名称很混乱，许多来自炼金术的神秘术语受到了越来越多的批评，许多化学家开始就如何改革化学命名法提出他们的意见。

1787年，由包括拉瓦锡在内的4位法国化学家撰写出版了《化学命名法》，对化学家用来定义元素和化合物的名称进行了改革和标准化。

两年后，拉瓦锡出版了《化学基本论述》一书。该书被认为是第一本现代化学教科书。在这本书中，拉瓦锡将元素定义为无法通过化学手段进一步分析的物质，并列出了33种此类物质——其中23种在今天仍被认为是元素。他还确立了化学反应中的质量守恒定律。

拉瓦锡没有活着看到他的改革带来的全部影响。在法国大革命期间，他被指控犯税务欺诈罪，并于1794年被送上了断头台。尽管他去世了，但他发起的化学革命才刚刚开始。■

这种特殊的空气……对所有动物都是致命的

固定空气

背景介绍

关键人物
约瑟夫·布莱克（1728—1799年）

此前
1630年 扬·巴普蒂斯塔·范·海尔蒙特将二氧化碳称为"木气"。

1697年 德国化学家格奥尔格·恩斯特·施塔尔认为，所有燃烧都涉及一种他称之为"燃素"的物质。

此后
1766年 英国化学家亨利·卡文迪许发现了氢气。

1774年 英国化学家约瑟夫·普里斯特利发现了"脱燃素空气"（氧气）。

1823年 英国化学家汉弗莱·戴维（Humphry Davy）和迈克尔·法拉第（Michael Faraday）利用高压将二氧化碳转化成液体。

1835年 法国发明家阿德里安-让-皮埃尔·蒂罗里尔（Adrien-Jean-Pierre Thilorier）制造出了固体二氧化碳（干冰）。

18世纪50年代，年轻的苏格兰学生约瑟夫·布莱克首次分离并分析了二氧化碳气体。当时，布莱克正在爱丁堡学习医学，那里的医生们正在激烈争论用腐蚀性碱，如石灰水[氢氧化钙，$Ca(OH)_2$]，溶解肾结石的优缺点。这是一种有风险的方法，但另一种选择——在不使用麻醉剂的条件下手术切除——既危险又痛苦。

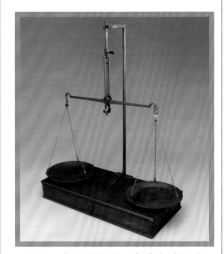

18世纪50年代约瑟夫·布莱克进行碱相关实验时使用的天平，现在在爱丁堡的苏格兰国家博物馆展出。

为避免争议，布莱克决定将他的研究重点放在一种较温和的碱——白苦土上，这种碱当时被用来治疗胃酸过多。白苦土现在被称为"碳酸镁"（$MgCO_3$）。

有条理的方法

使布莱克的实验具有革命性意义的是他刻苦研究的科学方法。当他在1750年开始工作时，他改进了基于设置在枢轴上的轻质梁的分析天平，以进行精确的测量。然后他开始研究不同的碱的反应，仔细称量各个反应阶段的所有物质。

早些时候他注意到，当加入酸时，白苦土会起泡并减轻重量。苛性碱生石灰（氧化钙，CaO）与白苦土有相同的反应。他还观察到，白苦土在窑中被加热时会变成"煅苦土"（氧化镁，MgO），并且也会减轻重量。

以前人们认为，当在窑中加热石灰石（碳酸钙，$CaCO_3$）以制造生石灰时，生石灰的腐蚀性来自窑中的神秘"火料"或"燃素"。布莱克的精细测量表明，无论用酸处

参见: 酿酒 18~19页, 气体 46页, 燃素 48~49页, 易燃空气 56~57页, 氧气的发现和燃素的消亡 58~59页, 温室效应 112~115页, pH标度 184~189页, 碳捕获 294~295页。

理还是加热处理, 无论温和的碱还是苛性碱, 都不会增加重量或任何"火料"。相反, 它们的重量减轻了。

然后他开始寻找其中失去了什么。过程中没有液体产生, 但他收集到了一些气体。他发现, 这种气体不仅会熄灭蜡烛, 而且有毒, 会在几秒钟内杀死动物, 尽管他不知道原因。将这种气体通过管道通入石灰水（生石灰溶液）中, 石灰水中会产生白色石灰粉。当他向管道内吹气时, 结果是一样的, 这表明这种气体也存在于我们呼出的气体中。

布莱克决定将他所发现的气体称为"固定空气", 因为它可以被固定在固体中, 如白苦土中。他很快意识到, 这与扬·巴普蒂斯塔·范·海尔蒙特在1个世纪前发现的燃烧木材时释放的"木气"是相同的, 并且这种气体一直少量存在于"普通空气"中, 即我们呼出

当用酸处理或加热弱碱时, 弱碱会减轻重量。	→	没有液体产生, 所以失去的重量一定是一种气体。
它会熄灭蜡烛并使鸟儿窒息。	←	当通入石灰水中时, 这种气体会沉淀石灰。
动物（和人类）呼气时及啤酒发酵时会产生这种气体。	→	这种特殊的"固定空气"是一种独特的气体, 与"普通空气"混合在一起。

的气体中。

当白苦土被加热时, 发生的反应可以用下式表示: $MgCO_3 \rightarrow MgO + CO_2$。当石灰石被加热时, 反应可以用下式表示: $CaCO_3 \rightarrow CaO + CO_2$。

布莱克不仅发现了二氧化碳——尽管在此之后的很多年都没有用这个名称, 而且建立了一种实验方法, 以验证现代化学的基础。他的贡献激发了化学世界, 将气体化学推到了科学的前沿。■

约瑟夫·布莱克

作为一名酒商的儿子, 约瑟夫·布莱克于1728年出生于法国波尔多, 并在那里度过了他生命的前12年。后来, 他在格拉斯哥大学学习语言和哲学, 然后转向医学。在攻读博士学位期间, 布莱克进行了开创性的实验, 从而发现了二氧化碳。

布莱克28岁就成了格拉斯哥大学的教授, 来自各地的学生前来聆听他精彩的演讲。在其中一次演讲中, 他公开了他的发现, 即当冰融化成水时, 温度不会改变, 从而确定了潜热的概念。

他第一次对热和温度做出了重要的区分, 同时还确定了比热的概念。他的工作激励了他的年轻朋友詹姆斯·瓦特（James Watt）对蒸汽机进行重大改进。布莱克于1799年去世。

主要作品

1756年 《对白苦土、生石灰和其他碱性物质的实验》

这种气体爆炸了并发出了巨响

易燃空气

背景介绍

关键人物
亨利·卡文迪许
（1731—1810年）

此前
1671年 爱尔兰化学家罗伯特·波义耳在进行稀硫酸与铁屑的反应时无意间制造出了氢气。

1756年 约瑟夫·布莱克发现了"固定空气"，即二氧化碳。

此后
1772年 苏格兰化学家丹尼尔·卢瑟福（Daniel Rutherford）发现了氮气。

1774年 约瑟夫·普里斯特利发现了"脱燃素空气"，即氧气。

1783年 法国化学家安托万·拉瓦锡重复了卡文迪许的实验，证实了水是氢和氧形成的化合物。

18世纪后期是气体性质和大气组成的大发现时期。1766年，英国科学家亨利·卡文迪许发表了三篇论文，其中一篇描述了他如何首次分离和鉴定出他称之为"易燃空气"的气体。安托万·拉瓦锡后来将这种气体称为"氢气"。卡文迪许的其他论文聚焦于"人造空气"，即他认为会与其他物质结合的气体。

卡文迪许是一个有点古怪的隐士，他的个人财富使他能够建立设备齐全的实验室。让他脱颖而

我所说的'人造空气'是指……任何其他物体所含有的空气。

亨利·卡文迪许

出的是他的实验的精确度。约瑟夫·布莱克早些时候已经证明了精确测量在实验化学中的重要性，而卡文迪许则更进了一步。尽管罗伯特·波义耳在1世纪前通过将酸倒在铁上制造出了"易燃空气"，但波义耳并不清楚那是什么。卡文迪许的细致使他能够分离出这种气体并详细研究其性质。"盐精"（盐酸）、稀释的"硫酸油"（硫酸）等酸和锌、铁、锡等金属反应时会产生气体，卡文迪许使用自己设计的设备收集了这些气体。我们现在知道，卡文迪许所观察到的现象可以表示为以下化学反应（以锌和硫酸为例）：Zn（锌）$+H_2SO_4$（硫酸）$\rightarrow ZnSO_4$（硫酸锌）$+H_2$（氢气）。

爆炸反应
卡文迪许发现这种气体不同于周围空气（当时被称为"普通空气"）中的任何物质，而且密度要小得多。此外他指出，当把这种气体与"普通空气"混合并点燃时，会发生爆炸——这种气体也因

参见: 气体 46页, 燃素 48~49页, 固定空气 54~55页, 氧气的发现和燃素的消亡 58~59页, 化合物比例 68页。

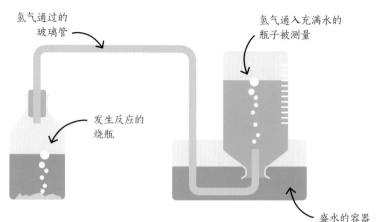

氢气通过的玻璃管

氢气通入充满水的瓶子被测量

发生反应的烧瓶

盛水的容器

卡文迪许用来测量各种金属与盐酸或硫酸反应产生的"易燃空气"(氢气)的仪器。

此得名"易燃空气"。在他1766年发表的第二篇论文中,卡文迪许比布莱克更详细地研究了"固定空气"(二氧化碳)。他发现它既不溶于水,也不可燃,而且比空气重得多。他在18世纪80年代重新回到对"易燃空气"的研究上。他错误地认为,"易燃空气",即我们现在所知的氢气,就是人们寻找已久的"燃素"——使物质燃烧的神秘成分。他认为燃烧会向空气中释放一些东西(燃素),而我们现在知道燃烧会消耗空气中的氧气。

水的组成

1783年,卡文迪许进行了一项测量神秘成分的实验。他在一个密封的烧瓶中将氢气与"普通空气"混合,然后用电火花点燃。由此产生的爆炸在烧瓶内留下了水。他展示了氢气和氧气如何结合生成水,并且他的测量结果显示它们以二比一的比例结合。卡文迪许从不急于发表成果,他在第二年才公布了水不是元素而是化合物的声明,而当时蒸汽工程师詹姆斯·瓦特已经提出了非常相似的发现。

关于谁最先发现了水的性质的争论持续了很多年。尽管如此,卡文迪许在奠定现代化学基础方面的贡献是确定的。■

易燃空气要么是纯的燃素……要么是与燃素结合的水……

亨利·卡文迪许

亨利·卡文迪许

1731年,亨利·卡文迪许出生在法国尼斯,他的家族是英国最富有的家族之一。在他两岁时,他的母亲去世。他由父亲抚养长大。

卡文迪许的科学研究范围十分广泛,但由于他很少发表论文,因此其全部范围不得而知。除了发现氢气及水的化合物属性,他还分析了空气的成分,以令人难以置信的准确度测量了氧气和氮气的比例。他注意到了一部分不明的气体,含量不到空气的1%。1个世纪后,该气体被发现是氩气。1798年,卡文迪许在一项实验中测量了地球的密度和质量,该实验使用非常基本的设备实现了精确的测量。卡文迪许于1810年去世。

主要作品

1766年 关于人造空气实验的三篇论文

1784年 《关于空气的实验》

1798年 《测量地球密度的实验》

这是一种高贵的空气

氧气的发现和燃素的消亡

背景介绍

关键人物

约瑟夫·普里斯特利

（1733—1804年）

此前

1674年 英国生理学家约翰·马约（John Mayow）提出了硝气粒子理论。他认为，这些粒子被人吸入后会在血液中循环。

1697年 德国化学家格奥尔格·恩斯特·施塔尔提出了燃素理论，部分基于约翰·贝歇尔的早期工作。

1756年 约瑟夫·布莱克鉴定出了"固定空气"，即二氧化碳。

1766年 亨利·卡文迪许分离并鉴定出了"易燃空气"，即氢气。

1772年 苏格兰化学家丹尼尔·卢瑟福发现了氮气。

此后

1783年 安托万·拉瓦锡揭示了水不是一种元素，而是氢和氧的化合物。

18世纪70年代氧气的发现——导致了关于物质如何燃烧的燃素理论的最终消亡——是化学发展史上一个非常重要的转折点。从历史上看，这一突破归功于约瑟夫·普里斯特利，但另外两位化学家——瑞典人卡尔·威尔海姆·舍勒和法国化学家安托万·拉瓦锡——也有各自的发现。

在1774年的实验中，普里斯特利首先将水银缓慢加热以产生红色的金属灰（氧化汞）。然后，他

> 关于燃烧的所有事实……在没有燃素的情况下可以更简单、更容易地解释。
>
> 安托万·拉瓦锡

用放大镜聚焦阳光，加热金属灰并收集释放的气体，我们现在知道这种气体是氧气。令他惊讶的是，这种气体使罐子里的蜡烛剧烈地燃烧起来，并让炽热的木炭发出绚丽的光芒。

破解脱燃素化

对普里斯特利来说，这种气体的发现最终证明了空气不是一种元素，而是多种气体的混合物。然而，根据燃素理论，在罐子里燃烧的蜡烛会将其燃素转移到它周围的空气中——罐子里的空气变得如此"燃素化"，以至于蜡烛很快就停止了燃烧。普里斯特利认为他发现的新气体使燃烧更旺，是因为它正在释放燃素，所以他称之为"脱燃素空气"。他还发现，这种气体可以使困在罐子里的老鼠存活更长时间——当普里斯特利自己吸入这种气体时，他有一种健康和幸福的感觉。

与此同时，在巴黎，拉瓦锡发现磷和硫等物质在加热时会变重。这似乎与物质在燃烧时失去燃

参见: 气体 46页, 燃素 48~49页, 固定空气 54~55页, 易燃空气 56~57页, 早期光化学 60~61页, 质量守恒 62~63页。

素的观点相矛盾。1774年10月，在一次短暂的欧洲之旅中，普里斯特利碰巧遇到了拉瓦锡，并提到了他发现的"脱燃素空气"。这促使拉瓦锡开始进行金属灰的实验。当拉瓦锡将一定体积的空气与汞一起加热制成金属灰时，他测量了消耗的空气的体积。当他重新加热金属灰时，它又变回了汞并产生了一种气体——体积与之前消耗的相同。

拉瓦锡观察到，当某物被燃烧或加热时，它根本没有失去燃素，而是与空气中的"某物"结合在了一起。对他来说，这意味着古老的燃素理论不再有意义。他也很快意识到，空气中的"某物"就是普里斯特利的"脱燃素空气"，这是一种完全独立的气体。他称之为"氧气"或"制酸剂"，因为他可以在大多数酸中检测到它。

关于谁首先发现氧气的争论很复杂，因为在瑞典乌普萨拉工作的舍勒被认为比普里斯特利和拉瓦

普里斯特利的老鼠实验

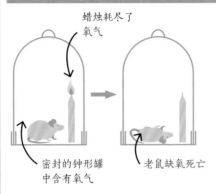

实验1: 普里斯特利将一根燃烧的蜡烛和一只健康的老鼠放在一个罐子里。烛火耗尽了罐子里的氧气，几秒钟后老鼠就死了。

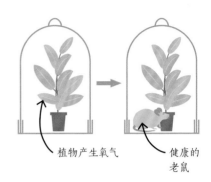

实验2: 普里斯特利将一株植物放在一个装满"用完了的空气"的罐子里。七天后，他把一只老鼠放进罐子里，发现它在"好几分钟"里仍然活跃。

锡更早地分离出了氧气——他称之为"火气"。然而直到1777年，在普里斯特利发表成果一段时间后，他才发表了自己的工作成果。

尽管普里斯特利参与了氧气的发现，但他坚持使用燃素理论来解释氧气的形式和功能。不过，科学界都同意拉瓦锡的观点，让普里斯特利孤立无援。拉瓦锡继续挖掘这种新气体的全部意义及其在新的化学思维方式中的作用。■

约瑟夫·普里斯特利

约瑟夫·普里斯特利于1733年出生于英国利兹附近，他在年轻时就展现出了过人的天赋。他成为对自然世界进行理性分析的积极信徒，并终生从事科学研究。他是英国皇家学会，以及由发明家和思想家组成的月光社的成员。普里斯特利撰写了一本关于电的重要早期著作，发明了碳酸水，并发现了除氧气之外的其他几种气体。他的著作及他对美国和法国革命的支持激怒了一些人，导致他们摧毁了他的家。

他于1794年被迫逃离英国。他在美国定居并继续他的研究，直到1804年去世。

主要作品

1772年 《水与"固定空气"结合之解析》

1774—1786年 《关于空气的实验与观察》(三卷)

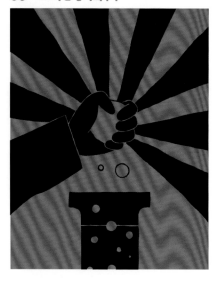

我抓住了光

早期光化学

背景介绍

关键人物

卡尔·威尔海姆·舍勒

（1742—1786年）

此前

1604年 意大利炼金术士文森佐·卡斯基亚罗洛（Vincenzo Casciarolo）发现了"博洛尼亚石"，一种可在黑暗中发光的石头。

1677年 德国炼金术士亨尼格·布兰德发现了一种在黑暗中发光的新元素——磷。磷光一词便由此而来。

此后

1822年 约瑟夫·尼塞福尔·涅普斯（Joseph Nicéphore Niépce）拍摄了第一张永久性照片。

1852年 英国科学家乔治·斯托克斯（George Stokes）发现了"荧光"——光致发光的一种。

1887年 德国物理学家海因里希·鲁道夫·赫兹（Heinrich Rudolf Hertz）发现了光电效应。

瑞典化学家卡尔·威尔海姆·舍勒最杰出的成就之一是他在开创光化学方面发挥的关键作用，这最终导致了摄影发明的出现。

德国炼金术士克里斯蒂安·阿道夫·巴尔杜因（Christian Adolf Balduin）首先注意到光对化学物质的影响。他发现暴露在光下的硝酸钙在黑暗中会发光。这种光是由原子吸收光后的缓慢再发射引起的。1717年，德国解剖学家约翰·舒尔茨（Johann Schulze）试图用粉笔和硝酸重现巴尔杜因的实验结果。令他惊讶的是，他的样品在暴露于阳光下时变成了深紫色——在研究中，他发现这是由微量的银污染所致的。舒尔茨后来发现银盐在光照下会变黑。

固定图像

60年后的1777年，舍勒的实验也显示，银盐中的氯化银在阳光下会变黑。舍勒想知道为什么会发生这种情况。他研究之后发现，光引发了一个化学反应，将氯化银变成了银。然后他又有了一个重要的发现：氨水会溶解未曝光的氯化银，但不会溶解黑色的银，这就"固定"了银盐图像上曝光的部分。虽然舍勒的工作已经为他提供了拍摄照片的所有要素，但最终是后来的发明者们迈出了最后一步。

18世纪90年代，英国发明家托马斯·韦奇伍德（Thomas Wedgwood）对暗箱很感兴趣。暗箱是一种使用透镜在盒子内投射图像的设备。韦奇伍德想要找到永久捕捉图像的方法。他尝试了银盐并

解释新现象，是我的使命。

卡尔·威尔海姆·舍勒
《舍勒遗留的信件和记录》

参见: 制造黄金的尝试 36~41页, 催化 69页, 摄影 98~99页, 火焰光谱学 122~125页, 绿色荧光蛋白 266页。

暗箱经常被用作绘图辅助工具。艺术家们用它来描绘图画, 从而准确地描绘出透视图。

phore Niépce) 使用光敏薰衣草油和涂在锡板上的沥青代替银拍摄了第一张永久性照片, 但照片的质量很差。1839年, 法国企业家路易·达盖尔 (Louis Daguerre) 重新使用银盐创造了第一种成功的摄影工艺。他发现, 涂有碘化银的金属板暴露在光线下时, 会产生正性潜像, 黑色和白色在正确的区域, 然后他可以利用汞蒸气来"显影"该潜像。然而, 这个过程必须在合适的时间停止, 并且迅速用盐水冲洗金属板, 否则整个图像都会变黑。这种以发明者的名字命名的达盖尔摄影法取得了成功并开创了摄影时代。■

设法制造出了轮廓图像——物体的轮廓是通过将其放在银盐上并暴露在阳光下制造的。他并不知道舍勒的氨水固定法, 所以他的图像在光线照射时消失了。这种图像是负片, 即暴露在光线下的区域变黑, 阴影保持光亮。

制造正片

1822年, 法国发明家约瑟夫·尼塞福尔·涅普斯 (Joseph Nicé-

卡尔·威尔海姆·舍勒

卡尔·威尔海姆·舍勒1742年出生于西波美拉尼亚(现德国)的施特拉尔松德, 14岁时移居瑞典接受药剂师培训, 并在那里度过一生。他在斯德哥尔摩和乌普萨拉一直从事自己的化学研究。他的实验引导了氯、锰及最著名的氧气的发现。

舍勒的工作涉及许多化学领域, 他的成就包括发现有机酸酒石酸、草酸、尿酸、乳酸和柠檬酸, 以及氢氟酸、氢氰酸和砷酸。他还开发了一种大量生产磷的方法, 这帮助瑞典成为世界领先的火柴生产国之一。舍勒于1786年去世, 很可能是由于接触了砷等有害物质。

主要作品

1777年 《火与空气》

当氯化银暴露在光线下时, 曝光最强的区域变成黑色的银。

⬇

| 紫光的效果最强; 红光效果最弱。 | ➡ | 所有的氯化银最终都会变成银。 |

⬇

氨水"固定"了曝光效果——只留下曝光的黑色的银。

在技术和自然的一切运作中，没有什么是被创造出来的

质量守恒

法国化学家安托万·拉瓦锡有时被称为"现代化学之父"。凭借严谨、系统的方法，他将化学从定性（描述性）科学转变为定量科学——以精确测量为基础，以方程式为核心。他的一个关键贡献是提出了化学实验所依据的原则：质量守恒。

该原则指出，虽然物质可以有不同的形式，但它不能被创造或毁灭。它可以燃烧、溶解或分割，但总量不变。在没有任何其他东西可以进入或逃逸的化学实验中，最终产物的质量始终与原始物质（为引起反应而添加的物质）的质量相同。

这个概念并不是全新的，"没有什么来自虚无"的想法在古希腊哲学中就很重要。到18世纪，质量守恒定律被化学家广泛接纳。1756年，俄国博学家米哈伊尔·罗蒙诺索夫（Mikhail Lomonosov）尝试通过实验证明它，但最终是拉瓦锡将其确立为基本真理。拉瓦锡在实验中测量了反应物（消耗的物质）和生成物，并进行了精确的记录。

> 我们必须始终假设，被测物与其反应产物的元素是完全相等的。
>
> 安托万·拉瓦锡
> 《化学基本论述》

燃素和空气

在亨利·卡文迪许和约瑟夫·普里斯特利等英国化学家发现了不同类型的"空气"之后，拉瓦锡想知道这些空气在产生或被吸收时发生了什么。流行的燃素理论认为，当金属燃烧、生锈或失去光泽时，它会失去燃素。如果是这样的话，那它就应该变轻。然而，化学家们知道金属生锈时会变重。

1772年，拉瓦锡利用来自太

参见: 原子宇宙 28~29页,氧气的发现和燃素的消亡 58~59页,化合物比例 68页,道尔顿的原子理论 80~81页,原子量 121页,摩尔 160~161页。

这个太阳能炉由两个巨大的放大镜制成,可以聚焦太阳光。该装置由拉瓦锡设计,目的是避免燃料燃烧的产物污染他的实验。

阳的热量进行了几次实验。有一次,他在罐子里加热了木炭和铅的金属灰(我们现在所知的氧化铅,PbO)。当加热的金属灰变成金属时,拉瓦锡看到它向罐子里释放了大量的"空气"。他推测,如果金属灰在变成金属时会释放"空气",那么当金属变成金属灰时,金属会吸收"空气"。他想到这可能是金属变重的原因。他还发现磷和硫在燃烧时也会增加重量,并想知道它们是否也可以吸收"空气"。

拉瓦锡向法国科学院发送了一封密封的信函,以确立他对这一激进新理论的发明。但证明这一理论比他预期的要困难得多,他在妻子玛丽-安妮(Marie-Anne)的协助下进行了数百次仔细的量化实验。

证明和解释

在一项关键的实验中,拉瓦锡加热了一个装有锡块的玻璃烧瓶,直到锡变成了金属灰。当打开烧瓶并称重时,他发现金属灰比原来的锡重了百分之一盎司。那微小的额外重量只能来自烧瓶中的"空气"。

拉瓦锡已经证实了他的质量守恒定律,但他不知道是否所有的空气都参与其中。在1774年末,普里斯特利拜访了拉瓦锡,并提到了他发现的"脱燃素空气"。这就是可以与其他元素结合或其他物质释放出来的东西。拉瓦锡将这种新气体命名为"氧气"(O_2)。■

安托万·拉瓦锡

安托万·拉瓦锡于1743年出生在巴黎一个富裕的家庭,最初在巴黎大学学习法律,但毕业后转向科学。他在21岁时发表了第一篇科学论文,并在26岁时被选为法国科学院院士。同年,他购买了包税公司的股份。1771年,他与玛丽-安妮·保尔兹结婚,后者成为他的得力助理。

拉瓦锡的成就很多,例如,他为氧、氢和碳元素进行了命名,并鉴定了硫;他发现了氧气在燃烧和呼吸中的作用,推翻了燃素理论,并建立了化学命名系统。但他作为包税官的身份使他在法国大革命期间被送上了断头台。

主要作品

1787年 《化学命名法》

1789年 《化学基本论述》

我敢说这是
一种新土

稀土元素

背景介绍

关键人物
约翰·加多林（1760—1852年）

此前
1735年 瑞典化学家乔格·勃兰特发现钴是一种金属。

1774年 卡尔·威尔海姆·舍勒等人分离出了金属锰。

1783年 西班牙化学家兄弟胡安·德卢亚尔（Juan Elhuyar）和福斯托·德卢亚尔（Fausto Elhuyar）发现了钨。

此后
1952年 美国加利福尼亚州芒廷帕斯稀土矿开始生产，为彩色电视机提取铕。

1984年 通用汽车和住友特殊金属公司同时开发出了世界上最强的钕磁铁。

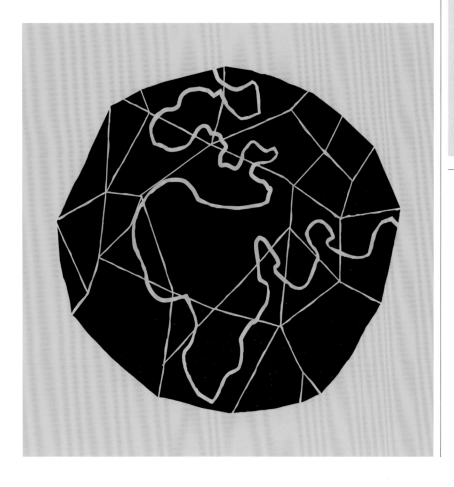

被称为"稀土"的一组非凡元素一共有17种，包括15种镧系元素和钪、钇2种元素。第一种稀土元素是芬兰化学家和矿物学家约翰·加多林（Johan Gadolin）于1794年发现的，但之后分离和鉴定这17种元素花费了150年的时间。这些金属在化学性质上非常相似，它们具有特殊的性质，包括磁性、导电性和发光性，这使得它们在与其他金属结合后非常有用。因此，它们对现代科技至关重要——从智能手机到电动汽车。

稀土最初不是作为纯金属被

参见: 从矿石中提取金属 24~25页,用电分离元素 76~79页,电化学 92~93页,火焰光谱学 122~125页,元素周期表 130~137页,X射线晶体学 192~193页,核裂变 234~237页。

> 在我看来,如果每种新的土性物都只能在一个地点或一种矿物中找到,那将是灾难性的。
>
> 约翰·加多林

发现的,而是作为氧化物成分被发现的,18世纪的化学家们称其为"土性物"。从地质学角度看,它们储量相当丰富——有些与铅或铜一样常见——但它们从未以高浓度的形式被发现。相反,它们与其他矿物元素混合得如此紧密,以至于它们很难被寻找和提取。这就是为什么它们会获得"稀土"这个名字,以及为什么它们的发现过程如此漫长而艰辛。

伊特比的黑色岩石

1787年,一位敏锐的矿物学家、瑞典陆军中尉卡尔·阿伦尼乌斯(Carl Arrhenius)发现了一块他从未见过的黑色岩石。他怀疑其中含有致密的金属钨,于是将其交给了矿山检查员本特·耶伊尔(Bengt Geijer)。耶伊尔进行了一些测试,并宣布发现了一种新的重矿物"ytterbite"(硅铍钇矿),这是以矿场附近的一个村庄伊特比(Ytterby)命名的。他将这种矿物交给了约翰·加多林进行详细分析。

加多林将矿物磨碎并溶解在各种化学物质中,包括硝酸(HNO_3)和氢氧化钠(NaOH),并对生成物进行仔细测试和测量。1794年,他发表了分析结果:该黑色岩石含有31%的二氧化硅(SiO_2)、19%的氧化铝(Al_2O_3)、

约翰·加多林分析了一个硅铍钇矿的样本——伊特比的黑色岩石。它含有未知的氧化物钇土。

12%的氧化铁(Fe_2O_3)和38%的未知土性物。这种未知土性物不仅非常致密,而且熔点非常高。虽然它很容易溶解在大多数酸中,且与其他一些金属氧化物有相似之处,但显然它是一种新物质。

1797年,瑞典化学分析家安德斯·埃克伯格(Anders Ekeburg)对结果进行了改进,并将这种土性物命名为"钇土"。第2年,当听

约翰·加多林

约翰·加多林于1760年出生在芬兰的奥博(现图尔库),是一位物理学教授的儿子。他先在奥博大学学习数学,后改学化学,之后转到瑞典的乌普萨拉大学,在那里开始了矿物学研究。1785年,年仅25岁的他成为奥博大学的化学教授,并于1786年开始了欧洲大旅行。他参观了很多矿山,会见了许多著名的化学家。

加多林发表了有关比热的重要研究,他是安托万·拉瓦锡驳斥燃素理论的早期支持者,并确定了颜料普鲁士蓝的化学性质。不过,他最著名的事件是对伊特比黑色岩石的分析。可悲的是,1827年奥博的大火摧毁了他的实验室和他无与伦比的矿物收藏,结束了他的科学生涯。他于1852年去世。

主要作品

1794年 《对罗斯拉根的伊特比采石场的黑色致密矿物的检测》

1798年 《化学概论》

说法国矿物分析师路易斯·沃克兰（Louis Vauquelin）发现了铍时，他意识到硅铍钇矿中含有铍。德国分析化学家马丁·克拉普罗特（Martin Klaproth）证实了埃克伯格的发现，并将硅铍钇矿重新命名为"加多林矿"以致敬加多林。

元素的概念在当时还是比较模糊的。钇土是一种氧化物，而直到30年后德国化学家弗里德里希·维勒（Friedrich Wöhler）才设法分离出了纯金属钇。但加多林的分析标志着第一种稀土元素的发现。

铈和隐藏的土性物

1803年，瑞典化学家永斯·雅各布·贝采利乌斯（Jöns Jacob Berzelius）和威廉·希辛格（Wilhelm Hisinger）、马丁·克拉普罗特（Martin Klaproth）在另一种重矿物的发现方面取得了重大突破。这种矿物是半个世纪前瑞典化学家阿克塞尔·克朗斯提（Axel Cronstedt）在巴斯特纳斯矿发现的红褐色块状物。贝采利乌斯和希辛格认为它可能含有钇土，但他们的分析揭示了一种新的氧化物。贝采利乌斯以当时发现的小行星谷神星（Ceres）的名字将其命名为"铈土"（ceria）。含有它的矿物被命名为"铈硅石"（cerite）。

与钇土一样，分离出纯金属铈耗费了数十年的努力。直到1875年，美国化学家威廉·希勒布兰德（William Hillebrand）和托马斯·诺顿（Thomas Norton）才最终完成了这一工作。

在发现钇土和铈土之后，化学家们逐渐意识到这两种土性物中还混杂了其他元素。然而，将它们分离开是一项艰巨的任务。虽然电化学的发展有所帮助，但主要还得靠辛苦的工作，包括用酸进行分析，用吹管将火焰的温度提高到熔炉水平，以及分步结晶——当溶解的混合物冷却时，其中的成分会因溶解度的不同而在不同的阶段结晶。1839年，贝采利乌斯的同事和前学生卡尔·莫桑德（Carl Mosander）用硝酸从铈土中分离出了第2种土性物，贝采利乌斯将其称为"镧土"。1842年，莫桑德又发现了第3种土性物错钕土，以及另外2种新土性物：粉色的铽土和黄色的铒土，它们的名字也来自伊特比。这意味着当时已知6种稀土了。

加入列表

令人困惑的是，一些进行类似分析的化学家认为他们发现了元素，而不是氧化物，这导致后来许多关于稀土元素发现的说法不可信。事实上，针对错钕土，莫桑德错误地认为它是一种纯金属氧化物。直到几十年后，即1860年开创

稀土分离阶梯图

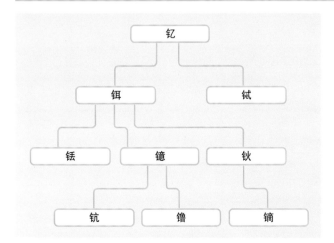

前16种稀土是通过两个"分离阶梯"发现的，每种元素都以其氧化物的形式出现。氧化钇（钇土）被发现时是与其他8种稀土氧化物混合在一起的。

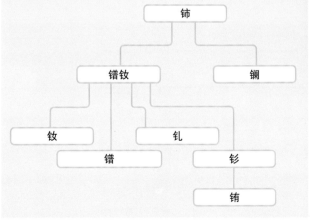

氧化铈（铈土）与其他6种稀土氧化物混合在一起。第17种稀土元素钷具有放射性，于1945年被人工制造出来。

火焰光谱技术之后，这个错误才被发现。每种物质在被强烈加热时都会发出自己独特的光谱，这通常会揭示新的物质，虽然仍需要一些时间来识别它们。

火焰光谱法的实验引起了几位化学家的怀疑，即被认为是错钕的元素实际上至少是两种元素的混合物。1885年，奥地利化学家卡尔·奥尔·冯·韦尔斯巴赫（Carl Auer von Welsbach）鉴定了钕和镨。1886年，法国化学家保罗-埃米尔·勒科克·德·布瓦博德兰（Paul-Émile Lecoq de Boisbaudran）分离出了钆。

1878年，瑞士化学家让·查尔斯·加利萨德·德·马里尼亚克（Jean Charles Galissard de Marignac）从铒土中发现了镱土。同年，瑞典化学家佩尔·提奥多·克勒夫（Per Teodor Cleve）分离出了钬土，而后在1879年又分离出了铥土。1886年，德·布瓦博德兰从钬土中提取出了镝土。

同时，另外两种矿物——铌

今天的智能手机含有几种稀土元素，其中一些用于屏幕产生颜色和亮度。智能手机的电子器件利用了稀土元素的高导电性。

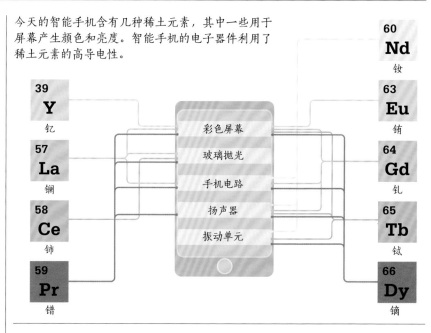

钇矿和黑稀金矿已被鉴定出可能含有稀土。1879年，德·布瓦博德兰从一些铌钇矿中提取的镨钕土中进一步分离出了钐土。同年，瑞典化学家拉斯·弗雷德里克·尼尔森（Lars Fredrik Nilson）从黑稀金矿中先分离出了铒土，然后分离出了镱土，进而分离出了钪土。1901年，法国化学家欧仁-阿纳托尔·

德马塞（Eugène-Anatole Demarçay）从钐土中分离出了铕土。最后，1907年，法国化学家乔治斯·于尔班（Georges Urbain）从镱土中提取了镥土。

缺失的稀土

至此已经有16种稀土被发现了，但还会有多少呢？1913年，英国物理学家亨利·莫斯利（Henry Moseley）使用X射线光谱确定了每种稀土元素的原子序数，以便将它们填入元素周期表中。结果显示，只有钕和钐之间还有一个空位，原子序数为61。

61号元素具有放射性，由于衰变得太快而无法留存，只有在极其罕见的情况下才会作为其他放射性元素的衰变产物而自然产生。它最终在1945年被人工制造出来，并被命名为"钷"。■

稀土革命

离子交换色谱法（IEC）是由美国科学家弗兰克·斯佩丁（Frank Spedding）和杰克·鲍威尔（Jack Powell）开发的一种技术，用于钷的分离。此前的分离技术只能生产少量稀土样品，但IEC可以进行大量分离。

这一发明引发了20世纪50年代初期的稀土革命。稀土元素第一次有了工业规模的应用。

与其他金属相比，稀土的产量微乎其微，提取稀土的过程非常昂贵，但它们对现代世界是不可或缺的：钕磁铁是电动汽车和风力涡轮机的必需品，而钇、铒和铽则用于视觉显示设备。

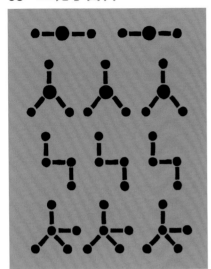

自然赋予了固定的比例

化合物比例

背景介绍

关键人物

约瑟夫·普鲁斯特

（1754—1826年）

此前

1615年 法国化学家让·贝甘写出了第一个化学方程式。

1661年 罗伯特·波义耳确定了混合物和化合物之间的差异，并表明化合物可以具有与其组成成分不同的性质。

1718年 法国化学家埃蒂安·杰弗里将化合物的概念编入了他的亲和力表中。

此后

1803年 英国化学家约翰·道尔顿提出了原子理论，解释了化合物为何总是由相同的原子比例构成。

1826年 瑞典化学家永斯·雅各布·贝采利乌斯发表了第一张原子量表。

就在安托万·拉瓦锡确定元素的定义时，另一位法国化学家约瑟夫·普鲁斯特提出了关于化合物的基本真理。1794年，他提出了定比定律（又称为"定组成定律"）：每一种化合物的组成元素的质量都有一定的比例关系。这就是为什么化合物会有固定的化学式。

独特的比例

普鲁斯特对金属与氧、硫和碳的结合方式很感兴趣：反应生成物为氧化物、硫化物、硫酸盐和碳酸盐。他对氧化物的实验显示金属与氧有两种不同的比例，而与硫只有单一比例。也就是说，像铁这样的金属只能以一种或两种方式与硫或氧结合，并且总是以固定的比例结合。

这一概念受到法国化学家克劳德-路易斯·贝托莱特（Claude-Louis Berthollet）的攻击，他认为化合物可以以任意的比例组合在一起。关键问题在于如何定义化合物。贝托莱特将我们现在所说的混合物和溶液都纳入了化合物范围，而它们确实可以以任意的比例混合。普鲁斯特的"结合"符合现在我们对化合物的定义——元素通过化学键结合。与混合物和溶液不同，化合物中的元素只能通过化学反应分离，而不能以物理手段分离。■

铁锈是铁与氧气和水以固定比例结合形成的氢氧化铁。该反应的化学方程式为：$4Fe+3O_2+6H_2O=4Fe(OH)_3$。

参见: 微粒 47页，氧气的发现和燃素的消亡 58~59页，质量守恒 62~63页，道尔顿的原子理论 80~81页。

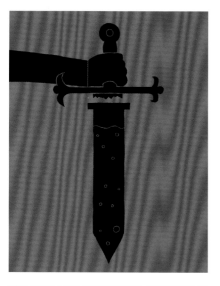

没有催化的化学
如同没有剑柄的剑

催化

背景介绍

关键人物

伊丽莎白·富勒姆（活跃于1794年）

此前

1540年 德国药理学家瓦莱里乌斯·科尔都斯（Valerius Cordus）使用硫酸催化酒精转化为乙醚的反应。

1781年 法国药剂师安托万·帕门蒂尔（Antoine Parmentier）注意到，醋可以刺激土豆淀粉与塔塔粉的混合物产生糖分。

此后

1810年 富勒姆的书在美国再版，并受到化学家的推崇。

1823年 德国化学家约翰·沃尔夫冈·德贝莱纳（Johann Wolfgang Döbereiner）观察到二氧化锰可以加速氯酸钾的分解。

1835年 永斯·雅各布·贝采利乌斯创造了"催化"一词。

催化剂通过降低反应所需的能量来加速化学反应，它们是大量常见过程的关键——从清洁汽车尾气和制造塑料，到酶（生物催化剂）在生物体中发挥作用。催化剂为反应提供了一条更简单的路线，称为"反应路径"，而没有实际参与反应。

"催化剂"一词是由永斯·雅各布·贝采利乌斯于1835年创造的，但最早的关键研究之一是半个世纪前由苏格兰的伊丽莎白·富勒姆完成的。富勒姆想找到用金、银和其他金属给布料染色的方法。富勒姆使用了氢气等不同的还原剂，测试了如何将各种金属盐还原为纯金属。她发现在水的催化下，许多以前需要加热的还原反应在室温下就可以发生。富勒姆描述了银盐在光催化下的反应，这有助于理解最终发展出摄影技术的化学过程。她还观察到氧气在某些反应中的催化作用，挑战了旧的燃素理论及安托

> 当燃烧发生时，至少有一种物质被氧化，而另一种物质被恢复……到它的可燃状态。
>
> *伊丽莎白·富勒姆*

万·拉瓦锡的新理论。1793年，富勒姆遇到了约瑟夫·普里斯特利，并在后者的鼓励下于次年发表了自己的工作成果。■

参见： 氧气的发现和燃素的消亡 58~59页，稀土元素 64~67页，摄影 98~99页，酶 162~163页。

THE CHEMICAL
REVOLUTION
1800—1850

化学革命
1800—1850年

亚历山德罗·伏打（Alessandro Volta）宣布他创造了第一个电池，为电化学的起源点燃了火花。

1800年

汉弗莱·戴维使用电解法分离出了钾和钠，后来又分离出了钙、锶、钡、镁和硼。

1807年

弗里德里希·维勒首次使用无机化合物合成了一种有机化合物——尿素。

1828年

1803年

道尔顿发表了他的原子理论，并首次尝试为原子和分子设计符号。

1813年

永斯·雅各布·贝采利乌斯提出了元素符号，他使用元素符号来表示化合物。

现代化学建立于18世纪末，随之而来的是19世纪知识的爆炸式增长。这些发展开辟了全新的化学研究领域。

一种通用的简写

化学命名法的标准化伴随着化学家对原子概念和表示的思考。英国化学家约翰·道尔顿首先提出不同元素的原子具有不同的质量和大小。他还指出，当元素结合时，它们会以整数比结合。到1808年，道尔顿已经为当时已知的元素制作了一套化学符号，这被认为是设计这种系统的第一次尝试。

仅仅几年后，瑞典化学家永斯·雅各布·贝采利乌斯就提出了以一个或两个字母来表示元素的符号系统，该系统沿用至今。至此，除了有一套通用的命名法，化学家们还有了一套通用的简写，这使得化学的交流变得更加容易——随着重要的化学新领域的出现，一切都变得更好。

电化学的出现

19世纪初，随着亚历山德罗·伏打创造了第一个电池——伏打电堆，电化学开始出现。化学和电力的结合迅速产生了巨大的进步。不到10年的时间，英国化学家汉弗莱·戴维就通过电解法发现了许多新金属，并用电分解常见化合物分离出了新元素。

1813年，戴维聘请年轻的迈克尔·法拉第担任助手。之后法拉第成为皇家研究所的首席科学家，并以戴维的电力工作为基础继续深入研究。

在化学学科中，法拉第确定了电解定律（法拉第定律），该定律建立了电流大小与电解产物质量之间的直接关系。通过这项工作，他正式确定了许多至今仍在使用的电化学术语。

超越活力论

法拉第在化学方面的发现不仅限于电相关部分。他在1820年创造了第一种碳和氯组成的化合物，又于1825年首次分离和鉴定了苯。

迈克尔·法拉第发展了电解定律，可以对电化学反应进行定量计算。

克劳福德·朗（Crawford Long）使用乙醚麻醉病人并为病人成功切除了肿瘤。

1833年　　　　　　　　**1842**年

1830年　　　　　　**1839**年　　　　　　**1842**年

贝采利乌斯创造了"异构体"一词，用于表示由相同元素组成但具有不同性质的物质。

法国发明家路易·达盖尔发明了第一种成功的摄影工艺，即银版摄影法。

法国化学家让-巴蒂斯特·杜马（Jean-Baptiste Dumas）发表了他的"类型"理论，引导人们从官能团的角度理解有机化合物。

这些是涉足有机化学领域的早期研究。

贝采利乌斯于1806年将有机化学与无机化学进行了区分。当时的大多数化学家赞同活力论。该理论基于这样的概念：在生物中发现的有机化合物不能由非生物（无机）化合物合成。然而在1828年，德国化学家弗里德里希·维勒证明有机化合物尿素可以由两种无机化合物——氨和氰酸合成。

虽然在之后的几十年里，维勒实现尿素合成的真正意义没有得到充分的认识，但这一发现通常被视为标志着活力论的终结。

贝采利乌斯、维勒及德国化学家尤斯图斯·冯·李比希（Jus-tus von Liebig）还发现一些无机化合物具有相同的元素组成但具有不同的性质——他们将之称为"异构体"。后来，其他化学家证明了有机化合物中也存在异构现象。

贝采利乌斯、维勒和冯·李比希还提出，有机化合物是由被称为"基团"的基本物质形成的。

"基团"这一概念后来被让-巴蒂斯特·杜马的关于有机分子的"类型"理论所取代，该理论反过来又发展为官能团的概念。这些结构模块被称为"模体"，即赋予分子特征和反应性质的原子组合。

官能团的预测能力成为化学家理解和预测有机化合物反应的重要工具。

在不到半个世纪的时间里，起初几乎不被认可为独立领域的有机化学成了化学中发展最快的领域之一。在接下来的几十年里，它产生了一些化学中最伟大的进步，其中许多至今仍影响着我们的生活。■

每种金属都有一定的能量

第一个电池

背景介绍

关键人物
亚历山德罗·伏打（1745—1827年）

此前

1729年 英国染色师和实验者斯蒂芬·格雷（Stephen Gray）展示了电荷如何远距离传输。

1745年 德国物理学家埃瓦尔德·格奥尔格·冯·克莱斯特（Ewald Georg von Kleist）和荷兰科学家彼得·范·穆森布罗克（Pieter van Musschenbroek）分别独立发明了莱顿罐，用于储存电荷。

1752年 美国发明家和政治家本杰明·富兰克林（Benjamin Franklin）证明了闪电实际上就是电。

此后

1808年 汉弗莱·戴维发明了电化学。

1833年 迈克尔·法拉第提出了电解定律。

1886年 德国科学家卡尔·加斯纳（Carl Gassner）发明了干电池。

18世纪后期，剧院里挤满了来观看电火花、闪电和电击现象的人，这些效果或者由巨大的静电发生器产生，或者从莱顿罐中释放（莱顿罐可以在罐子内外的两个电极之间储存电荷）。人们甚至怀疑电是否是生命的力量——英国小说家玛丽·雪莱（Mary Shelley）的《弗兰肯斯坦》（1818）做出了这样的设想。

18世纪80年代，意大利物理学家路易吉·伽伐尼（Luigi Galvani）对肢解青蛙腿的观察似乎证实了电与生命之间的联系。伽伐尼发现，在雷雨期间，将肌肉连接到静电起电器或金属表面，或者用黄铜将青蛙钩挂在铁栅栏上晾干，青蛙腿会抽搐。伽伐尼认为抽搐是由所有动物肌肉中固有的"动物电"引起的。

竞争实验

最初，意大利物理学家亚历山德罗·伏打对伽伐尼的说法深信不疑。18世纪60年代以来，伏打一直在试验电效应，并且已经是电学领域的权威。起初他相信伽伐尼通过巧妙的实验证明了"动物电"是"已证实的真理之一"。但随后他对此产生了怀疑，并于1792年和1793年提出，使青蛙腿抽搐的电流来自外部——黄铜和铁之间的接触。

伏打认为，电可以纯粹通过化学产生，并且是来自两种金属之间的化学反应。伽伐尼坚持己见，

这幅意大利画家加斯帕罗·马泰里尼（Gasparo Martellini）的画作记录了伏打向拿破仑·波拿巴（Napoleon Bonaparte）展示他的电池实验的场景。

参见: 用电分离元素 76~79页, 电化学 92~93页。

> 这个装置……无疑会让你感到惊讶, 它只是以特定方式排列的许多不同种类导体的集合。
>
> 亚历山德罗·伏打

两位科学家都开始通过实验来解决这个问题。1798年伽伐尼去世后, 伏打决心证明他的理论是正确的, 但他需要找到一种方法来让电荷更容易被检测到。

第二年, 伏打将铜圆盘和锌圆盘交替堆叠, 并用经盐水浸泡的纸板将每对金属盘隔开。戏剧性的结果出现了, 当伏打触碰金属堆时, 他受到了轻微的电击。添加更多金属盘会产生更多的电荷。其他金属的组合, 如银和锡, 也会产生电荷。

更重要的是, 伏打发现, 当用一根电线将金属堆的顶部和底部连接时, 可以产生连续的电流, 而断开电线即可使电流停止。如果电线没有连接, 他的电堆就会保存电荷。

与一次性释放电荷的莱顿罐不同, 伏打电堆可以提供持续的电流, 并可以根据需要开启和关闭。1800年, 他在致伦敦皇家学会的一封信中向世界宣布他创造了第一个电池——伏打电堆。

伏打电堆对科学界的影响是深远的。一年之内, 化学家们利用它将水分离成了氢气和氧气。不到10年, 英国科学家汉弗莱·戴维便创造了全新的电化学科学。

在接下来的30年里, 在英国化学家迈克尔·法拉第和美国工程师约瑟夫·亨利发现如何通过磁力发电之前, 伏打电堆一直是主要的电力来源。它是我们今天使用的电池的先驱, 现在的电池被应用于从手机到电动汽车的各种设备中。■

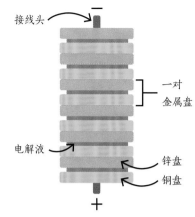

伏打电堆可以由多种材料制成, 例如铜和锌。金属盘成对堆叠, 由导体 (电解液) 隔开。

亚历山德罗·伏打

亚历山德罗·伏打于1745年出生在意大利科莫, 从少年时他就对电着迷。1768年, 他撰写了第一篇关于电的科学论文, 并于1776年发现了甲烷 (天然气)。他的实验表明, 气体可以在腔室内被电火花点燃。他还发明了一种被称为"伏打手枪"的电枪。他因在电力方面的工作而闻名于欧洲。1779年, 他被任命为帕维亚大学的物理学教授, 他在该职位上工作了40年。他还改进并推广了由瑞典物理学家约翰·威尔克 (Johan Wilcke) 发明的能产生静电的装置——起电盘。但伏打最知名的成就是他发现电可以通过化学反应制造并发明了电池。拿破仑为了表彰他的工作而封他为伯爵。在伏打去世的50多年后, 为了纪念他, 电动势的单位被命名为"伏特"。

主要作品

1768年 《论电火的吸引力》

吸引力和排斥力克服了选择性亲和力

用电分离元素

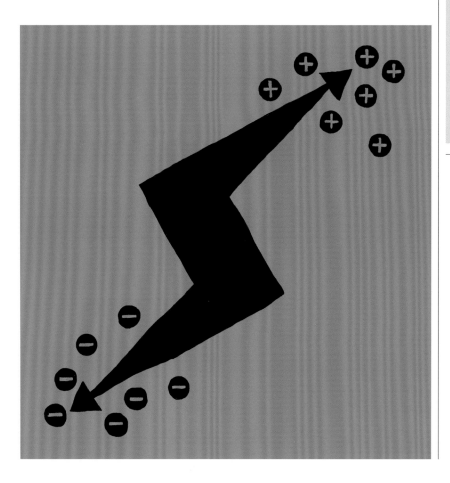

背景介绍

关键人物
汉弗莱·戴维（1778—1829年）

此前

18世纪70年代 安托万·拉瓦锡提出，化合物中的氧会导致酸性。

1791年 路易吉·伽伐尼发表了他的"动物电"观点。

1800年 亚历山德罗·伏打创造了第一个电池，即伏打电堆。

此后

1833年 迈克尔·法拉第建立了他的电解定律。

1839年 英国物理学家威廉·格罗夫（William Grove）发明了第一个燃料电池。

1866年 法国工程师乔治·勒克朗谢（George Leclanché）发明了湿电池，这是锌碳电池的先驱。

意大利物理学家亚历山德罗·伏打在1800年创造了世界上第一个电池——伏打电堆，对科学产生了深远的影响。伏打电堆首次为科学家提供了可用于实验的可控电流。它还揭示了电和化学反应之间的基本联系，因此开创了一个全新的科学分支——电化学。

在伏打公布他的电池后的短短几周内，英国化学家威廉·尼科尔森（William Nicholson）就提出了一个显而易见的问题：如果化学反应可以产生电，那么电可以引发化学反应吗？

1800年5月2日，他和外科医

参见： 从矿石中提取金属 24~25页，氧气的发现和燃素的消亡 58~59页，质量守恒 62~63页，稀土元素 64~67页，第一个电池 74~75页，电化学 92~93页。

尼科尔森和卡莱尔证明，当电流通过水时，水中会产生氧气和氢气。我们现在知道，这是因为水分子是由带负电荷的氢氧根离子（OH$^-$）和带正电荷的氢离子（H$^+$）组成的。

伏打电堆为欧洲各地的实验者敲响了警钟。

汉弗莱·戴维

生安东尼·卡莱尔（Anthony Carlisle）证明了电确实可以引发化学反应，并且是以戏剧性的方式。他们将伏打电堆两端的引线插入水中。电极（电端子）上立即出现了气泡，水被分解成了氢气和氧气。这是电解的第一个真实例子，即化学物质的电分解。

在尼科尔森和卡莱尔取得突破的几个月后，德国物理学家约翰·里特（Johann Ritter）取得了相同的结果，但他将电极分开放置，以便收集和精确测量产生的氢气和氧气。不久之后，里特发现可以用电使溶解的金属在铜上形成一层涂层。这种电镀技术很快便成为一种极为重要的工业手段。

升高电压

大约在1800年，英国化学家威廉·克鲁克山克（William Cruickshank）发明了槽式电池，他将50对铜锌片放置在一排浸有盐溶液或稀酸的小格子中，并将它们串联起来。这种电池比伏打电堆强大得多，并迅速成为通用的电力来源。英国化学家威廉·海德·沃拉斯顿（William Hyde Wollaston）和史密森·坦南特（Smithson Tennant）可能使用这种电池进行了一些开创性的电化学实验。

两人在使用电解法从铂矿石中提纯铂金属时，发现了至少4种新元素。坦南特研究了用王水（盐酸和硝酸的混合物）处理铂矿石时

留下的黑色残留物，发现了新的金属铱和锇。沃拉斯顿研究了处理后的溶液部分，并发现了钯和铑。这4种元素少量存在于铂矿石中，但以前不为人知。

沃拉斯顿还设法通过电解提纯铂金——这是首次在商业基础上提纯铂金，最终使铂金作为珠宝首饰备受追捧。

科学巨星

另一位进行电解实验的科学家是英国化学家汉弗莱·戴维。他在20岁出头的时候，就已经因激动人心的科学演示而广受赞誉。他同时也是一位天才的实验者。戴维想知道更强大的电流是否可以更有效地分解化学物质。

1806年，他在伦敦皇家学院的地下室安装了一系列大型槽式电

这幅当代版画展示了一位被认为是汉弗莱·戴维的科学家于1809年在伦敦萨里研究所进行化学演示的场景。

汉弗莱·戴维

汉弗莱·戴维于1778年出生于康沃尔郡的彭赞斯，他在布里斯托尔的气动研究所学习科学并进行研究。他在1800年发表了关于一氧化二氮（笑气）的实验结果并因此而声名鹊起。1801年，他受雇于伦敦新成立的皇家学院进行公共科学讲座。

许多人认为戴维是电化学之父，因为他于1806—1807年在电解方面取得了突破性的发现。戴维是最早认识到氯和碘是元素而非化合物的人。1815年，在迈克尔·法拉第的帮助下，他为煤矿工人制造了一种安全灯，这种灯可以将灯的火焰与地下的可燃气体分开。戴维于1829年在瑞士去世。

主要作品

1800年　《化学哲学研究》
1807年　《一些电相关的化学机构》
1810年　《电的发现的历史草图》

池，并将它们串联起来以产生更强大的电流。使用这一装置，他能够让电解运行10分钟以上。

戴维决定研究钾碱（K_2CO_3），这是木头燃烧后残留的灰烬。一些科学家怀疑它是化合物，但一直无法将它分解。他首先尝试在水中电解钾碱，结果只是将水分解成了氢气和氧气。然后，他尝试电解干的钾碱，仍一无所获。最后，他尝试电解稍微湿润的钾碱。结果令人吃惊。令戴维非常兴奋的是，一个发光的熔融金属球突破钾碱外壳并着火了。他发现了一种全新的金属元素——钾。

第二天，戴维用湿烧碱（碱液，$NaOH$）重复了这个实验，这是另一种明显不可分离的物质。结果他又发现了一种新的金属元素——钠。

这两种新金属不同于以往任何已知金属。两者都非常柔软，可以用刀切开，而且都极易与氧气反应，以至于当它们与水接触时会迸溅并爆炸。戴维在他的演讲中展示了这一现象，这使他成为科学巨星，而电解也成为那个时代的科学轰动事件。

更多元素

1808年，戴维针对可能含有金属元素的各种碱土，再次进行了实验。这一次，他又发现了4种新的金属元素：镁、钙、锶和钡。

在分解碱土时，戴维意识到它们都是金属氧化物，由新金属元素和氧组合而成。如果碱土金属本身含有氧，那么氧怎么会像安托万·拉瓦锡所说的那样是酸性的根源？

钾碱和烧碱等物质中含有金属元素。

这些元素可能被电力键合在一起。

施加强大的电流，并用水作为导体，可以破坏元素之间的联结。

电流可以分解物质以揭示组成它的元素。

钠与水发生剧烈反应，产生明亮的黄色火焰。钠的氧化过程会极为迅速地释放氢气，以至于钠的碎片似乎在水面上"跳舞"。

戴维随后发现，被拉瓦锡命名为"氧化盐酸"的酸——我们现在称为"盐酸"（HCl）——根本不含氧，它只含氢和氯。人们很快就证实，酸性来源于氢，而不是氧。

戴维发现了6种新金属元素，沃拉斯顿和坦南特各发现了2种，短短几年时间，新发现的元素总数就已达10种。当戴维证明碘和氯实际上是元素而非化合物时，新发现的元素又增加了2种。随着其他科学家加入电解工作，更多的元素被发现，包括铝、硼、锂和硅。

当时，化学家们认为某些元素与其他元素结合是因为它们被特定的化学吸引力或"亲和力"联结在一起。戴维的实验使他们相信，这种亲和力是基于电的。戴维认为，由于电流克服了将化合物中的元素结合在一起的法向力，因此将元素结合在一起的力也应该是电的，这一想法后来结出了丰硕的果实。

然而，在早期取得成功后，戴维放弃了研究，让他的年轻助手迈克尔·法拉第继续他的工作。1832年，法拉第发现，电力并非像人们想象的那样在一定距离外作用以分解化学物质，就像冲击波一样。相反，电流通过液体导电介质才将分子分解开来。

法拉第还发现，分解的量完全取决于电流的强度。这促使法拉第发展出一种全新的电化学理论，试图解释电如何与分子结合力相互作用。

法拉第发展了2条定律。第1条是沉积在电解池每个电极上的物质量与通过电解池的电量成正比。第2条是一定的电量所沉积的不同元素的量与其化学当量成正比。

法国科学家安托万-塞萨尔·贝克勒尔（Antoine-César Becquer-el）很快证实了法拉第定律，他还发现了利用电解法从硫化矿石中提取金属的方法。

电解的潜力

到1840年，电化学已成为科学研究的核心。它迅速成为许多工业过程的关键技术，实现了一些金属和其他物质的大规模生产。今天，电解使我们能够从矿石中提取铝、钠、钾、镁、钙和其他金属。人们希望太阳能电解水有朝一日可以为汽车燃料电池提供氢气。■

钠和钾

尽管钠和钾都是非常重要的金属，但汉弗莱·戴维的戏剧性实验才最终揭示了它们的存在，因为自然界中很少发现它们的纯净形式。例如，钠与氯结合为盐（氯化钠，NaCl）而大量存在，而钾又是各种矿物质的组成部分。

钠和钾在动物（包括人类）身体的健康功能中发挥着关键作用。它们是电解质，这意味着它们带有少量电荷，能够激活各种细胞和神经功能。两者都参与维持体内健康的体液平衡，包括细胞内的钾和细胞外液中的钠的平衡。

终极粒子的相对重量

道尔顿的原子理论

现代科学的一大突破是19世纪初英国化学家约翰·道尔顿提出的原子理论。原子的概念并不是新出现的。在古希腊，德谟克利特认为物质是由被间隙隔开的微小粒子组成的，他创造了"原子"一词。但大多数人无法想象空气或水怎么能这样分解开，而亚里士多德关于"物质是连续的，并且仅由土、水、气和火这四种基本元素构成"的相反观点，盛行了2000多年。

德谟克利特的宇宙观将地球和行星置于中心位置。它们被布满星星的天空和一个被称为"原子无限混沌"的外环所包围。

质疑亚里士多德

一些中世纪的学者早就对亚里士多德的观点提出了质疑。1661年，爱尔兰科学家罗伯特·波义耳提出，还有其他种类的"化学"元素，这些元素具有独特的性质，他还认为物质可能由原子组成。然后在18世纪，化学家安托万·拉瓦锡和约瑟夫·普里斯特利证明了空气和水是不同物质的组合，才终于推翻了亚里士多德的观点。

此时还没有人明确指出什么是元素，也没有人将元素与原子联系起来。如果物质是由原子构成的，那么它们应该是相同的。约翰·道尔顿的伟大洞察力体现在他认识到空气中每种气体的原子可能是不同的，并以这个想法为起点发展出了元素的一般原子理论——一种元素的所有原子都是相同的，但与其他元素的原子不同。

最早概述原子理论的论文，包含空气压力如何影响吸收水量的实验。在他的实验中，他观察到纯氧吸收的水蒸气没有纯氮吸收的水蒸气多——他得出了一个直观的

参见: 气体 46页,氧气的发现和燃素的消亡 58~59页,质量守恒 62~63页,理想气体定律 94~97页,摩尔 160~161页,电子 164~165页,改进的原子模型 216~221页。

> 物质虽然可分为极小的部分,但也不是无限可分的。

约翰·道尔顿

所有元素都是由被称为"原子"的微小粒子组成的。

→

一种元素的所有原子是一样的,不同元素的原子是不同的。

↓

原子不会因化学反应而产生或毁灭。

←

不同元素的原子结合或分离会发生化学变化。

结论,这是因为氧原子比氮原子更大、更重。

倍比定律

1803年10月21日,道尔顿在向曼彻斯特文学和哲学学会提交的一篇论文(于1806年出版)中,讲述了每种气体的基本单位有不同的重量——也就是说,它们有不同的原子量(相对原子质量)。他认为,各种元素的原子以简单的整数比结合起来形成化合物。因此,每种原子的相对重量可以通过化合物中各种元素的重量计算出来。这个想法后来被称为"倍比定律"。

道尔顿意识到氢气是最轻的气体,因此他将氢的原子量定为1。根据水中与氢原子结合的氧原子的重量,他将氧的原子量定为7。这是道尔顿方法中的一个小缺陷,因为他没有意识到相同元素的原子也可以结合。他错误地假设由原子组成的化合物——一个分子——是由不同元素的单一原子组成的。这会使水变成错误的HO,而不是正确的H_2O。但道尔顿的原子理论的基本思想——每种元素都有自己独特大小的原子——被证明是正确的,并为现代化学奠定了基础。■

约翰·道尔顿

1766年,约翰·道尔顿出生在英国湖区的一个贵格会家庭,他12岁就开始在一所贵格会学校教授科学。在那里他遇到了启发他观察天气的盲人哲学家约翰·高夫(John Gough)。道尔顿的研究奠定了现代气象学的基础。他还确定了红绿色盲的遗传性,这是他和他的兄弟所患的一种疾病。道尔顿于1817年当选曼彻斯特文学和哲学学会主席,并终生担任此职务。道尔顿的原子理论使他出名,但并未让他富有。他于1810年拒绝了皇家学会的成员资格,这可能是因为他负担不起,但在12年后,学会为他筹集了资金以让他当选。他于1844年去世。

主要作品

1794年 《与颜色视觉的特殊例子》

1806年 《关于水和其他液体对气体的吸收》

1808年 《化学哲学的新体系》

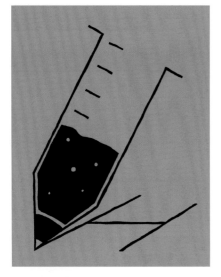

化学标志应该是字母

化学符号

背景介绍

关键人物

永斯·雅各布·贝采利乌斯

（1779—1848年）

此前

1775年 瑞典化学家托伯恩·伯格曼（Torbern Bergman）为具有"选择性亲和力"的炼金术物品构建了一套符号表。

1789年 安托万·拉瓦锡设计了第一份化学元素清单。

1808年 约翰·道尔顿为化学元素引入了一套新的标准符号，以配合他的原子理论。

此后

1869年 俄国化学家德米特里·门捷列夫（Dmitri Mendeleev）提出了元素周期表，将元素按族和周期排列。

1913年 英国物理学家亨利·莫斯利（Henry Moseley）修改了元素周期表，以原子序数而非原子质量排列元素。

1813年，瑞典化学家永斯·雅各布·贝采利乌斯创建了我们今天用来表示化学元素和化合物的符号系统，例如，用H_2O代表水，用HCl代表盐酸。以前，炼金术士为不同的物质指定了符号，但这些符号并没有得到一致的使用。随着18世纪化学科学的发展，化学家们开始思考使用新的符号。1789年，安托万·拉瓦锡提出了第一份科学的化学元素清单，清单中列出了33种"简单物质"（元素），并将其分为气体、金属、非金属和土性物（后来被证明是化合物）。

5年后，另一位法国化学家约瑟夫·普鲁斯特确定：化合物的组成元素几乎总是以固定的重量比例结合在一起的。不久之后，约翰·道尔顿发展了他的原子理论，提出了每种元素的原子有特定的重量和倍比定律。这一定律说明，当一种元素与另一种元素以不同的方式结合时，它们的重量比总是简单的整数比，如$1:1$、$2:1$或$3:1$。道尔顿为元素创造了一套全新的符号，以图形方式展示了它们如何组合成化合物。

因此，我将采用每种元素的拉丁语名称的首字母作为化学符号。

永斯·雅各布·贝采利乌斯

系统化方法

受道尔顿工作的鼓舞，贝采利乌斯于1810年开始进行一系列实验，以确定元素组成不同化合物的确切重量。在接下来的6年里，他分析了2000多种化合物，并制作了当时最准确的原子量表。他的工作为道尔顿的理论提供了有力证据。在工作过程中，贝采利乌斯意

参见: 质量守恒 62~63页, 稀土元素 64~67页, 化合物比例 68页, 催化 69页, 道尔顿的原子理论 80~81页, 元素周期表 130~137页, 稀有气体 154~159页。

识到现有的化学符号十分混乱, 因此在1813年他公布了自己的系统。首先, 他提议使用拉丁语为元素命名——就像瑞典植物学家卡尔·林奈 (Carl Linnaeus) 80年前对生物的命名一样——以确保国际上的一致性。然后他决定用字母代替道尔顿用过的、难画的圆圈和箭头符号。

字母, 而非符号

贝采利乌斯建议使用元素拉丁语名称的第一个字母作为该元素的符号, 例如, 碳 (拉丁语名称为carbo) 是C, 氧 (拉丁语名称为oxygeniumin) 是O。对于以相同字母开头的金属, 如金 (aurum) 和银 (argentum), 他增加了第二个字母, 这样金就是Au (拉丁语名称的前两个字母), 银是Ag (为避免与砷冲突, 因为砷的拉丁语名称arsenicum与其有相同的前两个字母)。该系统现在也扩展到非金

化学符号

含硫氧化物
(二氧化硫)

道尔顿的
符号形式

SO^2

贝采利乌斯的
形式

SO_2

现代化学符号

属元素。

化合物的符号是包含元素的字母组合, 因此氧化铜是CuO。该系统还有一个巧妙之处, 就是添加了角标数字以表示化合物中不同元素的重量比, 例如, 二氧化碳是CO_2, 表明它是由一份碳 (按重量计) 和两份氧组成的。贝采利乌斯最初使用上标数字 (如CO^2), 但现在通常使用下标。该系统的确立经历了一段时间的推广, 并经过了发展和扩展, 但它的简单性和有效性确保了它至今仍在化学符号系统中占据中心地位。■

上图为斯德哥尔摩卡罗林斯卡学院的实验室。贝采利乌斯在那里进行了他的大部分研究。他被认为是现代化学的奠基人之一。

永斯·雅各布·贝采利乌斯

永斯·雅各布·贝采利乌斯于1779年出生于瑞典林雪平, 起初在乌普萨拉大学学习医学, 但很快他就对实验化学和矿物学产生了浓厚的兴趣。事实证明, 他是那个时代最伟大的实验化学家, 他制作了第一个准确的原子量表, 并建立了今天仍在使用的化学符号系统。

贝采利乌斯还发展了原子间的电引力理论, 发现了元素铈 (1803年) 和硒 (1817年), 并首次分离出了硅和钍 (1824年)。1835年, 他提出了催化这一术语并描述了这种现象。他发表了250多篇论文, 涵盖化学的各个方面, 影响了之后的许多化学家。贝采利乌斯于1848年去世。

主要作品

1813年 《化学比例的原因和与之相关的一些情况, 以及一种表达它们的简单方法》

相同但又不同

异构现象

背景介绍

关键人物

尤斯图斯·冯·李比希

（1803—1873年）

此前

1805年 约瑟夫·盖-吕萨克（Joseph Gay-Lussac）认为化合物中的原子量可以由气体体积显示。

1803年 约翰·道尔顿提出了他的原子理论。

此后

1849年 法国化学家路易斯·巴斯德（Louis Pasteur）发现了立体异构体。

1874年 雅各布斯·范托夫（Jacob van't Hoff）和约瑟夫·勒贝尔（Joseph Le Bel）解释了立体异构体。

1922年 英国科学家詹姆斯·肯纳（James Kenner）和乔治·哈拉特·克里斯蒂（George Hallatt Christie）发现了阻转异构体。

2018年 由澳大利亚化学家杰弗里·赖默斯（Jeffrey Reimers）和麦克斯韦·克罗斯利（Maxwell Crossley）领导的一个团队发现了阻弯异构体。

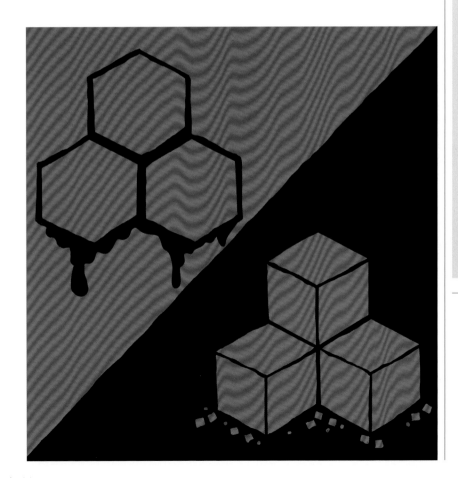

在19世纪的头10年里，化学家对化合物越来越熟悉，他们认为化合物的性质完全取决于其包含元素的组合。例如，当一个钠原子与一个氯原子结合形成氯化钠（NaCl）时，它总是具有相同的特性。

　　然而，在19世纪20年代，化

参见: 化合物比例 68页，道尔顿的原子理论 80~81页，立体异构 140~143页。

两种化学物质似乎由相同比例的相同元素组成。

⬇

它们在化学上似乎相同，但具有不同的性质。例如，一种可能具有爆炸性，而另一种则不具有。

⬇

化学分析表明它们必然是**异构体**，即成分相同但**性质**不同的化学物质。

⬇

相同的原子以不同方式排列会导致差异，使它们成为"构造异构体"。

尤斯图斯·冯·李比希

尤斯图斯·冯·李比希于1803年出生在德国达姆施塔特，因为他的父亲有一家售卖染料、药物和其他化学品的商店，因此他对化学十分着迷。在德国和巴黎求学后，他被任命为德国吉森大学的教授。

除了对异构现象的研究，冯·李比希还开发了一种以实验室为导向的方法来指导他的学生，这成为实用化学教学的典范。他还发明了钾碱球以改进分析仪器。

冯·李比希奠定了农业和营养科学的基础，创造了第一种氮肥。他于1873年在慕尼黑去世。

主要作品

1832年 《化学年鉴》（由冯·李比希创立的期刊）

1840年 《有机化学在农业和生理学中的应用》

1842年 《动物化学或有机化学在生理学和病理学中的应用》

学家永斯·雅各布·贝采利乌斯和尤斯图斯·冯·李比希、弗里德里希·维勒发现了异构体——由相同元素组成但具有不同性质的化合物。异构体很快被证明在生物世界中发挥着关键作用，并形成了一些令人吃惊的化学物质，这些化学物质由碳和其他一些元素构成。冯·李比希和维勒的工作为有机化学奠定了基础。

晶体形状

关于化合物构造的重要线索出现在1819年，当时，德国化学

家艾尔哈德·米切利希（Eilhard Mitscherlich）正在研究晶体的形状。

米切利希发现，不同的化合物可以形成相同形状的晶体，这种现象被称为"同构"。只有它们的原子以相同的方式堆积在一起，才能形成相同的形状。因此，原子结合在一起的方式必然在化合物的化学作用中发挥作用。米切利希使光线通过晶体照射到望远镜中并旋转晶体，由此他可以非常精确地测量晶面的角度。

仅仅几年后，发现异构体的

过程就开始了。当时冯·李比希还是一名雄心勃勃的年轻学生,他在巴黎向著名的法国化学家约瑟夫·盖-吕萨克学习最新的有机分析技术。

冯·李比希从孩提时代就对雷酸(HCNO)的某些衍生物的绝对爆炸性着迷,他想确切地了解其中的成分。

冯·李比希将成为那个时代最伟大的化学分析家之一,他对雷酸银的研究是他早期的一项成就。他证明雷酸银是银与碳、氮和氧的化合物——换句话说,是雷酸的银盐。1824年,他与盖-吕萨克一起发表了研究结果,并收获了相当多的赞誉。

与此同时,维勒在斯德哥尔摩向贝采利乌斯学习化学分析。在贝采利乌斯的实验室工作时,维勒分析了一种银化合物——氰酸银。

烟花中有时含有雷酸银,这是一种只能少量制备的化合物,因为即使是其自身晶体的重量也会导致自爆。

氰酸银和雷酸银都是由一个银原子和一个碳原子、一个氧原子和一个氮原子组成的。它们的区别在于这些原子的排列方式。

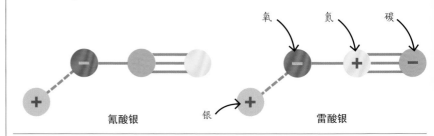

氰酸银   银   雷酸银

他得出结论,这是一种当时未知的酸,即氰酸的银盐。他的分析表明,氰酸银是银与碳、氮和氧的化合物——与冯·李比希的雷酸银一样,并且二者所包含各元素的量是相同的。然而,冯·李比希的雷酸银具有高爆炸性,但维勒的氰酸银没有。

得知维勒的结果后,冯·李比希写信给维勒,他认为维勒的分析有误。维勒随后将一些氰酸银样品送给冯·李比希进行分析,而李比希的研究证实了维勒的结果。

冯·李比希和维勒——他们后来成为朋友——证明了两种成分相

同的化合物可以具有不同的性质,但两人都不知道原因。这对他们来说无法理解,因为当时的化学家认为化合物的性质仅取决于成分。盖-吕萨克考虑成分的排列方式是否有所不同,但当时还没有人真正给出答案。

相同的成分

其他类似的研究开始出现。1825年,迈克尔·法拉第分析了一种由鲸油产生的气体,发现它与沼气(现在称为"乙烯")具有相同的成分——但鲸油气体要轻得多。同年,贝采利乌斯发现了两种有相

同成分的磷酸。

1828年，当时在柏林任教的维勒完成了氰酸铵（NH_4OCN）的开创性合成。他的分析表明，氰酸铵与尿素（尿液中的有机化合物）具有相同的成分，但二者具有非常不同的性质。

当维勒制造氰酸铵时，盖-吕萨克发现了一种新的酸，他称之为"外消旋酸"，其元素组成与酒石酸相同。酒石酸天然存在于许多水果中，我们现在知道它的化学式为$C_4H_6O_6$。外消旋酸天然存在于葡萄中，虽然它和酒石酸由相同的元素组成，但它们具有不同的性质。

盐类实验

两年后，贝采利乌斯对这两种酸的铅盐进行了实验，并将结果写在一篇论文中，论文题目很长，为《关于酒石酸和外消旋酸（孚日山脉的约翰酸）的组成，关于氧化铅的原子量，以及对那些成分相同但性质不同的物质的一般说明》。在尝试了其他的词（如同构）之

> 这两种酸（雷酸和氰酸）具有相同的元素组成。
> 永斯·雅各布·贝采利乌斯

后，贝采利乌斯创造了异构体一词，以描述由完全相同的原子比例构成但具有不同性质的物质。

1830年，英国化学家托马斯·汤姆森出版了《化学史》一书，书中对贝采利乌斯的工作做出了回应。他提出，异构体中的原子只是简单地以不同顺序排列。例如，在维勒的氰酸中，排列可能是H-OCN，而在冯·李比希的雷酸中，排列可能是H-CNO。还有更

复杂的异构体，如乙醇和二甲醚，它们的基本化学式均为C_2H_6O，但各自的原子以不同的顺序连接。乙醇可以写为CH_3CH_2OH，而二甲醚可以写为CH_3OCH_3。

这种以不同的二维顺序连接的原子形成的化合物就被称为"构造异构体"。它让化学家认识到了元素结合形成大量物质的复杂方式。这在有机化学中尤为重要。生物物质的多样性不再需要生命特有的特殊元素；它们都可能是元素组合的各种异构体——就像非生物世界中的异构体一样。

我们现在知道二维结构的异构体很少见。真正令人眼花缭乱的多样性来自1849年发现的原子的三维排列（立体异构体）。但是，随着异构体概念的出现，化学家终于开始了解有限的元素是如何结合形成宇宙中近乎无限的物质的。■

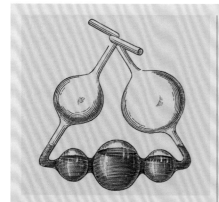

冯·李比希的钾碱球提供了一种改进的方法来确定有机化合物中的碳、氢和氧的含量。

冯·李比希的五球仪器

1830年，冯·李比希开发了一种三角形玻璃装置。该装置有5个大小不同的球，他称之为"钾碱球"。这种小而简单的装置发明是有机化学的里程碑，为化学家提供了第一种量化物质中碳含量的精确方法。

物质燃烧时释放的气体首先通过氯化钙以吸收水蒸气，然后通入钾碱球，其底部的3个球含有氢氧化钾溶液，可以吸收二氧化碳（CO_2）。根据燃烧前后钾碱球的重量差异就可以知道产生的CO_2的量，进而知道原始物质中的碳含量。两侧的两个球可以防止气体泄漏及溶液溢出。

冯·李比希还推广了水冷蒸馏系统。现在该系统仍被称为"李比希冷凝器"。

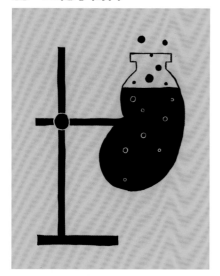

不用肾脏也可以制造尿素

尿素的合成

背景介绍

关键人物
弗里德里希·维勒
（1800—1882年）

此前

1770年 瑞典化学家托贝恩·贝格曼（Torbern Bergman）认识到有机化学和无机化学之间的区别。

1806年 法国化学家路易·尼古拉斯·沃克林（Louis Nicolas Vauquelin）和简·罗伯奎特（Jean Robiquet）分离出了第一种已知的氨基酸。

此后

1865年 德国化学家奥古斯特·凯库勒（August Kekulé）发现了苯环结构。

1899年 德国拜耳公司商业化生产了阿司匹林，这是第一种合成药物。

1922年 英国化学家弗朗西斯·阿斯顿（Francis Aston）发明了质谱仪——一种分析有机化合物的工具。

氨与氰酸反应生成白色晶体。

→

这些白色晶体与硝酸反应产生明亮的闪光，就像尿素一样。

↓

氨与氰酸反应生成了尿素。

←

该化合物与尿素的成分完全相同。

直到19世纪初，人们都认为由生物体产生的有机化合物（如果汁和染料）具有某种特殊之处，与生命的奥秘有关，这使得它们无法被合成（由无机物制成），这种思想被称为"活力论"。但在1828年，德国化学家弗里德里希·维勒首次合成了一种有机化合物——尿素。

在19世纪的前10年里，化学家认识到所有物质都是由基本化学物质或元素组成的，而这些元素以不同的方式结合在一起形成化合物。他们还开发了分析技术来检测构成化合物的元素组合及它们所包含的原子比例。

化学家已经证明，有机化合物主要由碳、氢、氧和氮组成——这几种元素的不同组合创造了种类繁多的物质。

尿素分析

尿素是最早被全面分析的有机化合物之一。它在所有动物体内产生并"捕获"有毒氨基酸，然后通过肾脏随尿液排出体外。1773年，法国化学家希莱尔-马林·鲁埃尔（Hilaire-Marin Rouelle）首次从

参见: 异构现象 84~87页,硫酸 90~91页,官能团 100~105页,苯 128~129页,立体异构 140~143页,肥料 190~191页,质谱 202~203页,逆合成 262~263页。

尿液中分离出尿素的白色晶体。英国化学家威廉·普劳特(William Prout)在1818年得到了尿素的纯样品,并确定了尿素的确切成分。

维勒的导师、瑞典化学家永斯·雅各布·贝采利乌斯对尿素的提纯很感兴趣。维勒于1823年在贝采利乌斯的实验室工作,可能那时维勒已经了解了普劳特的分析。

1824年,维勒将氨(氮和氢组成的化合物,NH_3)与氰(C_2H_2)混合,发现它们反应生成了草酸($C_2H_2O_4$),草酸通常由大黄和其他一些植物合成。反应还生成了白色晶体,但维勒不知道那是什么。1828年,他重新做实验,使液氨与氰酸反应,他预计产物是氰酸铵。然而,反应生成了与之前相同的白色晶体——不同于氰酸铵的预期外观。当他用硝酸处理这种晶体时,它们变成了明亮的晶体——就像人们所知的尿素一样。

维勒将他对氰酸铵的分析与普劳特对尿素的分析进行了比较,发现氰酸铵与尿素的化学组成几乎相同。维勒由此得出结论,原子必然能够以不同的方式排列成分子。

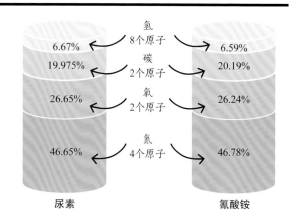

	氢 8个原子	
6.67%		6.59%
	碳 2个原子	
19.975%		20.19%
	氧 2个原子	
26.65%		26.24%
	氮 4个原子	
46.65%		46.78%
尿素		氰酸铵

匹配成分

维勒发现他的白色晶体的成分与普劳特对尿素的分析几乎完美匹配。氨和氰酸反应生成了尿素——这是第一次合成有机化合物。维勒和贝采利乌斯很兴奋,但对他们来说,这只是一种好奇,他们并没有立即推翻活力论。这个实验的真正意义需要几十年的时间才能被发现。

合成尿素的方法具有重要的应用,包括生产肥料和动物饲料补充剂。科学家们开始明白,有机化合物与无机物遵守相同的化学规则——它们也可以通过受控的化学反应合成。这帮助开拓了我们今天拥有的庞大的化学工业。■

弗里德里希·维勒

弗里德里希·维勒是有机化学的伟大先驱之一,他于1800年出生在德国法兰克福附近,父亲是一位农学家和兽医。他于1823年从医学院毕业,但很快转向化学,并跟随永斯·雅各布·贝采利乌斯学习了一年。在接下来的几年里,维勒制得了第一个纯金属铝样品,并成功合成了尿素。

维勒与尤斯图斯·冯·李比希的合作分析,引导了贝采利乌斯对异构体做出确认;与冯·李比希的进一步合作引导了有机自由基的发现,以及创造了开创性的科学教育方法。维勒于1882年在哥廷根去世。

主要作品

1825年 《化学教科书》

1828年 《关于尿素的人工生产》

1840年 《有机化学大纲》

1854年 《化学分析实践练习》

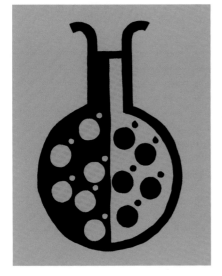

二氧化硫与氧气的瞬时结合

硫酸

关键人物

博雷克林·菲利普斯

（1800—1888年）

此前

约550年 古代中国人发现了一种天然形式的硫，他们称之为"石硫黄"。

1600年 荷兰化学家扬·巴普蒂斯塔·范·海尔蒙特将硫与绿矾一起燃烧来制造硫酸。

1809年 法国化学家约瑟夫·盖-吕萨克和路易-雅克·泰纳尔（Louis-Jacques Thenard）证明了硫是一种元素。

此后

1875年 第一家使用接触工艺的工厂在德国弗赖堡建立。

1934年 美国化学家阿诺德·奥威尔·贝克曼（Arnold Orville Beckman）研制出了酸度计，它是当今pH计的前身。

2017年 全球硫酸年产量达到2.5亿吨。

硫酸是最重要的工业化学品之一，用于制造从肥料到纸张的各种物品。全世界每年生产硫酸上亿吨，这得益于1831年英国醋制造商博雷克林·菲利普斯（Peregrine Phillips）开发的接触法。

干馏法

800年左右，阿拉伯炼金术士贾比尔·伊本·海扬发现了硫酸和其他无机酸。贾比尔使用干馏法加热铜和铁的硫酸盐——这两种盐分别被称为"蓝矾"和"绿矾"。矾油——炼金术士对硫酸的称呼——成为炼金术的核心。它被认为是将贱金属转化为黄金的关键，因为硫酸可以腐蚀大多数金属，但不会影响黄金。

15世纪，德国炼金术士巴兹尔·瓦伦蒂诺斯（Basil Valentinus）发现了在硝石（硝酸钾，KNO_3）上燃烧硫黄来制造硫酸的方法。随着硝酸钾的分解，硫被氧化为二氧化硫（SO_2），然后被氧化为三氧化硫（SO_3），三氧化硫再与水结合生成硫酸（H_2SO_4）。

1746年，英国医生约翰·罗巴克（John Roebuck）使用这种方法开发了第一种工业规模的制造工艺。以前，硫酸是在玻璃罐中制造的，但罗巴克使用了由铅制成的大桶，铅是少数能抵抗硫酸腐蚀的金

在这幅1651年的木刻版画中，蒸馏硫酸的炼金术士正在使用长柄勺将原料放入熔炉中加热。

参见: 氧气的发现和燃素的消亡 58~59页, 催化 69页, 化学符号 82~83页, 合成染料 116~119页。

硫酸的生产很重要, 因为这种高腐蚀性酸在现代工业中具有重要的作用。它在金属制造、肥料生产、石油精炼等领域有大量应用。

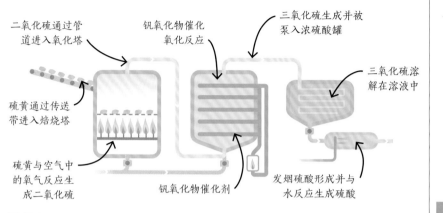

二氧化硫通过管道进入氧化塔

钒氧化物催化氧化反应

三氧化硫生成并被泵入浓硫酸罐

三氧化硫溶解在溶液中

硫黄通过传送带进入焙烧塔

硫黄与空气中的氧气反应生成二氧化硫

钒氧化物催化剂

发烟硫酸形成并与水反应生成硫酸

这是……一种新型化学制造工艺的发明者的通常命运, 他的金钱奖励很少, 甚至根本没有……

欧内斯特·库克
博雷克林·菲利普斯传记的作者

属之一。罗巴克的铅室工艺很快满足了新兴纺织行业对棉花漂白酸的需求。

铅室工艺是受限的, 因为它只能产生非常稀的硫酸——35% ~ 40%的纯硫酸。这对于制造染料来说太弱了, 因此纺织行业仍需使用昂贵的干馏法。19世纪20年代, 化学家约瑟夫·盖-吕萨克和约翰·格洛弗 (John Glover) 将生产的硫酸的浓度提高到78%, 并将氮氧化物废气通过反应塔回收。

重大突破

1831年, 博雷克林·菲利普斯取得了突破, 他为一种更有效的制造三氧化硫的工艺申请了专利, 三氧化硫可以与水混合产生浓硫酸。他将二氧化硫气体通过衬有铂的管子, 极大地加速了二氧化硫向三氧化硫的转化。铂作为该过程的催化剂。该过程被称为"接触法", 因为三氧化硫与蒸汽结合。

19世纪70年代, 德国化学家尤金·德哈恩 (Eugen de Haën) 在合成染料工业中小规模使用了接触法。1915年, 染料制造的领导者、德国巴斯夫公司开始使用钒氧化物代替铂作为催化剂。从20世纪20年代开始, 在菲利普斯获得专利近一个世纪后, 使用更便宜的钒氧化物催化剂的接触法才开始取代铅室工

艺。浓硫酸产量的大幅增加使其在无数工业过程中占据关键位置, 如制造肥皂和油漆、生产车身面板和精炼石油的过程中。■

博雷克林·菲利普斯

博雷克林·菲利普斯 (小菲利普斯) 出生于1800年, 被认为是一位裁缝的儿子。他的父亲也叫博雷克林·菲利普斯 (老菲利普斯), 于1803年左右在英国布里斯托尔的牛奶街开了一家商店。

到19世纪20年代, 老菲利普斯已经建立了一家相当大的工厂来生产醋。醋在当时被广泛用作酸, 在医药和食品保鲜等方面都有应用。小菲利普斯发明了用于制造浓硫酸的

开创性的接触法, 或叫"湿气法", 并于1831年申请了专利, 但是未能得到支持。这种工艺很昂贵, 因此直到很久以后一种更便宜的催化剂被发现, 才被大规模使用。

这一编号为6096的专利仍然存在, 其中展示了小菲利普斯开发的众多细节, 以及他对该过程所涉及的化学的理解。尽管如此, 小菲利普斯随后还是变得默默无闻, 并于1888年去世。

分解物质的量与电量成正比

电化学

背景介绍

关键人物

迈克尔·法拉第（1791—1867年）

此前

1800年 亚历山德罗·伏打创造了第一个电池，即伏打电堆。

1800年 英国化学家威廉·尼科尔森和外科医生安东尼·卡莱尔，以及德国物理学家约翰·里特利用电将水分解成了氢气和氧气。

1803年 约翰·道尔顿发展了他的原子理论，表明化合物是由简单整数比的元素组成的。

此后

1859年 法国物理学家加斯顿·普兰特（Gaston Planté）发明了铅酸蓄电池——第一种可充电电池。

1897年 英国科学家约瑟夫·约翰·汤姆森发现了电子——第一种被识别的亚原子粒子，带负电荷。

在**电解**过程中，溶液中的物质会被**分解**。带正电荷的离子向**阴极**移动，带负电荷的离子向**阳极**移动。

随着**电流**强度的提高，沉积在电极上的**物质**的量也会增加。

定律1：沉积物质的量与电量成正比。

定律2：由一定的电量沉积的每种物质的量与其化学当量成正比。

19世纪初，在意大利物理学家和化学家亚历山德罗·伏打于1800年发明伏打电堆后，电化学领域的开创性实验引起了科学家极大的兴趣。

在伏打电堆发明后的几周内，不同国家的科学家就已经使用电将水分解成了氢气和氧气。

在接下来的几年里，英国的汉弗莱·戴维和瑞典的永斯·雅各布·贝采利乌斯等化学家通过用电分解化合物分离出了一些全新的元素。

1807年，戴维提出一些元素具有负化学亲和力，而另一些元素具有正化学亲和力。贝采利乌斯则更进一步，他提出相反电性间的吸引力是将化合物中的元素结合在一起的原因。

虽然这个被称为"二元论"

参见: 第一个电池 74~75页, 用电分离元素 76~79页, 道尔顿的原子理论 80~81页, 原子量 121页, 摩尔 160~161页, 电子 164~165页。

的想法最终被取代了, 但它使人们意识到, 可以定量分析天然化学物质的正电荷和负电荷成分。这引起了人们对元素结合的确切比例的关注, 这一比例可以通过化学反应之前、期间和之后的产物和反应物的量来表示。这些关系可由化学计量学来描述。

电解原理

戴维的助手迈克尔·法拉第认为, 电流与其化学效应之间必然存在直接的定量关系。1832—1833年, 他进行了数百次电化学实验, 以测量分解各种化合物所需的电量——他将这一过程称为"电解"。

他与英国博学家威廉·惠威尔 (William Whewell) 合作, 制定了与该过程相关的其他术语, 例如, 用"阳极"和"阴极"表示电解池中正性和负性端子 (统称为"电极"), 以及用"离子"表示带电的粒子。

在一组实验中, 法拉第将两个箔电极放置在玻璃圆盘上, 并使用浸泡了化学溶液的滤纸圆盘将它们连接起来。通过更换浸泡不同溶液的滤纸, 他可以快速测试许多不同的电解反应。

在其他实验中, 法拉第将V形玻璃管连接到他的电解电路中, 以收集和测量电解水时产生的氢气和氧气。这使他能够展示电流的强度。

两条新定律

法拉第推导出了两条定律, 并于1834年将其作为电解定律发表。第一条定律指出, 沉积在电解池电极上的物质的量取决于通过电解池的电量。

第二条定律指出, 对于给定的电量, 在电极上产生的每种物质的量取决于其化学当量 (与另一固定量的物质结合或置换的量)。

法拉第没有将第二条定律与

法拉第的电解实验包括对化学反应产物的细致测量。在这里, 氯化锡的电解产生了锡、氯气、氢气和氧气。

原子联系起来, 但它是电单位与原子量之间直接关系的第一个确切证据, 并在确定元素的相对原子质量方面无比重要。■

迈克尔·法拉第

迈克尔·法拉第于1791年出生在英国伦敦, 14岁时成为一名装订工的学徒。他写了封信给汉弗莱·戴维, 对戴维的一次科学讲座发表了自己的看法, 之后他成为戴维的助手。法拉第后来成为皇家学会的首席科学家, 他因在皇家学会的公开演讲而闻名, 并且是那个时代最伟大的实践和理论科学家之一。

在1820年发现电和磁之间的联系后, 法拉第最先揭示了电动机的原理,

然后提出了如何发电。之后他发现了电解定律。由于他的宗教信仰, 法拉第相信所有形式的电都是同一种基本力量。他于1867年去世。

主要作品

1834年《论电化学分解》

1839年《电的实验研究》(第一卷和第二卷)

1873年《论自然的各种力量》

空气被压缩到原来的一半，获得两倍的弹力

理想气体定律

背景介绍

关键人物

埃米尔·克拉佩龙

（1799—1864年）

此前

1650年 法国数学家布莱士·帕斯卡（Blaise Pascal）创造了"压力"一词来描述空气的重量。

1662年 罗伯特·波义耳提出了一条定律，指出在恒定温度下，气体的压力与其体积成反比。

此后

1873年 荷兰物理学家约翰尼斯·范德瓦耳斯（Johannes van der Waals）改进了理想气体定律以解释分子大小、分子间力和实际气体的体积。

1948年 奥地利化学家奥托·雷德利希（Otto Redlich）和华裔美国化学家约瑟夫·邝（Joseph Kwong）提出了雷德利希-邝氏状态方程，这是对理想气体状态方程的改进。

科学家们曾经怀疑气体是否具有任何物理特性，但从17世纪开始，改进的分析揭示了气体的温度、体积和压力之间的相互关系。然后在1834年，法国工程师埃米尔·克拉佩龙（Émile Clapeyron）在理想气体状态方程中总结了这种关系。

1614年，年轻的荷兰科学家艾萨克·贝克曼（Isaac Beeckman）提出，空气和水一样，具有重量和压力。伟大的意大利科学家伽利略不同意这一观点。但一

参见：气体 46页，氧气的发现和燃素的消亡 58~59页，分子间力 138~139页，稀有气体 154~159页，原子力显微镜 300~301页。

波义耳定律说明，对于恒定温度下一定量的气体，理想气体的压力和体积成反比：
$$V \propto 1/P$$

查尔斯分压定律说明，恒定压力下，理想气体的体积与温度成正比：
$$V \propto T$$

阿伏伽德罗认为，理想气体的体积与恒温恒压下气体的量（摩尔数）成正比：
$$V \propto n$$

全部结合起来得出完整的理想气体定律：$V \propto nT/P$

添加一个常数（R）以创建理想气体状态方程：$PV = nRT$

些年轻的科学家赞同贝克曼的观点，包括伽利略的意大利同胞埃万杰利斯塔·托里拆利（Evangelista Torricelli）和加斯帕罗·贝尔蒂（Gasparo Berti）。

1640—1643年，贝尔蒂在研究真空的存在（当时这是一个有争议的话题）。他在一根管子中装满水，并用玻璃罐密封其顶部。当他打开管子底部的开关时，水流出了一部分，并在顶部形成了一个空白空间。他认为这个空间就是真空。1643年，托里拆利进一步研究了这一现象，并使用水银代替了水。他在一根长约1米的玻璃管中装满了水银，将管子的一端密封起来，并用手指按住开口端，同时将它倒扣入一碗水银中。管中的水银下降到76厘米的高度后静止了，上

面留下了一个空白空间。

托里拆利解释说，水银并没有完全从管子里流出，是因为空气的重量压在碗里的水银上，迫使它向上流动。他驳斥了空气没有重量的观点。他的观点在高海拔地区进行测试时得到了证明，那里的空气更轻，而管中的水银也下降到了较低的高度。

波义耳定律

受托里拆利的启发，化学家罗伯特·波义耳设计了自己的实验。他使用了一个J形玻璃管。他将较低的一端封闭，并从另一端向管中倒入水银，较低一端会封住一小股空气。波义耳看到，当他往管中添加水银时，较低一端水银上方的空间会缩小，而当他将水银倒出

托里拆利用一根长约1米的玻璃管进行了实验。他认为，水银柱高度的日常变化反映了大气压力的变化。

时，此空间会扩大。他得出的结论是，空间中的空气压力会随着压缩或放松而增大或减小。

波义耳将空气中的压力比作弹簧状的粒子在被挤压时的反推力，并提出了一个简单的定律，现在被称为"波义耳定律"：如果气体的温度保持不变，那么气体的体积和压力成反比。

气体温度

在接下来的一个世纪里，蒸汽机的出现使人们关注热量在空气膨胀中的作用。1787年，法国科学家和气球研究先驱雅克·查尔斯（Jacques Charles）在体积和压力

18世纪80年代的热气球证明了查尔斯分压定律：加热气球中的空气使其膨胀，它就会变得比周围的空气轻——热气球因此上升。

的关系中加入了温度。查尔斯分压定律说明，如果压力保持稳定，那么气体体积会随温度变化。事实上，这种关系是线性的。

1802年，法国科学家约瑟夫·盖-吕萨克得到了压力与温度间关系的方程式。盖-吕萨克指出，如果气体体积保持不变，那么其压力会随温度增大。英国化学家约翰·道尔顿很快证明了这一点适用于每一种气体。后来，盖-吕萨克意识到，当不同的气体结合时，它们会以简单的体积比例结合，这就是盖-吕萨克气体化合体积定律，即盖-吕萨克定律。这种三角关系表明有内在原因，但究竟是什么仍不清楚。

结合在一起

1811年，意大利科学家阿莫迪欧·阿伏伽德罗（Amedeo Avog-

气体在结合时所发生的明显体积收缩也简单地与其中之一的气体体积有关。

约瑟夫·盖-吕萨克

adro）在盖-吕萨克的方程式中添加了一个关键要素——气体粒子本身。阿伏伽德罗想法的关键是，在给定的温度和压力下，等体积的气体总是包含相同数量的粒子。

1865年，奥地利高中生约瑟夫·洛施密特（Josef Loschmidt）计算出这个数字是$6.02214076 \times 10^{23}$。这个数字被称为"阿伏伽德罗常数"，当物质中所有粒子（原子、分子、离子或电子等）的数量为阿伏伽德罗常数时，该物质的量为1摩尔。

两个世纪以来科学家们添加的所有要素，在1834年被法国工程师埃米尔·克拉佩龙汇集在一起，他创造了理想气体状态方程。这个简单的方程汇集了预测气体在变化环境中的行为所需的所有特性，包括体积、压力、温度和粒子数量：

$$PV = nRT$$

在方程中，P是压力，V是体积，T是温度，n是摩尔数，R是将压力、体积和温度的比例关系组合成一个方程所需的常数（摩尔

气体常数）。

该方程是假设性的，因为理想气体在现实世界中很少存在，除非在极高的温度和极低的压力下。理想气体中的原子和分子没有大小或维度；除了偶尔发生碰撞，它们从不相互作用——即使发生碰撞，它们也只会弹开而不会损失动量。这不是真实气体的情况，但该方程反映的气体行为近似于真实气体的行为。它仅包括化学家在计算压力、温度、体积和粒子数量时需要知道的要素。这也是该方程如此有效的原因。

实际应用

在现实世界中，理想气体定律解释了为什么自行车打气筒会随着压力增大和体积压缩而变热。它还解释了为什么压缩空气在放松和膨胀时会冷却，这是冰箱工作的关键。冰箱通过压缩气体然后使其膨胀来保持冷却。

克拉佩龙的理想气体状态方程激发了新兴的热力学科学。19世纪50年代，德国科学家鲁道夫·克劳修斯（Rudolf Clausius）和奥古斯特·克罗尼格（August Krönig）独立发展了气体的动力学理论，该理论重点关注气体运动粒子的能量。为了说明理想气体中数万亿个粒子机械运动的情况，他们使用理想气体中粒子速度的统计分布来解释压力、体积和温度之间的关系。

想象一个装满数十亿个理想气体粒子的盒子。粒子在直线上的不间断运动（它们的"平均自由程"）是造成温度、体积和压力之间关联的原因。温度与粒子的平均动能或速度成正比。压力是所有粒子与盒子侧面碰撞的统计结果。

今天，理想气体状态方程以各种形式被使用。例如，在研究热力学时，物理学家会将奥地利物理学家路德维希·玻尔兹曼（Ludwig Boltzmann）在1877年推导出的常数添加到方程中，以增加粒子动能的影响。在所有形式中，该方程仍然是我们理解气体行为方式的核心。■

埃米尔·克拉佩龙

伯诺瓦·保罗·埃米尔·克拉佩龙（Benoît Paul Émile Clapeyron）于1799年出生在法国巴黎，后在该市的矿业学院接受工程师培训。1820年，他与朋友加布里埃尔·拉梅（Gabriel Lamé）一起前往俄国为修建桥梁和道路的团队教授数学和工程学。10年后，两人回到法国，专注于铁路建设。克拉佩龙成为一位杰出的蒸汽机设计师，同时还对蒸汽机进行了更多的理论研究。他在1834年对法国机械工程师萨迪·卡诺（Sadi Carnot）关于热机想法的总结，以及他的相关图示，标志着热力学的诞生。他将气体定律综合到一个方程中，也使他成为领先的理论家。

克拉佩龙于1848年当选为巴黎科学院院士，于1864年去世。克劳修斯-克拉佩龙方程部分以他的名字命名，该方程确定了液体的汽化热。

主要作品

1834年 《论热的驱动能力》

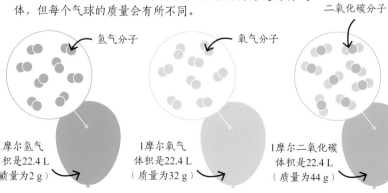

根据阿伏伽德罗的假设，在相同的温度和压力下，相同体积的气球含有相同数量的粒子，无论它们内部是哪种气体，但每个气球的质量会有所不同。

氢气分子

氧气分子

二氧化碳分子

1摩尔氢气体积是22.4 L（质量为2 g）

1摩尔氧气体积是22.4 L（质量为32 g）

1摩尔二氧化碳体积是22.4 L（质量为44 g）

氢气

氧气

二氧化碳

它可以复制任何对象

摄影

背景介绍

关键人物
路易·达盖尔（1787—1851年）

此前
1777年 卡尔·舍勒证实了银化合物的光敏反应。

18世纪90年代 英国发明家托马斯·韦奇伍德拍摄了第一张轮廓图像。

1822年 约瑟夫·尼塞福尔·涅普斯制作了世界上第一张永久性照片。

此后
1850年 英国摄影师费德里科·斯科特·阿切尔（Frederick Scott Archer）开发了湿版火棉胶工艺，可展示更多的细节，拥有更好的清晰度。

1890年 在美国，伊士曼柯达公司推出了赛璐珞摄影胶卷。

1975年 柯达推出了第一台原型数码相机。

2000年 第一批带有内置摄像头的手机开始向公众销售。

17世纪以来，艺术家们使用暗箱（一种光学投像器）作为辅助工具，在它投射的临时图像上描绘图画。1777年，瑞典-德国化学家卡尔·舍勒实现了银盐光敏反应的启动和停止，为永久性捕获图像提供了方法。这最终在1839年成为现实，法国发明家路易·达盖尔发明了第一种成功的摄影技术，即银版摄影法。

达盖尔已故的同事、法国发明家约瑟夫·尼塞福尔·涅普斯早在10多年前就已经拍摄过照片，但

> 银版摄影法是……一种化学和物理过程，它赋予（自然）复制自己的能力。
> 路易·达盖尔

该过程的化学反应非常缓慢，以至于需要花费数小时才能拍出一张照片，而且图像非常模糊。因此，在19世纪30年代，达盖尔尝试了不同的化学品组合。

达盖尔将这个过程分为两个步骤。第一步，快速在底片的化学物质上拍摄微弱的潜像。第二步，在摄影师的实验室中使用汞蒸气将潜像进行"显影"，从而显示出图像。

法国发明家希波吕特·贝亚德（Hipppolyte Bayard）和英国发明家威廉·亨利·福克斯·塔尔博特（William Henry Fox Talbot）等其他先驱也在尝试类似的想法，但是，达盖尔在1839年的突破使他最先登上了头条新闻。

达盖尔的发明

达盖尔银版是涂有薄银的铜板。为了拍摄照片，银板被抛光至镜面，然后用硝酸清洗。在黑暗中，银表面因暴露于碘蒸气而变成光敏的碘化银，后来又通过使用溴或氯蒸气提高了灵敏度。然后，

参见: 早期光化学 60~61页, 催化 69页, 反应为什么会发生? 144~147页, 红外光谱法 182页。

《开着的门》由福克斯·塔尔博特于1844年拍摄。他认为摄影作品可以与古代艺术大师的作品相媲美——并且更忠实于现实。

制成的感光板被放在不透光的容器中, 再被放入相机中。打开容器并短暂取下相机镜头上的盖子, 就可以拍摄照片了。

拍摄后, 感光板被放入一个特殊盒子内, 暴露于加热的汞蒸气中, 以显示潜像。但是, 要"固定"图像, 就必须在图像完全变黑之前停止化学反应, 方法是用"定影剂"(硫代硫酸钠)溶液去除未受光影响的银盐。最后, 将显影后的图像用玻璃封装保护。

银版照片实际上是负片, 光亮处较浓且黑, 阴影处较淡。但是, 闪亮的银版表面会反射光线, 使图像看起来是正片。拍摄的图像清晰而锐利, 以至于公众立即被其迷住了, 摄影开始流行。同年, 也就是1839年, 法国艺术修复师阿尔方斯·吉鲁(Alphonse Giroux)制造了第一台商用照相机。

卡罗法

1841年, 福克斯·塔尔博特提出了他自己的工艺, 即卡罗法。与银版摄影法相比, 该工艺具有明显的优势。银版照片是一次性的, 无法复制。使用卡罗法拍摄的照片是蜡纸上的负片, 将光线透过蜡纸照射到另一张感光纸上就可以复制照片。在20世纪90年代数码摄影出现之前, 这种方法一直是拍摄照片的标准方法。■

路易·达盖尔

路易·达盖尔于1787年出生在法国帕里西地区的科尔梅耶, 后成为一名风景画家学徒, 他同时也学习建筑和剧院设计。他做过税务官, 后来成为歌剧的背景画家和幻术大师。1822年, 他在巴黎制造了西洋镜——一种用于展示宏大场景的移动设备。

达盖尔与世界上第一张照片的创造者尼塞福尔·涅普斯合作, 发明了一种实用的摄影技术。涅普斯于1833年去世后, 达盖尔继续研究这一技术, 并最终推出了世界上第一种成功的摄影技术, 即银版摄影法。它由法国科学院于1839年向大众公布, 政府与达盖尔达成协议, 以终身的养老金换取该技术的专利。达盖尔于1851年去世。

主要作品

1839年 《基于银版摄影法原理的摄影历史和实践》

自然界制造了类似于元素本身的化合物

官能团

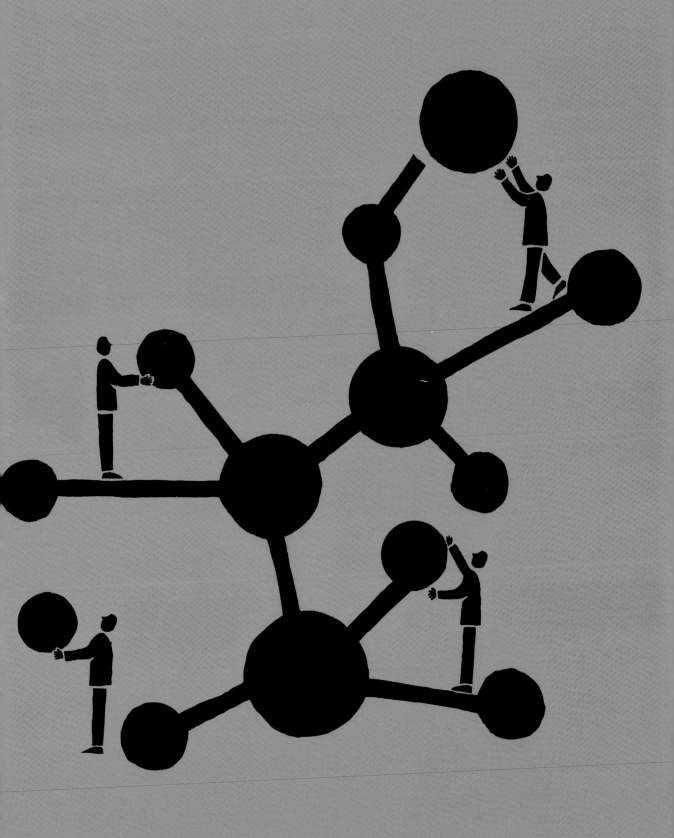

背景介绍

关键人物

让-巴蒂斯特·杜马

（1800—1884年）

此前

1782年 法国化学家德莫沃男爵（Baron de Morveau）引入了"基团"一词来描述在反应中保持不变的化学物质的组合。

1815—1817年 约瑟夫·盖-吕萨克和永斯·雅各布·贝采利乌斯提出了无机化合物基团的概念。这些元素的组合似乎表现为独立的单元。

此后

1852年 英国化学家爱德华·弗兰克兰（Edward Frankland）发现了化合价的关键概念，推翻了基团和"类型"的观点。

1865年 德国化学家奥古斯特·凯库勒揭示了苯的环状结构。

19世纪30年代，化学家面临的一个严肃问题是，如何将有机化学物质纳入化学物质和化合物的范围？很明显化合物是由元素结合而成的。一个问题是，三种或四种元素——碳、氢、氧和氮（有时存在）——如何形成生物体内的无数物质？1840年，法国化学家让-巴蒂斯特·杜马试图解开这个谜团，他发表了"类型"理论，这有助于从官能团的角度理解有机化合物及其特性。

化合物的性质

杜马的理论参照了其他化学家的重要工作。1828年，弗里德里希·维勒合成了一种有机化合物——尿素。他与尤斯图斯·冯·李比希还一起发现了异构体，这些都是具有里程碑意义的发现。但真正让这两位年轻科学家和维勒的导师永斯·雅各布·贝采利乌斯感兴趣的是这些发现为化学物质的结构提供了视角。越来越清楚的是，化合物的特性不仅取决于其成分组

我们……抓住了动物和植物中一切物质变化的钥匙，如此突然、如此迅速、如此奇异。

让-巴蒂斯特·杜马

合，还取决于其原子的结合方式。

大约在1820年，德国化学家艾尔哈德·米切利希在晶体中发现了同构现象。通过精确测量晶角，他发现，不同的化合物，如砷酸盐和磷酸盐，可以生成形状完全相同的晶体。这一发现表明，一些化合物以特定的排列方式组合，这些排列方式决定了它们的特性。

冯·李比希和维勒从苦杏仁油开始研究有机化合物，这是一种通过将李子和樱桃核进行蒸汽蒸馏制得的物质。他们让主要成分为苯

有机分子中的一些简单原子组合在参与不同的反应后保持不变。

这些组合无论何时都具有相同的性质。

无数有机分子由这些根或"基团"构建而成。

基团的观念发展成官能团的概念。

参见: 原子宇宙 28~29页, 异构现象 84~87页, 尿素的合成 88~89页, 结构式 126~127页, 苯 128~129页, 电子 164~165页, 臭氧空洞 272~273页。

甲醛（C_7H_6O）的苦杏仁油与各种化学物质（如氧气、溴气和氯气）进行反应，然后分析生成的化合物。吸引人的是，每一种形成的新化合物都含有C_7H_5O，即七个碳原子、五个氢原子和一个氧原子，所以看起来C_7H_5O是一个核心原子团，经历反应而持续存在。冯·李比希和维勒将其称为"基团"或"根"，这是法国化学家路易-伯纳德·居顿·德莫沃（Louis-Bernard Guyton de Morveau）多年前引入的术语。他们将其命名为"苯甲酰基"。

冯·李比希、维勒与贝采利乌斯一起提出，有机化合物团簇连接起来产生了各种基团，进而形成了化合物。贝采利乌斯是二元论思想的倡导者，即化合物由带负电荷的元素和带正电荷的元素结合形成。他认为带负电荷的基团和带正电荷的基团以同样的方式结合在一起。

寻找基团

欧洲各地的化学家纷纷加入了寻找基团的行列。冯·李比希发现了乙酰基，贝采利乌斯发现了乙基，德国化学家罗伯特·本生（Robert Bunsen）发现了二甲砷基，意大利化学家拉菲勒·皮里亚（Raffaele Piria）发现了水杨基，杜马发现了甲基、肉桂基和十六烷

用于治疗各种疾病的苦杏仁油的主要成分是苯甲醛。其分子由两个官能团组成——一个苯环和一个醛基相连。

基。然而，似乎这些基团有时会失去或获得原子以产生其他基团。杜马发现他可以制造甲基（$-CH_3$），即将水与一个更简单的被称为"亚甲基"（$-CH_2$）的基团反应。

随着化学家发现了存在于不同分子中的基团，一种命名系统发展了起来，以反映碳、氢或氧原子的数量。例如，丙基是具有三个碳原子的基团，丁基是具有四个碳原子的基团。

到1837年，杜马确信基团与安托万·拉瓦锡对元素的分类一样，是有机化学的根本转折点。此时他认为，有机化学家只需识别不同的基团，就像无机化学家只需识别不同的元素一样。

让-巴蒂斯特·杜马

让-巴蒂斯特·杜马于1800年出生在法国的阿莱，之后移居瑞士日内瓦，16岁开始学习药学、化学和植物学。他在青少年时期就发表了几篇论文，在20多岁的时候，就在一些优秀的法国院校担任化学教授。

作为有机化学的先驱之一，杜马起初拥护贝采利乌斯的基团理论，并发现了几个基团，后来他否定了这一理论并提出了取代理论。从19世纪40年代中期开始，杜马专注于教学，指导了路易斯·巴斯德等后起之秀。1859年，他成为巴黎市议会主席，负责监督城市的照明、排水和供水系统。杜马于1884年去世。他是在埃菲尔铁塔上刻有名字的法国科学家之一。

主要作品

1837年 《关于有机化学现状的说明》

1840年 《论取代规律和"类型"理论》

取代理论

　　然而，事实比杜马想象的要复杂得多。一个缺陷被他自己的工作证实。据说，一次巴黎舞会上，出席的宾客被刺鼻的蜡烛烟雾引发了剧烈咳嗽，杜马被邀请来对此进行调查。他发现，蜡烛被氯气漂白过，这导致蜡（一种脂肪酯）发生了反应，其中的氢被氯取代了，所以蜡烛燃烧时产生了氯化氢烟雾。杜马进而发现，氯也可以取代其他有机化合物中的氢。到1839年，他开始发展取代理论，即元素可以交换进入或离开基团，而不显著影响其性质。贝采利乌斯被激怒了，因为这个想法似乎挑战了他的二元论。他认为，氯可以与氢结合，证明它们一定带有相反的电荷，既然这样，这两种元素怎么会互相取代呢？

　　1840年，在冯·李比希编辑的著名化学杂志《化学年鉴》上，杜马发表了他关于取代理论的关键论文——但冯·李比希在评论中否

> 这是……有机化学的全部秘密。
>
> 让-巴蒂斯特·杜马

认了这一理论。冯·李比希甚至发表了一封来自维勒的恶搞信，信中维勒冒充神秘的化学家S. C. H. Windler（swindler，意为骗子），声称发现了氯的新取代物。然而，二元论还是被淘汰了。我们现在知道，取代确实可以发生，这取决于电子轨道的方向（电子直到1897年才被发现）。

　　19世纪40年代，杜马和其他法国化学家发展了他们的理论，

并开始讨论分子的"类型"而不是基团。他们确定了至少四种类型——水、氢、盐酸和氨——其他物质可以以这些类型为基础构造。

分子排列

　　年轻的法国化学家奥古斯特·罗朗（Auguste Laurent）在他的核理论中更进一步，认为化合物是由简单的原子团簇构成的。他认为化合物中的元素可以被取代，而不改变化合物的大部分性质。

　　相互竞争的理论之间的差异似乎难以跨越。这种混乱是因为当时的化学家认为分子只不过是公式，是原子的抽象组合。当杜马提出分子中原子运行的方式类似于行星围绕太阳运行的方式时，他仍然在抽象地讨论。但在1850年左右，英国化学家亚历山大·威廉姆森（Alexander Williamson）、罗朗和另一位法国化学家查尔斯·格哈德（Charles Gerhardt）意识到，分子内原子的排列方式很重要。他们开始以完全不同的形式展现化学结构。在这些新形式中，"类型"是通过化学符号的排列来表示的，并用括号连接。例如，威廉姆森展示了乙醇和乙醚属于"水类型"，如下所示：

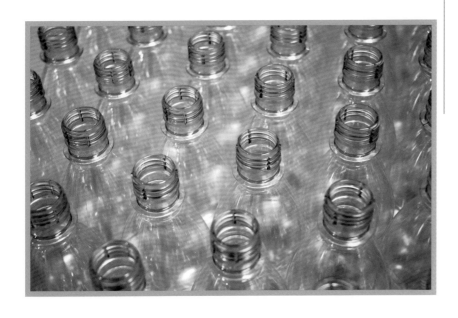

塑料饮料瓶通常由聚对苯二甲酸乙二醇酯（PET）制成。该化合物含有两个羟基。羟基由一个氢原子与一个氧原子键合形成。

$$H \qquad C_2H_5 \qquad C_2H_5$$
$$\}O \qquad \}O \qquad \}O$$
$$H \qquad H \qquad C_2H_5$$
水　　　　乙醇　　　　乙醚

威廉姆森认为，这些新结构代表了"类型"，就像太阳系仪（太阳系的机械模型）代表太阳系中行星的排列一样。化学家开始意识到分子的性质和反应不仅取决于它们的原子的三维排列和连接形式，还取决于它们的化合价（元素的结合力），这使得基团理论和"类型"理论被淘汰了。

尽管如此，基本原子组合的想法仍然保留了下来并发展成为对官能团的理解，这是有机化学中的一个关键组织原则。官能团是化合物中原子或化学键的特定组合，它

们决定了化合物的特性，并且无论在哪种化合物中都具有相同的作用。现在有14个常见的官能团和26个不太常见的官能团。

官能团的特点

官能团是有机分子内的原子团，它们具有自己独特的性质。无论它们与哪些原子结合，这些性质都存在。较复杂的分子可能包含一个以上的官能团。常见的例子是醇、胺、酮和醚。它们可以通过碳-碳双键（C=C）、羟基（-OH）、羧基（-COOH）和酯基（-COO）来识别。具有相同官能团的分子有相似的性质，比如，可能有较高或较低的沸点，或者可以与某些化学物质发生反应。从本质上讲，所有有机化合物都是惰性烃类化合物与一个或多个官能团的结合，这些官能团决定了有机化合物的作用方式。这个概念对于预测有机化合物如何反应及合成具有特定性质的新分子很有用。

基团的兴衰

"基团"一词在医学中仍然存在，其中自由基是特定的化学实体，这与冯·李比希的概念大不相同。1900年，摩西·冈伯格（Moses Gomberg）发现了自由基，它们是"自由"游走的原子组合——因此它们不是根，而是具有奇数电子的分子，它们会抢夺其他分子的电子。

尽管基团和"类型"的概念在很久以前就被推翻了，但它们代表着开辟整个有机化学领域的第一步。今天有机化学提供了从塑料到药物的所有东西，并有助于我们理解生命的运作方式。■

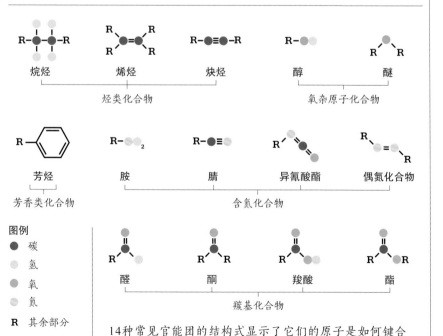

图例
● 碳
○ 氢
● 氧
○ 氮
R 其余部分
— 单键
= 双键
≡ 三键

14种常见官能团的结构式显示了它们的原子是如何键合的。例如，烯烃有碳-碳双键（用双线表示），每个碳原子还与两个氢原子键合。

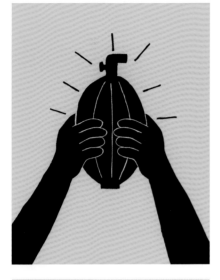

哦，卓越的气囊！

麻醉剂

背景介绍

关键人物
克劳福德·朗
（1815—1878年）

此前

公元前6世纪 古印度医生苏胥如塔（Sushruta）提出用葡萄酒和大麻油来镇静患者。

1275年 西班牙医生雷蒙杜斯·卢利乌斯（Raymundus Lullius）发现了乙醚，他称之为"甜硫酸"。

1772年 约瑟夫·普里斯特发现了一氧化二氮，又称"笑气"。

此后

1934年 美国的麻醉师使用了硫喷妥钠——第一种静脉注射麻醉剂。

1962年 美国化学家卡尔文·菲利普斯（Calvin Phillips）创造了氯胺酮——一种对呼吸和血压影响较小的麻醉剂。

20世纪90年代 七氟醚（吸入性全身麻醉剂），因起效快和恢复快而被广泛使用。

在麻醉剂出现之前，外科医生为截肢患者提供的镇痛方法只有一瓶朗姆酒和加快锯的速度。第一种真正的麻醉剂出现在19世纪初，一些当时新发现的气体可以使患者失去知觉。

1799年，汉弗莱·戴维通过加热硝酸铵（NH_4NO_3）晶体制得了大量一氧化二氮（N_2O）。他用管子将气体通入一个专门用于吸入气体的密封箱中，并在其中坐了一个多小时。当他出来时，他的感官得到了极大的提升，他忍不住爆发出大笑。

这一发现轰动一时，"笑气"派对开始流行起来。然而，由于效果难以预测，笑气尚未用于手术。

1818年，迈克尔·法拉第注意到乙醚（$C_4H_{10}O$）也有类似的效果，它很快就成为派对气体的首选，因为它更容易制造。1842年，美国外科医生克劳福德·朗做出了重大突破，他使用乙醚为患者无痛切除了肿瘤。美国牙医霍勒斯·威尔斯（Horace Wells）随后在拔牙时使用了这种气体。1846年，威尔斯的前合伙人、外科医生罗伯特·莫顿（Robert Morton）用乙醚使病人入睡，然后切除了他的肿瘤。

全身和局部

乙醚和笑气对于快速手术效果很好，但长时间手术需要其他东西。1847年，苏格兰外科医生詹姆斯·辛普森（James Simpson）提出，几滴氯仿（$CHCl_3$）喷洒在布

19世纪中叶，病人使用这种吸入器，吸入容器中浸泡着乙醚的海绵挥发出的气体。

参见: 新型化学药物 44~45页, 气体 46页, 生命化学物质 256~257页。

> 你打算什么时候
> 开始？
>
> 弗雷德里克·丘吉尔在伦敦,
> 在乙醚麻醉下进行腿部截肢后

上产生的蒸气可用于麻醉。这一方法奏效了, 氯仿成为麻醉的首选。

近一个世纪后, 下一个重大突破出现了。当时加拿大麻醉师哈罗德·格里菲斯 (Harold Griffith) 意识到并不总是需要用全身麻醉剂来让患者入睡。他知道南美洲的一些土著部落会在狩猎的箭头上涂箭毒, 这种箭毒可以麻痹猎物的肌肉。格里菲斯开发了一种名为"印妥可斯特灵"的安全的箭毒。1942年, 他成功地将其用于阑尾切除手术病人。现在, 类似的肌肉松弛剂与全身麻醉剂一起用于许多大型手术。利多卡因是第一种通过阻断神经信号起作用的局部麻醉剂, 于1948年开始销售。之后, 又有许多其他麻醉剂被发现。

神经信号中断

全身麻醉剂通过在突触处中断大脑和身体之间的神经信号传输来发挥作用, 但目前尚不清楚其具体的作用机理。它们似乎可以干扰神经细胞膜上的蛋白质。病人失去所有意识, 但呼吸和血液循环正常。

利多卡因和普鲁卡因等局部麻醉剂可以结合并抑制神经细胞膜上的钠离子通道, 从而阻断神经信号向中枢神经系统痛觉中心的传递。不过, 只有注射部位会受到影响。■

第一次世界大战期间, 在英国, 一名美国军医将一块浸过氯仿的布放在病人的鼻子上进行麻醉。

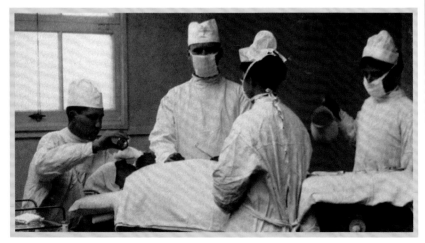

克劳福德·朗

克劳福德·朗于1815年出生在美国佐治亚州, 他父亲是一位参议员和种植园主。他学习了医学, 在接受外科医生培训时, 看到在没有麻醉的情况下进行手术的病人的痛苦后果。完成培训后, 他在纽约市实习了18个月, 然后在佐治亚州杰斐逊市建立了一所乡村医疗机构。

在纽约期间, 朗目睹了"乙醚游戏"——参加派对的人情绪高涨, 似乎不会感到疼痛。作为一名药剂师, 他在1842年用乙醚麻醉了一名病人, 并成功切除了他的肿瘤。朗继续借助麻醉完成了数十次手术。罗伯特·莫顿不清楚这些, 他使用乙醚进行公开手术, 并引起了轰动。谦虚的朗直到1878年去世后, 才被公认为将乙醚用于外科手术麻醉的真正先驱。

主要作品

1849年 《首次使用吸入乙醚作为麻醉剂》

THE INDUSTRIAL AGE

1850—1900

工业时代
1850—1900年

威廉·亨利·珀金
（William Henry Perkin）合
成了苯胺紫，开启了合成
染料工业。

1856年

德国科学家罗伯特·本生和古
斯塔夫·基尔霍夫（Gustav
Kirchhoff）发明了火焰光谱
仪，可以根据元素的特征光谱
来识别元素。

1859年

德米特里·门捷列夫发表
了元素周期表，为尚未发
现的元素留下了空位并预
测了它们的性质。

1869年

1856年

尤妮斯·牛顿·富特
（Eunice Newton Foote）发
现二氧化碳会将热量保留在
地球大气中——我们现在称
为"温室效应"。

1860年

斯坦尼斯劳·坎尼扎罗
（Stanislao Cannizzaro）
提出了一套国际公认的相
对于氢的原子量。

19世纪的工业进步给许多领域带来了大量变化，从机械化到技术进步以及快速工业化。化学领域也取得了一系列重大进展。值得注意的是，煤炭作为推动变革的化石燃料，提供了可供开发的新原材料。

合成染料工业的发展源于苯胺染料的产生，苯胺是一种从煤焦油（煤炭加工的副产品）中提取的化合物。染料行业的发展又转而促进了化学技术的发展，使得从燃料到肥料再到药物的无数物质被生产出来。

然而，早在使用化石燃料的最初几年里，人们就已经开始担心它们对大气的影响了。19世纪50年代，美国科学家尤妮斯·牛顿·富特研究了气体的热特性，她发现二氧化碳（CO_2）比例较高的大气会比二氧化碳比例较低的大气温暖——这是我们现在称为"温室效应"的最早论述。50年后，斯万特·阿伦尼乌斯发现人类工业活动提高了地球大气中二氧化碳的比例。

在工业之外，科学家在原子水平上对化学的理解也取得了重要进展，发现了新元素、原子和分子的新概念，以及（最重要的是）创建了元素周期表。

元素排列

古希腊时代以来，科学家就一直执迷于对元素进行定义和分类。在后来的几个世纪里，随着炼金术让位于化学，这项工作首先受到了"元素构成不明确"的阻碍，后来又受到了"不准确的数据"的阻碍。

然而，法国化学家安托万·拉瓦锡的元素清单和德国化学家约翰·德贝赖纳（Johann Döbereiner）的三元素组，以及1860年关于元素原子量标准的国际协议，为更合乎逻辑的元素排列奠定了基础。

德米特里·门捷列夫于1869年发布了元素周期表，将当时已知的元素组织成一个由行和列组成的系统，使元素性质之间的关系变得清晰——至关重要的是，可以预测

斯万特·阿伦尼乌斯（Svante Arrhenius）将酸和碱分别定义为能够分离或结合氢离子的物质。

1884年

英国物理学家约瑟夫·约翰·汤姆森发现了电子。这引导他后来提出了原子的李子布丁模型。

1897年

1873年

荷兰科学家约翰尼斯·范德瓦耳斯提出分子间力将分子结合在一起，这种力后来被称为"范德瓦耳斯力"。

1894年

威廉·奥斯瓦尔德（Wilhelm Ostwald）提出了摩尔的概念，这是一个将物质的质量与其原子或分子质量联系起来的单位。

1897年

爱德华·比希纳（Eduard Buchner）发现生化过程是由酶驱动的，并不需要活细胞。

缺失的元素及其性质。

后续元素的发现证明门捷列夫的预测是准确的。他的元素周期表经过了进一步的修改，并添加了新元素，形成了当今世界各地化学实验室中张贴的形式。

化学基础

另一个创新领域是对原子和分子的一般行为和化学反应的理解。虽然"物质是由分子构成的"已经成为公认的观点，但人们对物质中的分子是怎么结合在一起的仍然不清楚。荷兰科学家约翰尼斯·范德瓦耳斯是第一个提出分子间存在弱力的人，这种力就像分子间的"胶水"。这种力在20世纪30年代被证实，并被命名为"范德瓦耳斯力"。

作为原子或分子数量的度量，摩尔概念被引入，使化学反应的计算变得更加容易。它简化了反应中涉及的大量化学个体的表达，并且很容易与新协定的元素原子量（相对原子质量）相关联。

通过将热力学应用于化学，科学家解释了为什么一些反应容易发生而另一些反应不容易发生这一关键问题。美国物理学家和数学家约西亚·吉布斯（Josiah Gibbs）使用热力学原理将反应中的能量和熵变化联系了起来，使化学家能够计算反应发生的可能性。

法国化学家亨利-路易·勒夏特列（Henri-Louis Le Châtelier）探索了不同条件对化学反应的影响。他的发现将在后来的肥料合成中发挥重要作用。

最后，世纪之交，一种基本粒子被发现：约瑟夫·约翰·汤姆森用阴极射线进行了一系列实验，从而识别出了电子。我们现在知道，从最简单的层面上说，化学反应通常是电子的交换，所以电子的发现是解决化学难题的重要部分，也促进了未来几十年原子模型的快速改进。■

这种气体会给地球带来高温

温室效应

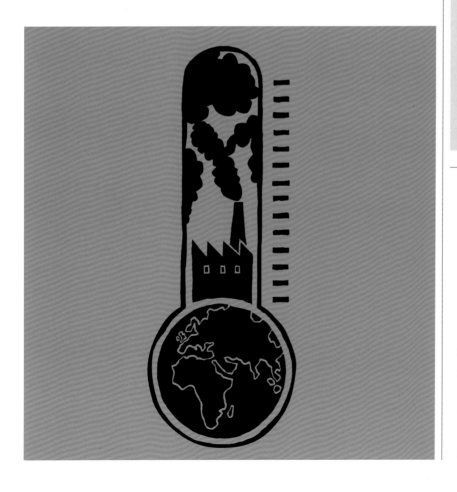

背景介绍

关键人物
尤妮斯·牛顿·富特
（1819—1888年）

此前

1824年 法国物理学家约瑟夫·傅里叶（Joseph Fourier）认为地球的大气层有隔热作用。

1840年 瑞士地质学家让·路易斯·阿加西（Jean Louis Agassiz）提出，地球可能经历过冰河时代。

此后

1938年 英国技术专家盖伊·卡伦达尔（Guy Callendar）量化了过去50年人类活动排放的二氧化碳（CO_2）和全球气温上升的情况。

2019年 CO_2排放量达到创纪录的380亿吨。

2021年 美国航空航天局（NASA）宣布，过去七年是有记录以来最热的七年。

1856年，美国科学家尤妮斯·牛顿·富特在气候科学领域发表了一项非常重要的发现。她是第一个观察到CO_2和水蒸气会吸收热量的人，并得出结论：大气中CO_2的增加会导致温室效应。她的论文在美国科学促进会的年会上被宣读，但没有得到重视，并且在之后150多年里基本上被遗忘了。

富特使用分别装有空气、氧气、氢气和二氧化碳的玻璃瓶进行了实验，她尝试了不同浓度的气体和不同含量的水分。她将温度计放

参见: 气体 46页, 固定空气 54~55页, 碳捕获 294~295页。

在瓶中, 将一些玻璃瓶放在太阳光下, 而将另一些放在阴凉处, 然后测量温度随时间的变化。她的研究结果表明, 当被太阳光照射时, 浓缩的空气比稀薄的空气 (含氧量较低的空气) 更热, 潮湿空气比干燥空气更热。

含有CO_2的玻璃瓶比其他玻璃瓶更热, 这让富特确信, CO_2比例较高的大气会更温暖。她将此作为观察地球过去状况的一种视角: "如果像某些人假设的那样, 在历史的某个时期, 空气中CO_2的比例比现在更高, 那么温度升高……必然曾经发生过。"

量化变化

几年后, 在大西洋彼岸的爱尔兰物理学家约翰·廷德尔 (John Tyndall), 有了类似的发现, 并于1861年发表了研究成果。借助更精密的热仪器, 他测量了不同气体吸收辐射热 (红外辐射) 的能力。他发现水蒸气对红外辐射的吸收能力最强, 并得出结论: 在所有大气气体中, 水蒸气对气候的影响最大。但他也指出, 大气中CO_2和其他碳氢化合物含量的变化也会对气候产生影响。

1896年, 瑞典化学家和物理学家斯万特·阿伦尼乌斯研究了大气中CO_2与地球常规冰川作用之间的联系。经过大量计算, 他得出结论: 大气中的CO_2含量增加一倍或减半会导致全球温度上升或下降$5 \sim 6 ℃$。

阿伦尼乌斯还确定了人类工业活动是新CO_2的主要来源。但是, 他对未来变化的估计被证明是极其保守的。他认为CO_2水平上升100%需要3000年的时间。但是据估计, 如果按目前的趋势继续下去, 这种上升将在21世纪末实现。

工业革命标志着向机械化制造的转变, 它最初以煤炭等化石燃料为动力, 后来以石油和天然气为动力。

尤妮斯·牛顿·富特

1819年, 尤妮斯·牛顿出生在美国康涅狄格州。她在纽约安大略县长大, 就读于特洛伊女子神学院和附近的一所科学学院。1841年, 她嫁给了法官和发明家以利沙·富特 (Elisha Foote)。尤妮斯是1848年 "塞内卡瀑布公约" (第一个妇女权利公约) 的《情感宣言》的签署人。1856年8月23日, 在美国科学促进会第八届年会上, 史密森学会的约翰·亨利展示了她关于温室气体的论文。

除了在气体热特性方面的开创性工作, 富特还研究了气体的电激发。她不仅是一位热心的植物学家、一位多才多艺的艺术家, 还是一位发明家: 她获得了硫化橡胶鞋底的专利, 并创造了一种新型造纸机。她于1888年在马萨诸塞州的莱诺克斯去世。

主要作品

1856年 《影响太阳光线热量的环境因素》

基林曲线

到20世纪初，许多科学家怀疑大气中CO_2的含量正在上升，但一直没有确凿的数据证明，直到1958年3月，美国地球化学家查尔斯·大卫·基林（Charles David Keeling）在夏威夷莫纳罗亚天文台安装了一台红外气体分析仪，并记录了CO_2浓度为百万分之316（316 ppm）。

基林继续记录数据并有了两个发现：CO_2浓度经历了季节性变化，在5月达到峰值，在9月降到低谷，并且每年都在增长。

基林解释说，第一个趋势是因为植物在夏季从大气中吸收CO_2而生长。他将第二个趋势归因于化石燃料的燃烧，例如煤炭、石油和天然气的燃烧。莫纳罗亚数据集现在被称为"基林曲线"，它显示出，基林确定的趋势一直持续到今天。

温室效应

到达地球的太阳辐射大约有一半是短波紫外辐射（光），其余的是长波红外辐射（热量）。云和冰将部分辐射直接反射回太空，而其余部分则被地球表面和大气吸收。大部分吸收的短波紫外辐射在地球表面以热量的形式重新辐射。

如果地球表面发出的所有辐射都直接进入太空，那么地球表面的平均温度将在-18℃左右。而实际上，地球表面的平均温度约为15℃，因为地球大气中存在温室气体——水蒸气、CO_2、甲烷（CH_4）、一氧化二氮（N_2O）和卤烃。其中，水蒸气是最丰富的，其次是CO_2。

温室气体会吸收地球表面辐射的热量，然后缓慢地向各个方向重新辐射。地球上的生命需要这些气体，因为这些气体使大气表现得像一层隔热毯。

温室效应的不利之处在于，18世纪中叶开始工业化以来，大气中的温室气体（水蒸气气除外）含量因人类活动而大大增加。在此期间，大气中的CO_2增加了约47%，这主要是由于化石燃料（尤其是煤炭和石油）的工业燃烧，以及森林砍伐导致可吸收CO_2的植物数量减少。

1958年以来，CO_2浓度上升了33%，2021年4月记录的最高读数为421 ppm。超过一半的增长发生在1980年后。

前工业化时代以来，大气中CH_4的浓度增加了150%以上。这主要是由于畜牧业的巨大扩张（牛羊等反刍动物在消化食物时会产生甲烷），以及石油和天然气的生产过程。

CH_4在前工业化时代的浓度约为十亿分之700（700 ppb），但到2021年，这个数字变成了1891 ppb，

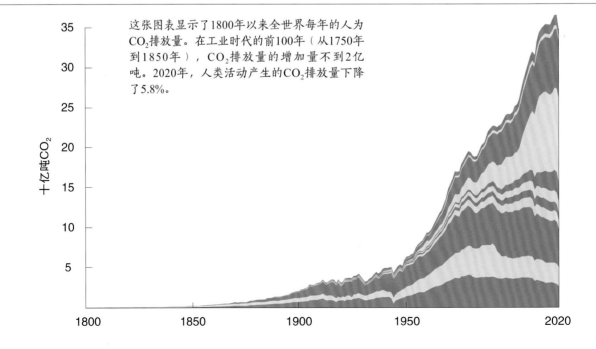

这张图表显示了1800年以来全世界每年的人为CO_2排放量。在工业时代的前100年（从1750年到1850年），CO_2排放量的增加量不到2亿吨。2020年，人类活动产生的CO_2排放量下降了5.8%。

其中大部分增长发生在1960年后。这尤其令人担忧，因为尽管大气中的CH_4比CO_2少得多，但单位质量的CH_4捕获的热量是CO_2的20倍以上（然而，CO_2可以在大气中保留数百年，但大气中的CH_4会在十年内被氧化）。

前工业化时代以来，大气中的N_2O的浓度也增加了近18%。虽然N_2O只占温室气体总量的一小部分，但它的隔热效果是CO_2的300倍，并且它可以在大气中持续存在一个多世纪。

全球变暖加速

变暖的大气会产生正反馈效应——加速变化的效应。例如，当永久冻土因温度升高而解冻时，以前冻结的泥炭沼泽会释放更多的CH_4。这在拥有广阔泥炭地的地区（如西伯利亚北部）尤其令人担忧。

当大气变暖导致更大和更频繁的森林火灾时，燃烧会释放更多的CO_2。而随着海水变暖，它从大

气中吸收CO_2的能力也会下降。

影响和应对

尽管众多的变量使精确的预测变得不可能，但气候科学家知道温室效应的增强会产生更温暖的大气。这又会融化冰，增加海水的体积并升高海平面。

更温暖的大气活动得更剧烈，会导致更猛烈的风暴和更极端的降雨、风和温度变化。

2021年8月，政府间气候变化专门委员会（IPCC）报告称，地球上每个区域和整个气候系统都观察到了气候变化。

这些变化破坏了生态系统并影响了粮食生产和人类健康（由于营养不良、疾病和热应激），而低洼沿海地区则因洪水而变得无法居住。

贫穷国家受影响最严重，因为他们缺乏应对这些威胁的基础设

由于全球变暖，森林火灾的风险和严重程度正在增加。更高的温度会导致更干燥、更易燃的植被和更长的火灾季节。

施和资金。

这些影响在数百年甚至数千年的时间内是不可逆的。为了限制进一步变化的程度，必须大大减少温室气体的排放量，并且必须停止大规模的森林砍伐。

如果不迅速大幅减少排放，就不可能将全球变暖限制在高于前工业化时代温度1.5℃的水平。据估计，气温升高2℃是农业和健康的临界耐受阈值。■

所有后代的目光都注视着你。如果你选择让我们失望，我会说：我们永远不会原谅你。

格蕾塔·桑伯格
联合国气候峰会, 纽约

煤制蓝色

合成染料

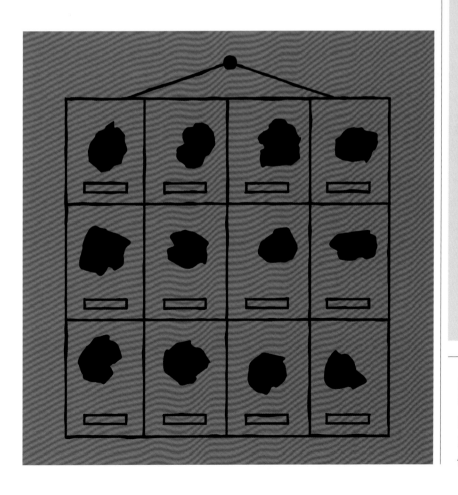

背景介绍

关键人物

威廉·亨利·珀金

（1838—1907年）

此前

约公元前3250年 已知最早使用的埃及蓝，被认为是第一种合成颜料。

约1706年 瑞士颜料制造商约翰·雅各布·迪斯巴赫（Johann Jacob Diesbach）制造了普鲁士蓝，这是第一种全球使用的合成颜料。

1834年 德国化学家弗里德利布·费迪南德·伦格（Friedlieb Ferdinand Runge）从煤焦油中分离出了苯胺。

此后

1884年 丹麦微生物化学家汉斯·克里斯蒂安·革兰（Hans Christian Gram）发现，龙胆紫染料会染色某些种类的细菌，但不会染色其他种类的细菌——这种鉴定技术至今仍被使用。

1932年 德国化学家约瑟夫·克莱尔（Josef Klarer）、弗里茨·米茨奇（Fritz Mietzsch）与医生格哈德·多马克（Gerhard Domagk）从红色偶氮染料中制成了第一种磺胺类抗菌药物百浪多息（偶氮磺胺）。

史前时代以来，人们一直使用颜料（有色物质）来装饰自己和周围环境。在赞比亚双河地区的一个洞穴中，人们发现了用于制造红色的氧化铁（Fe_2O_3）和用

参见: 官能团 100~105页, 苯 128~129页, 抗生素 222~229页, 合理药物设计 270~271页, 化疗 276~277页。

于制造其他颜色的矿物质, 以及颜料研磨设备, 其历史可追溯至350000~400000年前。第一种人造颜料埃及蓝是在约公元前3250年, 通过加热石英砂、碎石灰石、苏打或钾碱、含铜物（如孔雀石）的混合物制成的。

直到19世纪, 布料的染料都完全来自植物和其他自然资源, 其中一些燃料的生产成本很高。一个极端的例子是泰尔紫色, 由公元前16世纪的腓尼基人用海螺的黏液制成。1克染料需要10000多只海螺, 所以这种染料是给最富有和最有权势的人使用的, 它后来被称为"帝王紫"。

1771年, 爱尔兰化学家彼得·沃尔夫（Peter Woulfe）报告说, 他用硝酸处理了天然染料靛蓝, 并产生了一种黄色染料。这种物质后来被确定为苦味酸, 可以染色各种材料, 但直到19世纪40年代后期它才被用作染料, 并且也只是小规模使用。

珀金的发现

1856年, 一位年轻化学家的意外发现, 标志着合成染料工业的真正诞生。那一年, 18岁的威廉·亨利·珀金在伦敦皇家化学学院担任研究助理, 与有机化学先驱奥古斯特·威廉·冯·霍夫曼（August Wilhelm von Hofmann）一起工作。珀金的任务之一是合成奎宁。在热带地区, 奎宁是治疗疟疾的必需品, 但很难从其天然来源——金鸡纳树的树皮中提取。

在简陋的家庭实验室里, 珀金使用了苯胺进行实验。苯胺是一种从煤焦油中提取的无色油, 而煤焦油本身就是由煤制气产生的副产品。珀金用重铬酸钾氧化苯胺, 希望得到生物碱奎宁。实验后烧瓶中出现了黑色残留物。当他用酒精清洗残留物时, 他发现溶液变成了紫色。进一步的实验表明, 这种溶液很容易给丝绸染色。

珀金的染料比当时使用的天然紫色染料更耐久。事实上, 他的

在维多利亚女王委托约翰·菲利普创作的这幅画中, 女王在1858年1月25日参加大女儿婚礼时, 身着淡紫色礼服。

一些原始样品直到今天仍然呈明显的紫色。对历史样本的现代分析表明, 这种染料不是单一的化学物质, 而是超过13种不同化合物的混合物。

到1856年8月, 珀金为他的新合成染料申请了专利。他建立了一家工厂, 并就如何更好地使用染

威廉·亨利·珀金

珀金于1838年出生在伦敦, 是家中七个孩子中最小的一个。他的父亲曾希望他成为一名建筑师。然而, 在一位朋友向他展示了苏打和明矾是如何结晶的之后, 这个男孩对化学产生了浓厚的兴趣。

14岁时, 珀金就读于伦敦城市学校, 这是英国最早教授化学的学校之一。他每周两次在那里上化学课。他的老师鼓励他参加由著名物理学家和化学家迈克尔·法拉第在皇家学会举办的讲座。1853年, 15岁的珀金就读于皇家化学学院。学院院长奥古斯特·威廉·冯·霍夫曼雇用珀金来合成奎宁, 这促进了苯胺紫的发现。

因发现这种染料而赚了一大笔钱后, 珀金卖掉了工厂, 于1874年退休。1866年, 他被选入皇家学会, 1906年被封为爵士。他于1907年去世。

料向染料行业提供了建议。到1860年，他已经十分富有并且声名鹊起，这主要归功于维多利亚女王和法国皇后欧仁妮等名人对新染料的热情。他最初将他的染料命名为"泰尔紫"，这是以古代皇室颜色命名的。但后来，珀金将其重新命名为"苯胺紫"（或"木槿紫"，mauveine），并将它染出的颜色叫作淡紫色（mauve），这是以法语中紫色锦葵花（mallow）的名字命名的。

红色、紫罗兰色和品红色

苯胺紫生产面临的一个问题是染料产出率低——通常只有原材料的5%。他的发现促使人们利用煤焦油中发现的大量化学物质生产更多苯胺类染料，以及获得更高的产量。

1859年，法国里昂的工业化学家弗朗索瓦-伊曼纽尔·韦尔金（François-Emmanuel Verguin）使用氯化锡作为重铬酸钾的替代氧化剂，制造出了一种红色染料，其产出率比珀金的要高得多。然而，由于氯化锡价格昂贵，因此人们用更

> 化学家一直渴望人工生产天然有机物。
> 威廉·亨利·珀金

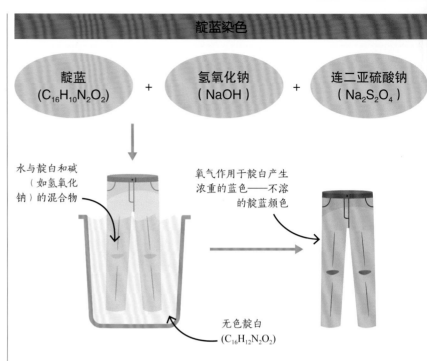

靛蓝染色

靛蓝 $(C_{16}H_{10}N_2O_2)$ ＋ 氢氧化钠（NaOH） ＋ 连二亚硫酸钠 $(Na_2S_2O_4)$

水与靛白和碱（如氢氧化钠）的混合物

氧气作用于靛白产生浓重的蓝色——不溶的靛蓝颜色

无色靛白 $(C_{16}H_{12}N_2O_2)$

天然或合成靛蓝不溶于水。它必须首先与还原剂（如连二亚硫酸钠）混合，以变得可溶。二者的混合物被称为"靛白"，是无色的。织物或纱线浸入靛白和碱的混合物中，然后取出暴露在空气中，氧气便会将靛白氧化回靛蓝。

便宜的氧化剂（如硝酸汞和砷酸）来制造染料。韦尔金将他的染料命名为"洋红色"（fuchsine），可能是以倒挂金钟花（fuchsia）的名字命名的。它后来被重新命名为"品红色"（magenta），以纪念1859年法国-撒丁岛在马真塔（Magenta，意大利北部）战役中战胜了奥地利人。

霍夫曼进一步研究了包括苯胺在内的胺类化合物，并尝试使苯胺与多种有机化合物反应。1858年，他宣布获得了"一种华丽的深红色"。然后，在1862年，他以前的学生爱德华·尼科尔森（Edward Nicholson）请他检测品红色

的化学成分。这项工作引导霍夫曼将不同的官能团——产生化合物特征反应的原子团——添加到品红分子上，以创造新的色调。一种反应产生了明亮的紫罗兰色，被命名为"霍夫曼紫"，并很快由尼科尔森制造。这是第一批经过理性的科学研究而不是反复试验创造出来的染料。

土耳其红和靛蓝

1869—1870年，珀金以及德国化学家卡尔·格雷贝（Carl Graebe）、卡尔·利伯曼（Carl Liebermann）、海因里希·卡罗（Heinrich Caro）分别独立合成了

在这幅描绘19世纪法国苯胺生产车间的插图中，一系列蒸馏瓶已准备就绪，可供使用。

茜素（也被称为"土耳其红"）。土耳其红是从茜草植物的根中提取的，是一种商业上重要的红色染料。这种染料已经被使用几个世纪了，特别是用于给军装染色。德国化学家们比珀金早一天为他们的工艺申请了专利。但珀金的工厂很快就能够年产400多吨合成土耳其红，而且成本仅为天然产品的一半。随着这一成功，茜草的大规模种植很快就停止了。

另一种重要的天然染料是靛蓝，来自靛蓝属植物。靛蓝被称为"蓝色黄金"，几千年来备受推崇。德国化学家阿道夫·冯·贝耶尔（Adolf von Baeyer）于1865年确定了靛蓝的化学结构，并于1870年成功地合成了靛蓝。然而，这一工艺因太昂贵而无法在工业上大规模生产。到1890年，卡尔·休曼（Karl Heumann）发现了一种使用苯胺制造靛蓝的方法，而苯胺是一种很容易获得的化学物质。1897年，第一批合成靛蓝在德国开始销售。到第一次世界大战开始时，

德国的染料产量已占全球染料产量的80%以上，超过了英国和其他国家。

危险和好处

从一开始，合成染料就可能对工人甚至用户造成危害。例如，瑞典化学家卡尔·威尔海姆·舍勒于1775年发明的一种鲜艳的绿色染料"舍勒绿"，是一种有剧毒的砷化合物，但仍被用于墙纸、油漆甚

至儿童玩具的制造中。19世纪60年代，以砷酸为基础的合成品红的工艺产生了品红亚砷酸盐，其砷含量可高达6%。工厂工人的鼻子、嘴唇和肺部都出现了溃疡。报纸报道说，女性在衣服淋雨或出汗后会出现皮疹。1864年，瑞士染料公司"J. J. 穆勒-帕克"在巴塞尔的工厂产生的砷污染了井水，使附近的人生病，工厂被迫关闭。法国里昂的"狐狸兄弟"工厂因井水中毒造成人员死亡而停止了品红生产。即使在今天，在染料工业中使用有毒化学品仍是一个重大的健康和环境问题。

另一方面，一些合成染料在医学上有着有益的用途。特别是，合成染料已被用于对细胞样本进行染色，以揭示致病微生物和细胞结构，甚至用于生产药物——包括抗疟疾药物，这又神奇地回到了威廉·亨利·珀金的原始工作。 ∎

来自染料的药物

合成染料已被证明可用于医药和纺织工业。德国医生保罗·埃利希是最早将苯胺染料作为生物染料的科学家之一。在19世纪80年代，他发现某些染料会染色某些细胞，特别是由德国化学公司巴斯夫生产的染料亚甲蓝，可以将活的神经元（神经细胞）和疟原虫（会导致疟疾的寄生虫）染成亮蓝色。1891年，他开始与德国医生罗伯特·科赫（Robert Koch）合作，科赫使用染料对细胞

进行染色，从而发现了结核杆菌。埃利希希望找到能够直接攻击致病菌而不影响健康细胞的物质。埃利希测试了数百种化学物质。一种符合条件的化学物质是染料台盼红，它对锥虫有效——锥虫是导致神经系统非洲锥虫病或昏睡病的微生物。埃利希因此证明了染料可以用作抗菌剂，并开启了一场药物革命。

强大的炸药成就了精彩的工作

爆炸化学

1846年，意大利化学家阿斯卡尼奥·索布雷洛（Ascanio Sobrero）发明了第一种现代炸药——硝化甘油。硝化甘油是将甘油添加到硝酸和硫酸的混合物中制成的，它比火药强大得多——火药是在此之前唯一可用的炸药。但是，硝化甘油因太不稳定而无法安全使用。

为了更安全地处理硝化甘油，瑞典化学家和商人阿尔弗雷德·诺贝尔在1865年发明了雷管。这种小型木制雷管装有黑色火药，被置于装有硝化甘油的金属容器中。雷管可以通过点燃引信或电火花来引爆硝化甘油。

诺贝尔随后将油状硝化甘油与硅藻土混合成糊状，并做成更易处理的棒状。1867年，他为这个想法申请了专利。这种炸药被称为"达纳炸药"。之后，诺贝尔尝试将硝化甘油与火棉（硝化纤维素）混合。火棉是通过将棉花浸入硝酸和硫酸中制成的，是一种易燃物质，在撞击时会爆炸。诺贝尔的新发明于1875年获得专利，被称为"葛里炸药"。它比硝化甘油更稳定、更有效，并且可以在水下使用。

达纳炸药和葛里炸药成为建筑、采矿和钻井中使用的标准炸药。■

阿尔弗雷德·诺贝尔在遗嘱中规定，他的财产将用于颁发物理学、化学、生理学或医学、文学和和平奖。

参见：火药 42~43页，反应为什么会发生？ 144~147页。

推断原子的重量

原子量

参见: 质量守恒 62~63页, 稀土元素 64~67页, 道尔顿的原子理论 80~81页, 理想气体定律 94~97页, 元素周期表 130~137页。

背景介绍

关键人物
斯坦尼斯劳·坎尼扎罗
（1826—1910年）

此前
1789年 安托万·拉瓦锡提出了质量在化学反应中既不会被创造也不会被毁灭的原理。

1803年 约翰·道尔顿提出了原子理论，认为不同元素的原子具有不同的质量。

1826年 永斯·雅各布·贝采利乌斯发表了一个基于实验分析的原子量表，该表非常接近于现代数值。

此后
1865年 奥地利科学家约翰·约瑟夫·洛施密特确定了1摩尔的分子数量，该数字后来被称为"阿伏伽罗常数"。

1869年 德米特里·门捷列夫根据原子量制作了元素周期表。

1811 年，阿莫迪欧·阿伏伽德罗猜测，在相同温度和压力下，相同体积的气体包含相同数量的分子。他进一步提出，简单的气体不是由孤立的原子形成的，而是由包含两个或多个原子的复合分子形成的。很少有科学家接受这些想法。

1858年，在一篇题为《化学哲学课程大纲》的论文中，意大利化学家斯坦尼斯劳·坎尼扎罗指出，阿伏伽德罗的推测使化学家能够测量原子量。确定原子量是一个有争议的问题，因为原子和分子经常被混淆。1860年，在第一次国际化学大会上，坎尼扎罗为他的想法提出了令人信服的理由。超过140位重要的化学家出席了大会。坎尼扎罗强调，由于所有原子量都是相对的，因此应该选择一个标准重量，其他所有数值都可以根据该标准重量来确定。他选择了氢，但由于氢分子是双原子的（由两个原

> 鳞屑从我眼前滑落，我的疑惑消失了。
>
> 尤利乌斯·洛塔尔·迈耶尔
> 阅读坎尼扎罗的论文有感

子组成），这已由瑞典化学家永斯·雅各布·贝采利乌斯证明，所以坎尼扎罗将氢分子重量的一半作为参考值。

坎尼扎罗的论文副本被分发给了参会者，参会者被坎尼扎罗（和阿伏伽德罗）的论证所说服。参会者包括年轻的俄国化学家尤利乌斯·洛塔尔·迈耶尔（Julius Lothar Meyer）和德米特里·门捷列夫，他们立即开始使用重新计算的原子量来构建元素周期表。■

放入火焰中时产生的明亮线条

火焰光谱学

背景介绍

关键人物
罗伯特·本生（1811—1899年）
古斯塔夫·基尔霍夫
（1824—1871年）

此前
1666年 艾萨克·牛顿用棱镜实验产生了光谱，但他认为光是粒子流，而不是波。

1835年 英国发明家查尔斯·惠斯通（Charles Wheatstone）报告说，金属可以通过其火花的发射光谱来区分。

此后
19世纪60年代 英国天文学家威廉·哈金斯（William Huggins）和玛格丽特·哈金斯（Margaret Huggins）使用光谱学证明了恒星是由与地球上一样的元素组成的。

1885年 瑞士数学家约翰·巴耳末（Johann Balmer）表明氢光谱线的波长可以用一个简单的数学公式表示。

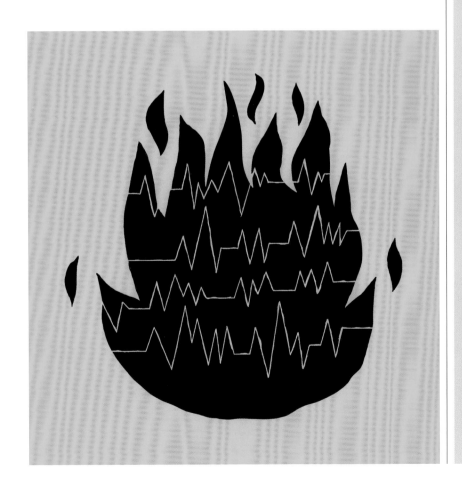

参见：摄影 98~99页，元素周期表 130~137页，稀有气体 154~159页，红外光谱法 182页，质谱 202~203页。

英国物理学家艾萨克·牛顿在1666年引入了"光谱"一词，以描述白光通过棱镜时的色散现象。他所使用的设备存在缺陷，导致他的光谱缺乏细节，颜色重叠。

1802年，英国化学家威廉·海德·沃拉斯顿（William Hyde Wollaston）发现了光谱中有一些暗线，但他认为这只是颜色之间的间隙，没有任何意义。尽管如此，他仍是第一个观察到太阳光谱中的吸收线的人。光谱中的亮线被称为发射线。

夫琅禾费谱线

德国镜头制造商约瑟夫·冯·夫琅禾费（Joseph von Fraunhofer）进行了进一步研究。他在1814年对太阳光谱进行了仔细研究，发现了数百条吸收线。他将强度不同的线标记为A、B、C、D等。现在这些线被称为"夫琅禾费谱线"。他还研究了恒星和行星的光谱。他使用望远镜收集光线，并指出行星光谱与太阳光谱是相似的。

火焰的颜色

15世纪的炼金术士已经知道盐类可以在火焰中产生不同的颜色。对火焰产生的光谱的研究最早可以追溯到18世纪。1752年，苏格兰物理学家托马斯·梅尔维尔（Thomas Melvill）使用棱镜检查了烈酒燃烧产生的光谱，并在火焰中加入了各种化学物质，如钾盐和钠盐。

钡燃烧时会产生绿色火焰，这是由于电子被激发到了更高的能量状态。电子在返回基态时，会以光的形式释放能量。

他观察到，在光谱的相同位置总有一种特殊的黄色，但他认为这并不重要。梅尔维尔于1753年去世，直到五年后，德国化学家安德烈亚斯·马格拉夫（Andreas Marggraf）才报告说，他可以通过不同颜色的火焰来区分钠化合物和钾化合物：钠化合物产生黄色火焰，而钾化合物产生紫色火焰。

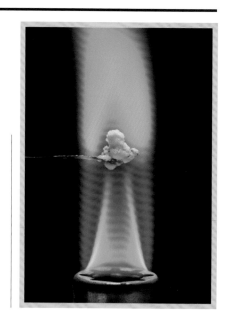

诸如**太阳**之类的光源会产生连续光谱。

当光通过**冷气体**时，气体中的元素会吸收特征波长的光，从而产生暗吸收线。

炽热气体会产生发射线——发射特定波长的光的亮线。

元素的吸收线与其发射线相对应。

火焰光谱

英国科学家约翰·赫歇尔（John Herschel）正确地进行了火焰光谱的分析。他在1823年写道，燃烧产生的颜色可以用于检测"极微量"的化学物质。他的研究因样品中存在钠杂质而受到阻碍，导致他实验的光谱中总是出现亮橙黄色

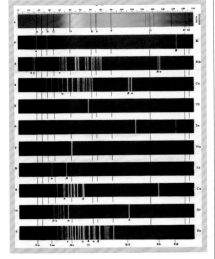

碱金属的火焰发射光谱表明，当元素被加热时，它们会发出自己特征的光线图谱。垂直的夫琅禾费线被标为黑色。

线——与梅尔维尔观察到的现象相同。这使得赫歇尔无法证明每种物质都能产生独特的光谱。

与此同时，英国摄影先驱威廉·福克斯·塔尔博特也在对火焰光谱进行研究。1826年，他观察到"红光"是"钾盐"（钾）的特征，而"黄光"是"苏打"（钠）的特征，虽然"红光"只能在棱镜的帮助下看到。他相信，在火焰光谱中看到的独特谱线可用于化学分析，以检测化学物质的存在，而当时这些检测工作需要花费数小时时间。

一段时间以来，科学家们一直怀疑火焰光谱的明亮发射线和太阳光谱的暗吸收线之间存在联系。夫琅禾费曾指出，他的太阳光谱中的D线与火焰光谱中的亮黄色双线是一致的。

1849年，为了说明线条的一致性，法国物理学家莱昂·福柯（Léon Foucault）让太阳光穿过弧光灯的光，以叠加两个光谱。他惊讶地发现，叠加后的D线比没有弧

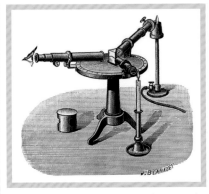

基尔霍夫和本生发明的火焰光谱仪，可通过火焰检测来鉴别元素，以及分析任何化学物质的成分。

光灯时的要强。

火焰光谱仪

1859年，德国物理学家古斯塔夫·基尔霍夫和德国化学家罗伯特·本生共同发明了火焰光谱仪。他们使用本生的同名燃烧器产生了无色火焰，以避免掩盖被分析材料发出的颜色。

他们的光谱仪由三部分组成：火焰和准直器，它将来自样品的光缩小成光束；棱镜，用于分散

罗伯特·本生

罗伯特·本生于1811年出生在威斯特伐利亚（现德国）的哥廷根，是家中四兄弟中最小的一个。1830年，本生获得博士学位，1832年他加入了法国化学家约瑟夫·盖-吕萨克在巴黎的实验室，并于次年返回德国，成为哥廷根大学的讲师。

本生既是一位实验家，也是一位发明家。1834年，他与德国医生阿诺德·伯托尔德（Arnold Berthold）合作，发现了砷中毒的解毒剂。他还开发了分析工业过程中产生气体的新技术，并

建议回收木炭燃烧产生的废气以产生更多能量。1841年，他发明了锌碳电池或本生电池。通过这些电池组合成大型电池，本生得以通过电解将金属从矿石中分离出来。

1864年，本生与他的研究生、英国化学家亨利·罗斯科（Henry Roscoe）使用燃烧的镁作为光源，发明了闪光摄影术。本生于1899年在海德堡去世。

光线；望远镜，用于观察发出的光的颜色。利用这个装置，他们可以精确测量样品在火焰中发出的光的波长。

基尔霍夫和本生重复了福柯的实验，他们将来自太阳和火焰的光引入光谱仪前面的狭缝中，然后将钠盐和其他盐，如钙盐和锶盐，分别引入火焰中，以产生不同的光谱。火焰产生的明亮谱线与太阳光谱的暗线完全对齐，表明发射和吸收是相互关联的过程。

基尔霍夫得出结论，当光通过气体时，被吸收的光的波长，与气体在炽热状态下发出的光的波长一致。强烈发射特定波长的光的物质也会强烈吸收该波长的光。

基尔霍夫和本生很快就发现，当被加热到炽热状态时，每种化学元素都会产生自己特征的光谱图案，这在某种程度上就像识别化学物质的独特化学条形码。因此，光谱学可用于检测任何化学物质的成分。

空间光谱学

钠蒸气会产生双黄线，对应夫琅禾费的D线。太阳光谱中暗D线的存在表明太阳光在到达地球的途中穿过了钠蒸气。基尔霍夫认为，这无可争辩地证明了钠存在于太阳大气中，并且它吸收了特征波长的光。

通过比较太阳光谱的夫琅禾费暗线和金属的发射线，基尔霍夫还确定，除了钠、镁、铁、铜、锌、钡和镍也都存在于太阳大气中。本生和基尔霍夫的发现不仅给化学分析带来了革命性的变化，也

> 确定太阳和恒星化学成分的道路被开辟了。
>
> 罗伯特·本生

为天文学家探索宇宙提供了强大的新工具。

新元素

1860年5月，在分析富含锂化合物的泉水的发射光谱时，本生在光谱中发现了一种新的天蓝色特征。他和基尔霍夫意识到这属于一种新元素，并将其命名为"铯"（caesium，来自拉丁语"天蓝色"）。为了展示光谱分析的能力，本生蒸发了45000升泉水，以获得足够多的铯盐样本来确定其性质。然而，他无法分离出纯金属铯。瑞典化学家卡尔·塞特伯格（Carl Setterberg）在1881年才完成了这一工作。

1861年，本生和基尔霍夫发现了另一种新元素，它产生深红色光谱。它是金属铷（rubidium，来自拉丁语"深红色"），而这一次，本生成功地分离出了这种元素。本生和基尔霍夫的发现开启了未知元素探索的新纪元。■

赫利俄斯和氦

1868年8月18日，在印度发生日全食期间，法国天文学家皮埃尔·詹森（Pierre Janssen）在用光谱仪分析太阳日冕（最外层）时发现了一些令人惊讶的东西：一条与任何已知元素都不匹配的亮黄色谱线。两个月后，英国天文学家诺曼·洛克耶（Norman Lockyer）也发现了这一谱线。洛克耶很快宣布他发现了一种新元素，并将其命名为"氦"，以古希腊太阳神赫利俄斯的名字命名。

然而，他的发现也引发了一些人的异议，包括俄国化学家德米特里·门捷列夫，因为他的元素周期表上没有氦的位置。从1894年到1900年，其余惰性气体或稀有气体的发现促使门捷列夫对元素周期表进行了修改，并于1902年将氦与其他五种稀有气体一起添加到表中。

我们现在知道，氦是第二轻的元素，也是可观测宇宙中含量仅次于氢的元素。

当月球穿过太阳和地球之间并挡住太阳光时，就会发生日全食。

表示原子化学位置的符号

结构式

背景介绍

关键人物

亚历山大·克鲁姆·布朗

（1838—1922年）

此前

1803年　约翰·道尔顿提出原子连接在一起的理论。后来他又创建了表示原子组合的图形。

1858年　苏格兰化学家阿奇博尔德·库珀（Archibald Couper）用线条表示原子之间的化学键。

此后

1865年　德国化学家奥古斯特·威廉·冯·霍夫曼制作了第一个球棍分子模型。

1916年　美国化学家吉尔伯特·路易斯（Gilbert Lewis）发明了"路易斯结构式"来表示原子和分子。他用点表示电子，用线表示共价键。

1931年　美国化学家莱纳斯·鲍林（Linus Pauling）利用量子力学计算了分子的性质和结构。

确定一个分子是什么样的很难，因为大多数分子的直径小于一纳米（十亿分之一米）。但是，分子的结构提供了有关其特性以及它如何与其他分子反应的重要信息，因此以某种方式表示分子结构是至关重要的。

早期图形

公元前5世纪，古希腊人提出了原子通过钩子和孔洞相互连接的想法，但直到19世纪，对原子组合形式的解析才真正开始。1803年，英国化学家约翰·道尔顿提出了原子理论，并于1808年为当时已知的元素（如氢、氧、碳和硫）制作了符号，他还绘制了图形来表示常见的分子。他认为元素主要以二元形式结合，因此化合物中每种元素只有一个原子。这使他相信水的分子式是OH，而我们现在知道应该是H_2O。

之后对分子描述的发展通常与对化学结构理解的进步联系在一起，特别是对有机分子结构的理解。1858年，苏格兰化学家阿奇博

尔德·库珀提出了分子结构理论，强调碳原子会形成四个键，并与其他碳原子键结合形成链状。德国化学家奥古斯特·凯库勒几乎同时提出了同样的想法，并于同年首先发表了该成果。

接受过程

凯库勒为他的理论附上了用"香肠式"（细长的椭圆形和圆形）描绘有机化合物的图形。库

这里有……对你的结构式的反对，但我相信它们注定会使我们对化合物概念的理解更加精确。

爱德华·弗兰克兰

参见: 化合物比例 68页,化学符号 82~83页,苯 128~129页,配位化学 152~153页,X射线晶体学 192~193页,核磁共振波谱 254~255页。

结构式的演变

1808年: 道尔顿的原子符号,图示为二氧化碳。他使用不同颜色的圆圈来代表各种元素。

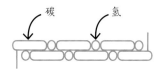

1858年: 凯库勒的香肠式,图示为苯(1865年发现)。他使用不同大小的"香肠"来表示化合价。

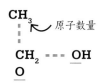

1858年: 库珀的结构式,图示为乙醇的结构。他用元素符号表示原子,虚线表示化学键。

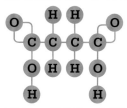

1861年: 克鲁姆·布朗的结构式,图示为琥珀酸。他使用元素符号表示原子,使用实线表示化学键。

珀也提出了他的图形,他使用带有虚线的元素符号来表示原子之间的键——与今天使用的结构式类似。当时,这些图形都没有受到其他化学家的重视。以对化学结构理论的贡献而闻名的俄国化学家亚历山大·巴特勒罗夫(Alexander Butlerov)认为,库珀的理论和结构"过于绝对","没有足够清晰的感知和表达"。凯库勒因后来提出的苯环结构而闻名,而库珀则在

很大程度上被遗忘了。

苏格兰化学家亚历山大·克鲁姆·布朗显然不熟悉库珀的工作,但他对分子的描述做出了同样重要的贡献。布朗1861年的论文中包含类似于库珀结构式的表示形式,他使用圆圈内的元素符号来表示原子,并用线条来表示化学键。克鲁姆·布朗的结构式在某些方面遭到了反对,但英国化学家爱德华·弗兰克兰(在19世纪50年

代早期提出了原子化合价的概念)在讲座中使用了它们,并在后来将这种结构式收录在其于1866年出版的一本教科书中,进一步普及了这种结构式。这本教科书的第二版取消了克鲁姆·布朗绘制的原子周围的圆圈,修改后的形式与今天使用的几乎相同。有点不公平的是,这些图形后来被称为"弗兰克兰符号"。■

亚历山大·克鲁姆·布朗

亚历山大·克鲁姆·布朗于1838年出生在爱丁堡。他先学习艺术,后来学习医学。他获得了爱丁堡大学的医学博士学位和伦敦大学的科学博士学位。从1869年到1908年退休,他一直是爱丁堡大学的化学教授。除了他的结构式,克鲁姆·布朗还是第一个提出乙烯(C_2H_4)含有碳-碳双键的人。他还证明了分子的结构会影响其在体内的作用。他使用了一系列材料(如皮革、纸浆和羊毛)来构建联锁表面的三维数学

模型,并在实验确定氯化钠(NaCl)结构的数年前,就建立了精确的模型。他于1922年去世。

主要作品

1861年 《化学结合理论》

1864年 《关于异构化合物的理论》

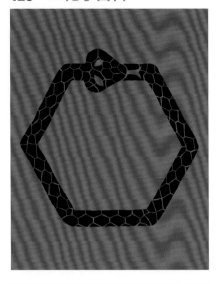

其中一条蛇咬住了自己的尾巴

苯

背景介绍

关键人物

奥古斯特·凯库勒

（1829—1896年）

凯瑟琳·朗斯代尔

（1903—1971年）

此前

1825年 迈克尔·法拉第从煤气灯的油性残留物中首次分离出了苯。

1861年 约翰·洛施密特提出苯具有环状结构。当时，环状化合物的想法还很新颖。

此后

1866年 法国有机化学家和物理化学家皮埃尔·马塞林·贝特洛（Pierre Marcellin Berthelot）通过在玻璃管中加热乙炔，首次在实验室中合成了苯。

1928年 凯瑟琳·朗斯代尔使用X射线晶体学证实了苯分子呈扁平的六边形结构。

1865年，德国化学家奥古斯特·凯库勒提出苯是由六个碳原子组成的六角环，每个碳原子形成四个键——一个键与相邻的氢原子相连，另外三个键与相邻的碳原子相连。他声称曾想到一条蛇转圈并咬住自己的尾巴，于是产生了环状结构的想法。

凯库勒的理论

在凯库勒发表他的理论后的几十年里，科学史学家一直在争论他是否为第一个将苯表示为扁平、环状、六边形结构的人。

一些人认为，奥地利化学家约翰·洛施密特比凯库勒早四年提出了苯的环状结构。其他人则认为，洛施密特的提议是一个幸运的巧合，他选择圆环来表示苯结构的原因仍然未知。

撇开争议不谈，在凯库勒对苯分子的最初图形表示中，氢原子为圆形，碳原子为拉长的椭圆形。他的同时代人毫不客气地称这些图形为"香肠式"，这促使凯库勒改进了他的图形。

1865年的晚些时候，他改用简单的六边形来表示苯分子。1866年，他在碳原子之间添加了交替的双键和单键，以进行更准确的描述，这种形式至今仍以他的名字命名。

凯库勒的结构正确地预测了苯的一些取代反应的产物，其中一个氢原子被另一个原子或原子团取代。

然而，它并没有完全解释苯的各种反应产物，即使凯库勒在1872年进一步改进了他的模型，以

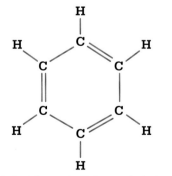

凯库勒的苯分子结构表明，每个碳原子与相邻的两个碳原子分别形成一个双键和一个单键，并与一个氢原子形成一个单键。

参见: 结构式 126~127页, X射线晶体学 192~193页, 描述反应机理 214~215页, 蛋白质晶体学 268~269页。

解释双键和单键在分子内不断地交换位置。

尽管如此,他对苯结构的预测仍引起了人们对芳香族化合物的组成和结构的兴趣。今天,芳香族化合物被用来制造药物、塑料、染料和我们经常使用的许多其他产品。

X射线晶体学

凯库勒生前没有看到苯结构的最终细节得到证实——这需要X射线晶体学,而这项技术直到他去世十多年后才发展起来。

1928年,爱尔兰晶体学家凯瑟琳·朗斯代尔使用这项技术确认了凯库勒提出的扁平环状结构确实是正确的。她还解释了凯库勒无法理解的苯结构的一些奇怪之处。

朗斯代尔的测量结果表明,苯环中的所有碳-碳键的长度相同。这是因为键中的电子在整个环上是离域的或散开的。

与凯库勒的双键和单键交替

现代有机化学的四分之三,直接或间接地是这一理论的产物……

弗朗西斯·罗伯特·贾普
苏格兰化学家

理论相比,这种离域结构也解释了苯的特殊稳定性。化学家通常使用一个六边形和其内的圆圈来表示这种离域结构。

凯库勒的表示方法并未完全被朗斯代尔的取代。他的版本在绘制有机化合物结构时仍然被使用,部分原因是这种形式更容易说明在反应机理中发生的电子运动。

然而有点不公平的是,凯库勒的结构式以他的名字而命名,而朗斯代尔的结构式虽经常被引用却没有提及她。■

1948年,凯瑟琳·朗斯代尔在伦敦大学学院的实验室工作,她从1946年起担任晶体学高级讲师,从1949年起担任化学教授。

奥古斯特·凯库勒

凯库勒于1829年出生在德国达姆施塔特。最初他打算在吉森大学学习建筑学。然而,他被有机化学创始人之一尤斯图斯·冯·李比希的讲座所吸引,决定转向学习化学。在整个职业生涯中,凯库勒为我们理解化学结构做出了重要贡献,尤其是在与碳基化合物有关的化学结构方面。他在前辈工作的基础上,根据原子的化合价来解释原子的连接,特别强调了碳原子与其他原子形成四个键的想法。凯库勒于1896年在波恩去世。

主要作品

1858年 《关于化合物的构成和变形以及碳的化学性质》

1859—1887年 《有机化学教科书》,第1~7版

性质的周期性重复

元素周期表

元素周期表是有史以来认知度最高的科学知识精华之一。它被粘贴在世界各地实验室和教室的墙壁上，汇集了有关化学元素特性及其相互关系的信息。

尽管俄国化学家德米特里·门捷列夫经常被认为是元素周期表的发明者，但许多科学家为它的发明做出了贡献。随着新元素的发现和我们理解的加深，元素周期表也在不断演变。

原子理论

约瑟夫·普里斯特利、安托万·拉瓦锡等18世纪的化学家通过实验证明，有些物质可以结合形成新物质，有些物质可以分解成其他物质，还有一些物质似乎是"纯粹的"，无法再分解。

1803年，约翰·道尔顿的原子理论将先前的发现整合在一起。他对物质的本质做了一些基本的假设，比如，所有的物质都是由微小的、不可分割的、不可改变的原子组成的，这些原子不能被创造、

> 我们必须期待许多未知元素的发现……其原子量在65到75之间。
>
> 德米特里·门捷列夫

毁灭，也不能转化为其他原子，各种元素的原子具有独特的质量和性质。他还提出，同一元素的所有原子具有相同的质量，也就是说，一种元素的所有原子都相同，并且不同元素的原子具有不同的性质。

道尔顿把氢的质量设为1，并根据元素与氢结合的质量比，为当时已知的元素设定了原子量。道尔顿的方法的缺陷在于，他认为两种

德米特里·门捷列夫

德米特里·门捷列夫于1834年出生在当时的俄罗斯帝国西伯利亚的托博尔斯克，是一个大家庭中最年轻的成员。父亲去世后，他的母亲于1848年将全家带到了圣彼得堡。1856年获得化学硕士学位后，门捷列夫前往德国海德堡，并在那里建立了自己的实验室。

1860年，在卡尔斯鲁厄会议上，他接触了欧洲许多著名的化学家。1865年，他成为圣彼得堡大学的化学技术教授。除了较多的理论工作，门捷列夫还参与了农业产量、石油生产和煤炭工业的研究。1893年，他被任命为俄国新的中央度量衡委员会主任。门捷列夫因在化学方面的成就而享誉国际。1907年，在他的葬礼上，他的学生携带了一份元素周期表的副本以示敬意。

主要作品

1869年 《化学原理》

参见: 道尔顿的原子理论 80~81页, 原子量 121页, 稀有气体 154~159页, 电子 164~165页, 改进的原子模型 216~221页, 核裂变 234~237页, 超铀元素 250~253页, 完成元素周期表? 304~311页。

道尔顿的化学元素清单显示了20种"元素", 现在已知其中的一部分, 例如石灰和钾碱, 是化合物。

元素形成的最简单化合物包括每种元素的一个原子。例如, 他认为水的分子式是HO, 而不是H_2O, 因此他将氧的原子量指定为实际原子量的一半。尽管如此, 道尔顿的原子量表仍是发展元素周期表的第一步。

1811年, 意大利化学家阿莫迪欧·阿伏伽德罗推断, 简单的气体不是由单个原子组成的, 而是由包含两个或多个原子的复合分子组成的。此时, "原子"和"分子"这两个词或多或少可以互换。

阿伏伽德罗提到了一种"基本分子", 也就是我们今天所说的原子。本质上, 他所做的是将其定

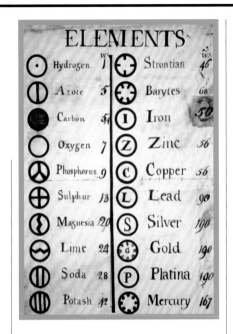

义为物质的最小部分。阿伏伽德罗的提议被接受花费了几年时间, 主要是因为当时的化学家认为同一种元素的两个原子不能结合。例如, 氧气仍然被认为是由单原子, 而不是双原子分子组成的。

卡尔斯鲁厄会议

1817—1829年, 德国化学家约翰·德贝赖纳对一项发现进行了检验, 即某些元素可以根据物理和化学性质分为三个一组。例如, 锂和钾原子量的平均值十分接近钠原子量的值, 钠是三元素组的第三种元素。三元素组中的元素也以类似的方式发生化学反应, 因此可以根据其他两种元素的性质预测中间元素的性质。

尽管德贝赖纳的系统适用于某些元素, 但并不适用于所有元素, 而且测量的不准确阻碍了该理论的进一步发展。此时需要的是一份准确的元素原子量表。

到19世纪中叶, 关于如何更好地计算原子量和分子式的几个竞争性想法在科学界引起了混乱。

1860年, 在德国卡尔斯鲁厄举行的一次会议上, 这些问题在很大程度上得到了解决。在会议期间, 意大利化学家斯坦尼斯劳·坎

门捷列夫想根据元素的性质来组织元素。

当他按原子量排列元素时, 他发现了一种重复的模式。

化学行为的相似性以固定的间隔出现(周期性重复)。

门捷列夫将具有相似性质的元素分为一族。

族中的间隙表明存在尚未被发现的元素。

尼扎罗强烈主张接受阿伏伽德罗的假设，宣称它"符合迄今为止发现的所有物理和化学定律"。

会议还公布了修订后的元素及其原子量列表，氢的原子量被定为1，其他元素的原子量通过与之比较来确定。凭借对原子和分子的新认识，科学家们开始着手组织排列这些元素。

转动螺旋

法国地质学家贝古耶·德·尚库尔托伊斯（Béguyer de Chancourtois）是最早认真尝试对所有

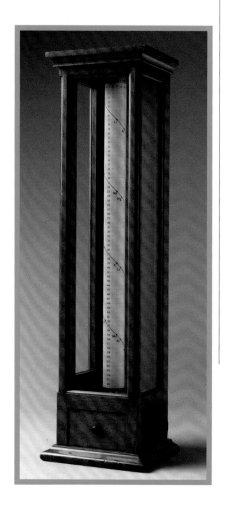

"大地螺旋"能够展示元素性质的周期性。它的名字来源于中心位置的"碲"。

已知元素进行周期性排列的人之一。1862年，他向巴黎科学院提交了他的周期排列。他在圆柱体外部绘制了原子量，以三维形式将元素排列在"大地螺旋"上。

螺旋旋转一整圈相当于原子量增加16。随着螺旋的转动，具有相似特性的元素垂直排列，例如，锂、钠和钾在一条线上，以直观地展示化学性质的周期性，这与德贝赖纳发现的三元素组类似。然而，一些元素并没有像预期的那样排列，例如，溴与化学性质非常不同的铜和磷排在了一条线上。

次年，即1863年，英国化学家约翰·纽兰兹（John Newlands）指出，如果元素按照原子量排列成七行，那么每一列的元素就会具有相似的化学性质。他发现每一种元素都与它前面第八种元素具有相似的化学性质。

他将这种周期性称为"元素八音律"，以表示它与音阶的相似之处。纽兰兹的表格并非没有缺点。他有时不得不将元素重复以保持规律，并且也没有为未发现的元素留下空位。

迈耶尔和门捷列夫

大约在同一时间，在德国，化学家尤利乌斯·洛塔尔·迈耶尔受到了卡尔斯鲁厄会议的启发，整理了他的第一个元素周期表，其中

> 从一种给定的元素开始，之后的第八种元素，是第一种元素的一种重复，就像音乐中八度音阶的第八个音符。
> 约翰·纽兰兹

仅包含28种元素。不同之处在于，他根据元素的化合价来排列。化合价是当时新发现的一种特性，可以表示一种元素与其他元素结合的能力。

四年后，即1868年，他制作了一张更复杂的表格，其中包含更多元素，元素按原子量顺序排列，相同化合价的元素按列排列。这与门捷列夫即将出版的一张表格有着惊人的相似之处，而门捷列夫也参加了卡尔斯鲁厄会议。

门捷列夫在圣彼得堡大学教授无机化学，却没有相应的教科书，于是他决定自己编写《化学原理》。19世纪60年代，他在编写这本书的过程中，注意到了不同元素组之间存在的重复模式，并在1869年提出了他的元素周期表版本。

据说他是通过排列标有各种元素及其属性的卡片来完成这一工作的，就像化学纸牌游戏一样，但在他的档案中并没有找到这样的卡片。

无论如何，门捷列夫完成了他的表格。他将表格印刷了200

在门捷列夫对周期系统的第一次尝试中，他将元素按原子量递增的顺序纵向排列，而非横向排列。

份，递交给了俄国化学学会，并分发给了欧洲的同事。迈耶尔直到1870年才发表了他的周期表，比门捷列夫晚了一年。

尽管迈耶尔和门捷列夫彼此认识——他们都曾在海德堡大学接受罗伯特·本生的培训——但他们最初并不知道彼此的工作。迈耶尔后来欣然承认门捷列夫首先发表了元素周期表。

周期性预测

门捷列夫的表格，被他称为"周期系统"。他将元素按原子量递增的顺序排列，每列（称为族）中的元素有类似的性质，如化合价。

门捷列夫和迈耶尔都做出的一个决定是，如果按元素的原子量排列得到的位置是错误的，那么他们会将这一元素移动到其他位置，以使之与规律相匹配，例如颠倒碲和碘的位置，因为按原子量增加的顺序，碘应该排在碲之前，但从化学性质的角度看这并不合适。后来的发现解释了这一点。

门捷列夫和迈耶尔都在他们的表格中留下了空位，但只有门捷列夫预测了会有新元素被发现来填补这些空位，他甚至预测了其中五种元素的原子量、性质及其化合物。他的预测并不总是完全正确，但足够接近。当镓和钪等元素被发

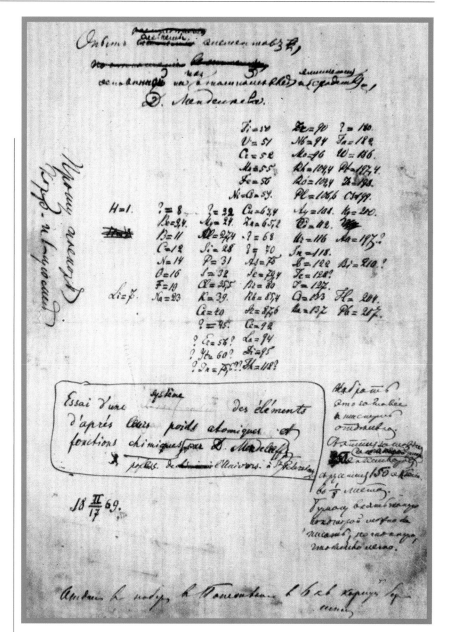

现时，这些新元素可以被插入表中适当的空位上。

1894年，英国物理学家瑞利勋爵（Lord Rayleigh, John Strutt）和化学家威廉·拉姆齐（William Ramsay）发现了第一种稀有气体氩气。这一发现起初被认为是对元素周期表的挑战。门捷列夫和其他

人认为，它不是一种新元素，而是一种以前未知的三分子氮形式——N_3。然而，随着氦、氖、氪和氙的发现，稀有气体看上去并不那么容易被解释，一些化学家甚至认为它们根本不属于元素周期表。

1900年，拉姆齐建议在卤素和碱金属之间为新元素增加新的

族。门捷列夫宣称这是"对周期律普遍适用性的光荣确认"。

门捷列夫的元素周期表是按原子量排列的，这样做虽然很有效，但有些异常需要调整（如碘和碲的位置）。

1913年，也就是门捷列夫去世仅仅六年后，一项新的发现就让这一切变得水到渠成。在英国曼彻斯特大学，物理学家亨利·莫斯利（Henry Moseley）向不同的金属发射电子束，并检测了产生的X射线光谱。他发现发射的X射线的频率可以用于识别元素原子核上的正电荷。正电荷数就相当于原子核中的质子数，也被称为元素的原子序数。

莫斯利得出结论，决定元素特性的是原子序数，而不是原子量。只有原子序数才符合规律，且原子序数没有小数部分。

莫斯利重组了元素周期表，将元素按原子序数排列——从原子序数为1的氢到92的铀——而不是按原子量排列。碲（原子序数52）

原子中有一个基本量，当从一种元素到下一种元素时，它会渐进增加。

亨利·莫斯利

和碘（原子序数53）现在可以在元素周期表中被分配到应有的位置，而无须任何"改造"。

根据X射线频率表中的空位，莫斯利预测了三种未知元素的存在：铼（于1925年被发现）、锝（于1937年被发现）、钷（于1945年被发现）。

现代表格

20世纪40年代，美国化学家格伦·西博格（Glenn Seaborg）绘制了今天我们最熟悉的元素周期表版本。

当西博格和他的团队在1940年发现钚（plutonium）时，他们曾考虑将其命名为"ultimium"（最后），他们认为它将是元素周期表中的最后一种元素。在研发原子弹的过程中，西博格和他的团队猜想核反应堆中会形成更重的元素。

识别和分离这些新元素的最佳方法，是根据它们在元素周期表上的位置来预测它们的化学性质。西博格分离95号和96号元素（现在被称为"镅"和"锔"）的努力没有成功，因为当时他们猜想这两种元素的化学性质类似于铱和铂（正如它们在元素周期表中的位置所表明的那样），但这一猜测是错误的。西博格得出的结论是，他们没有取得成功表明元素周期表本身存在缺陷。

另一组已被证明有问题的是镧系元素。在丹麦物理学家尼尔斯·玻尔于1913年提出原子的电子壳层模型之前，镧之后的14种元素一直难以放置。玻尔提出这些元素形成了一个"内过渡"系列，它们的价电子数保持为恒定的3，因此它们具有相似的性质。玻尔还提出了另一个由锕和之后的元素形成的"内过渡"系列。

1945年，西博格发布了一个重组的元素周期表，其中锕系元素位于镧系元素的正下方。尽管许多化学家最初对此持怀疑态度，但西博格的表格很快就被接受为标准版本。锕系元素包括铀和新的超铀元素，如镅、锔和锫，以及由西博格

元素周期表的重新设计

多年来，人们曾多次尝试重新设计元素周期表。例如，1928年，法国发明家查尔斯·珍妮特（Charles Janet）根据原子中电子壳层的填充方式制作了他的"阶梯"元素周期表。1964年，德国化学家奥托·西奥多·本菲（Otto Theodor Benfey）将元素周期表重新绘制成了类似蜗牛的二维形状。从中心的氢开始，它呈螺旋状向外延伸，在由过渡金属和镧系元素及锕系元素形成的凸起周围折叠。本菲还增加了一个超锕系元素的区域（理论上的分组），范围从121号元素到157号元素。1969年，格伦·西博格提出了一个扩展元素周期表，包含了直到168号的未知元素。2010年，芬兰化学家佩卡·皮克（Pekka Pyykkö）考虑了量子力学效应，提出将元素周期表扩展到172号元素。

门捷列夫的元素周期表是下面所示的现代表格的先驱。垂直列被称为"族"；同一族中的所有元素具有相似的性质。水平行被称为"周期"，周期数表示填充的电子壳层数。

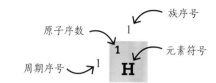

原子序数 族序号

周期序号 元素符号

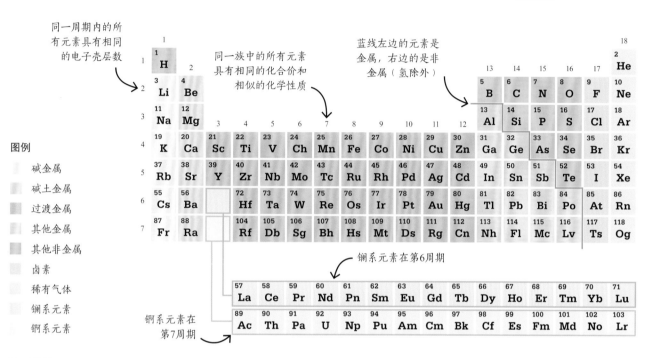

同一周期内的所有元素具有相同的电子壳层数

同一族中的所有元素具有相同的化合价和相似的化学性质

蓝线左边的元素是金属，右边的是非金属（氢除外）

图例
- 碱金属
- 碱土金属
- 过渡金属
- 其他金属
- 其他非金属
- 卤素
- 稀有气体
- 镧系元素
- 锕系元素

镧系元素在第6周期

锕系元素在第7周期

及其同事于1955年发现的钔（101号元素）。

西博格对化学的贡献为他赢得了珍贵的荣誉：有一种元素以他的名字命名——𨭆，106号元素，这是第一种以仍在世的人的名字命名的元素。■

右图为美国加利福尼亚大学的回旋粒子加速器。格伦·西博格和埃德温·麦克米伦（Edwin McMillan）用它发现了钚、镎和其他超铀元素。

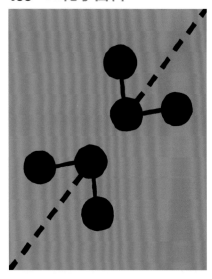

分子间的相互吸引

分子间力

背景介绍

关键人物

约翰尼斯·范德瓦耳斯

（1837—1923年）

此前

公元前75年　古罗马自然哲学家卢克莱修认为，液体由圆滑的原子组成，固体由钩状原子组成。

1704年　英国物理学家艾萨克·牛顿提出，原子通过一种无形的吸引力结合在一起。

1805年　托马斯·杨提出了液体的表面张力。

此后

1912年　荷兰化学家威廉·基索姆（Willem Keesom）首次描述了偶极-偶极力（取向力）。

1920年　美国化学家提出了水中氢键的概念。

1930年　德国物理学家弗里茨·伦敦（Fritz London）发现了稀有气体中的量子键。

在液体中，分子通过分子间力紧密结合在一起。

热量为分子提供更多能量，使它们运动。

当它们以更高的能量运动时，它们开始破坏分子间的键。

随着更多的键被破坏，液体变成了气体。

到19世纪中叶，化学家们已经对原子间的作用力有了很好的认识，并开始理解物质——固体、液体和气体——是由分子构成的。但是，是什么将分子结合在一起，并使气体凝结成液体的呢？答案是分子之间的微妙作用力。这是荷兰物理老师约翰尼斯·范德瓦耳斯在1873年提出的想法。

70年前，英国物理学家托马斯·杨在考虑为什么水会形成圆形水滴，以及为什么水会在玻璃管顶部略微弯曲（形成弯月面）。他认为，水的表面分子之间存在拉力，现在这种力被称为"表面张力"。范德瓦耳斯的工作发展了这一想法。

分子间的键

范德瓦耳斯研究了液体变成气体（蒸发）和气体变成液体（冷凝）的过程。当时的科学进展集中在气体的动力学理论上，气体的压力、温度和体积之间的联系可以通过粒子的连续运动来解释，该理论假设粒子之间没有吸引力。

范德瓦耳斯认为分子之间有键存在，冷凝和蒸发不是突然的变

参见: 道尔顿的原子理论 80~81页, 理想气体定律 94~97页, 官能团 100~105页, 配位化学 152~153页。

化, 而是存在一个转变的过程, 当越来越多的分子获得能量以脱离它们之间的键时, 液体会变成气体; 而当越来越多的分子失去能量并被拉在一起时, 气体会变成液体。他认为在液体表面存在过渡层, 既不是液体, 也不是气体。

范德瓦耳斯无法确定将分子结合在一起的分子间力的性质。但直到1930年, 科学家才证实了它们的存在, 了解了它们是如何作用的。

鉴别分子间力

到目前为止, 科学家已经确定了三种关键的分子间力: 取向力、氢键、色散力或伦敦力。取向力发生在极性分子间, 分子中各原子间电子分布得不均匀, 这使得分子的一端带更多负电荷, 会被其他分子带正电荷的一端吸引, 从而将分子结合在一起。

氢键, 如水中的氢键, 是当氢遇到氧、氟或氮时产生的极端的取向力。氧、氟、氮这三种原子会吸引电子, 而氢很容易失去电子。它们与氢结合时, 会形成一种高度极化的分子, 分子间力很强, 这就是为什么由两种轻质气体组成的水 (H_2O) 有如此高的沸点。

色散力或伦敦力非常弱, 存在于非极性分子之间。在非极性分子中, 没有区域会持续地带正电荷或负电荷。然而, 分子的原子上电子的持续运动, 足以产生瞬时的吸引力。■

约翰尼斯·范德瓦耳斯

约翰尼斯·范德瓦耳斯于1837年出生在荷兰莱顿, 父亲是一名木匠。他成为一名小学教师, 并在职学习数学和物理。1873年, 他终于获得了分子引力学的博士学位。1877年, 他被聘为教授, 那时他在热力学研究方面取得了长足的进步, 特别是在关于液体和气体之间的相变方面。

范德瓦耳斯的工作使人们认识到气体有一个临界温度, 超过这个温度, 气体就不可能凝结成液体, 他还证明了液态和气态之间的连续性。正是因为这项工作, 他获得了1910年的诺贝尔物理学奖。范德瓦耳斯于1923年去世。

主要作品

1873年 《论气态与液态间的连续性》

1880年 《对应状态定律》

1890年 《二元解理论》

范德瓦耳斯力

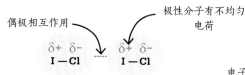

偶极相互作用

极性分子有不均匀电荷

I—Cl ⸱⸱⸱ **I—Cl**

当电子在分子内分布不均匀时, 分子间就会产生**取向力**。分子的一部分偏正电或负电, 并会吸引相反电荷。

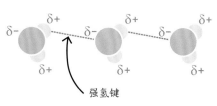

强氢键

氢键是一种特殊的强取向力, 当氢与强烈吸引电子的原子(如氧原子)键合时, 分子间便会形成氢键。

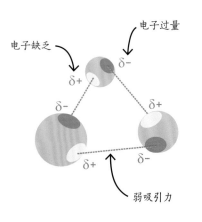

电子缺乏

电子过量

弱吸引力

以物理学家弗里茨·伦敦命名的**色散力或伦敦力**, 是由分子中电子的运动引起的相邻原子之间的瞬时吸引力。

左手和右手分子

立体异构

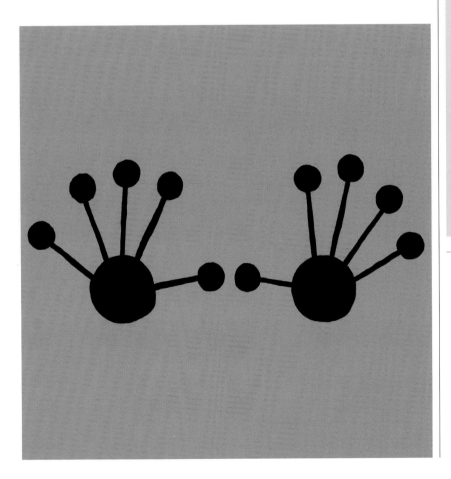

背景介绍

关键人物
雅各布斯·范托夫（1852—1911年）

此前

1669年 拉斯穆斯·巴托林（Rasmus Bartholin）在冰洲石晶体中发现了光的偏振。

1815年 让-巴蒂斯特·毕奥（Jean-Baptiste Biot）发现了酒石酸盐的旋光性。

1820年 菲利普·科特勒（Philippe Kestner）发现了外消旋酸，它是由酒石酸异构体组成的无旋光性混合物。

1848年 路易斯·巴斯德发现，酒石酸盐和外消旋酸盐晶体是立体异构体。

此后

1904年 开尔文勋爵创造了"手性"一词来定义立体异构体。

1908年 亚瑟·罗伯森·库什尼（Arthur Robertson Cushny）注意到了肾上腺素与其立体异构体之间存在生物活性差异。

我们现在对分子的结构模型和三维图形非常熟悉，以至于我们将其视为理所当然。但其实，在19世纪70年代荷兰化学家雅各布斯·范托夫和法国化学家约瑟夫·勒贝尔的工作之前，化学家们根本无法想象分子具有任何形状。

化合物具有特定的化学成分，并且是由原子组合构成的，但只有少数化学家意识到，原子结合

参见: 异构现象 84~87页, 结构式 126~127页, 分子间力 138~139页, 反应为什么会发生? 144~147页, 合理药物设计 270~271页, 原子力显微镜 300~301页。

水果产生的酒石酸晶体是发现手性的关键。酒石酸有一个镜像双胞胎——外消旋酸, 会以不同的方式偏转偏振光。

在一起可以创造出具有实际形状的真实物理对象。范托夫和勒贝尔的突破开辟了一个新的化学领域, 现在被称为"立体化学"——从三维空间揭示分子的结构和性能, 它在许多药物中发挥着关键作用。

酒石酸和外消旋酸

分子形状的发现源于酒桶内部自然产生的一种被称为"酒石酸"的酸。化学家早就熟悉酒石酸和酒石酸盐。1820年, 德国化学家菲利普·科特勒发现, 当一些酒桶过热时, 其内部会产生一种与酒石酸相似但不完全相同的酸, 这引起了人们的极大兴趣。永斯·雅各布·贝采利乌斯将其称为"对酒石酸", 法国化学家约瑟夫·盖-吕萨克将其命名为"外消旋酸"。贝采利乌斯之后很快就将具有相同成分但性质不同的化学物质称为"同分异构体"。

酒石酸和外消旋酸之间最有趣的区别是它们对光的反应不同。早在1669年, 丹麦数学家拉斯穆斯·巴托林就观察到, 被称为"冰洲石"的方解石晶体可以把光分裂到不同的平面上, 到19世纪初, 科学家已经证实了这一现象。光通常在各个方向上振动, 但有时它会偏振——横波的振动矢量(垂直于波的传播方向)偏于某些方向的现象。法国物理学家让-巴蒂斯特·

毕奥对某些晶体和液体对偏振光的旋转方式特别着迷, 这些晶体或液体使入射的平面偏振光的偏振面旋转的性质, 就被称为"旋光性"。

1815年, 毕奥证实酒石酸溶液具有旋光性——但德国化学家艾尔哈德·米切利希的测试表明, 新发现的外消旋酸没有旋光性。

1848年, 年轻的法国化学家路易斯·巴斯德在他的一篇博士论文中研究了这一问题。他使用高效的放大镜研究了酸式盐(外消旋酒石酸铵钠)的晶体, 发现这些晶体并不相同, 而是像一双双鞋一样, 是孪晶。孪晶是指沿一个公共晶面构成镜面对称的位向关系的两个晶体(或一个晶体的两个部分)。

巴斯德只用了一对镊子, 就将孪晶分成了两堆: 左向晶体和右向晶体。他将左向晶体配成溶液, 发现它使光向一个方向偏转了。他又将右向晶体配成溶液,

右向晶体将光的偏振面向右偏转, 左向晶体将之向左偏转。

路易斯·巴斯德

发现它使光向相反方向偏转了。但将两种溶液混合均匀后，他发现光完全不偏转。这种等量的混合物现在被称为"外消旋体"。巴斯德由此发现了"立体异构体"。他向毕奥展示了他的发现，毕奥很高兴，说道："我一生如此热爱科学，而这触动了我的心。"

在这一突破中，巴斯德揭示了化学物质可以表现出"偏向性"，但他没有解释原因。他有一个模糊的概念，认为这可能与物质的形状有关，但仅此而已。1874年，在法国著名化学家查尔斯-阿道夫·沃茨（Charles-Adolphe Wurtz）的实验室相遇的两位化学家给出了答案，他们是范托夫和勒贝尔。他们各自独立研究了这个问题，但得出了相同的答案。

形状和结构

范托夫和勒贝尔的线索是，大多数已知的具有旋光性的化学物质是碳化合物。他们认为，连接中心碳原子的四个不同基团的两种可

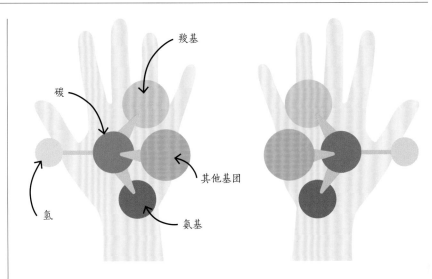

手性分子是不能叠加在其镜像上的分子，就像左手不适合右手手套一样。然而，手性分子确实具有许多相同的特性。

能排列方式，可以解释化合物的旋光性。他们提出，与碳键合的四个原子位于正四面体的角上，而碳在正四面体的中心。

范托夫不仅首次使用图画将这种排列形象化，而且制作了碳金字塔或四面体的纸板模型。这些模型——最古老的分子模型之一——至今仍然存在。分子是真实的，是具有三维结构的物理实体，而不仅仅是元素的无形组合。这一概念似乎很明显了，但当时却激怒了一些科学家。

具有讽刺意味的是，作为有机化学先驱之一的德国化学家赫尔曼·科尔贝（Hermann Kolbe）竟然是最激烈的批评者之一，他在谈到范托夫的论文时说："对这篇论

雅各布斯·范托夫

雅各布斯·范托夫于1852年出生在荷兰鹿特丹。虽然他没有资金全职从事科学工作，但在1872年，他前往德国波恩学习了一年的数学和化学，化学方面师从德国化学家奥古斯特·凯库勒。在法国巴黎跟随查尔斯-阿道夫·沃茨学习了一段时间后，范托夫回到荷兰，开始了他在立体化学方面的开创性工作，并于1874年发表了他的观点。在获得博士学位并出版了《空间化学》一书后，他的想法为人所知，范托夫成为阿姆斯特丹大学的化学讲师，并在

那里工作了20年。在那里，他研究了反应速率、化学亲和力、化学平衡等。1896年，他转到德国柏林大学，并于1901年因在物理化学方面的工作而成为第一位诺贝尔化学奖获得者。范托夫于1911年去世。

主要作品

1875年 《空间化学》

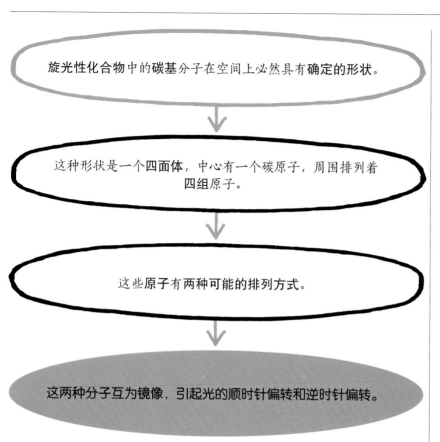

旋光性化合物中的碳基分子在空间上必然具有**确定的形状**。

这种形状是一个**四面体**，中心有一个碳原子，周围排列着四组原子。

这些原子有两种可能的排列方式。

这两种分子互为镜像，引起光的顺时针偏转和逆时针偏转。

文进行任何细节的批评都是不可能的，因为这种想象力的游戏完全摒弃了坚实的土地。"

然而，范托夫和勒贝尔所描述的真相逐渐被理解、接受。化学家们开始意识到分子的三维结构是其特性的关键，而了解分子行为的唯一方法，就是将原子连接形成特定形状的方式形象化。而且，分子模型是可触摸的和直观的，化学家可以拿起、握住和移动分子——尽管它的大小是真实分子的许多倍——而曾经，分子的概念是模糊的和想象出来的。

立体化学

在接下来的50年里，许多科学家致力于建立立体化学或三维化学。他们的研究对象是具有相同分子式和结构式的化合物——以相同顺序排列的原子组合——但它们的原子以不同的形状排列。很明显，这适用于碳化合物，尽管硅和其他一些元素偶尔也会形成这样的分子。科学家还意识到，这些类型的化合物在有机化学中发挥着巨大的作用。

1904年，苏格兰物理学家威廉·汤姆森，即开尔文勋爵，引入了"手性"一词，用于描述立体异构体。然后在1908年，苏格兰药剂师亚瑟·罗伯森·库什尼第一次注意到一个分子的两种手性之间的生物活性差异，如肾上腺素可作为血管收缩剂（使血管收窄），但其立体异构体却没有这种作用。直接结果是，到20世纪20年代，制药公司开始开发基于立体异构体的新药。今天，所有合成药物中有40%是手性的，尽管其中大多数包含药物分子的两种手性形式。

20世纪60年代，手性与沙利度胺灾难有了关联。沙利度胺是1957年德国推出的一种药物，用于治疗孕妇的晨吐。但是，它对未出生的胎儿造成了伤害，导致了胎儿肢体畸形。德国临床医生维杜金·伦茨（Widukind Lenz）和澳大利亚临床医生威廉·迈克布莱德（William McBride）意识到，这应该归咎于沙利度胺的手性性质，10000名婴儿受害者推动了更严格的药物检测法规。

尽管有这样的挫折，但手性仍是许多最有效和最有用的药物的基础，它在理解有机分子的行为方面发挥了巨大的作用。■

雅各布斯·范托夫和约瑟夫·勒贝尔为我们关于有机化合物的认识增加了第三个维度。

约翰·麦克默里
《有机化学》

宇宙的熵趋于最大值

反应为什么会发生?

背景介绍

关键人物
约西亚·吉布斯
（1839—1903年）

此前
19世纪40年代　英国物理学家詹姆斯·焦耳（James Joule）和德国人赫尔曼·冯·亥姆霍兹（Hermann von Helmholtz）、尤利乌斯·冯·迈尔（Julius von Mayer）提出了能量守恒理论。

1850年、1854年　鲁道夫·克劳修斯（Rudolf Clausius）发表了他的第一和第二热力学定律。

1877年　奥地利物理学家路德维希·玻尔兹曼说明了熵和概率之间的关系。

此后
1893年　瑞士化学家阿尔弗雷德·维尔纳（Alfred Werner）引入了配位化学的概念。

1923年　美国化学家吉尔伯特·路易斯和梅尔·兰德尔（Merle Randall）出版了一本书，将自由能置于化学反应研究的最前沿。

在19世纪70年代之前，化学和物理学被视为完全独立的科学。然而，在1873年，美国数学家和物理学家约西亚·吉布斯的一篇非凡论文将热力学——关于热量和能量的物理学——带入了化学的核心，并开创了物理化学这一新学科。这一学科致力于研究化学相互作用中的物理学。

"物理化学"一词可以追溯到

参见： 质量守恒 62~63页，催化 69页，理想气体定律 94~97页，配位化学 152~153页，描述反应机理 214~215页。

在化学反应中，有总能量（焓）和自由能——使反应发生的能量。

↓

在自发化学反应过程中，随着能量的损失，焓会减少。

↓

随着熵或无序度的增加，能量也会损失。

↓

可用于继续反应的自由能的变化，是焓变和熵变之差。

约西亚·吉布斯

约西亚·吉布斯于1839年出生在美国康涅狄格州，是五个孩子中的第四个，年轻时对数学有着浓厚的兴趣。他曾就读于耶鲁大学和康涅狄格艺术与科学学院。24岁时，他在美国获得了工程学博士学位。1866年，他前往欧洲，在法国巴黎、德国柏林和海德堡参加讲座。

1869年，吉布斯回到耶鲁，被聘为数学物理学教授，并在那里工作直到退休，成为美国第一位重要的理论科学家。他在热力学方面的工作对化学、物理和数学产生了重要影响，爱因斯坦称他为"美国历史上最伟大的思想家"。吉布斯于1903年去世。

主要作品

1873年 《物质热力学性质的几何表示方法》

1878年 《论非均相物质的平衡》

1752年，当时俄国博学家米哈伊尔·莱蒙托夫（Mikhail Lermontov）用它来解释复杂物体中的化学操作——但在吉布斯的工作之前，它意义不大。

作为一个年轻人，吉布斯前往欧洲学习，他精通德语和法语。他直接跟随当时的顶尖科学家学习，包括德国物理学家古斯塔夫·基尔霍夫和赫尔曼·冯·亥姆霍兹，并接触了数学、化学和物理学方面的前沿思想。最令他兴奋的领域是热力学。德国物理学家鲁道夫·克劳修斯和苏格兰工程师威廉·兰金（William Rankine）等科学家试图了解热、能量和运动之间的关系，并提出了两条定律。热力学的第一定律指出，虽然能量可以转移，但它始终是守恒的，永远不会被创造或毁灭。第二定律表明，能量自然地扩散或消散，因此系统的熵或无序度会持续增加。正如克劳修斯所说，"宇宙的熵趋于最大值"。

几何模型

吉布斯明白热力学的关键是数学。当时大多数物理学家使用代数，而他使用几何。在1873年发表的一篇重要论文中，他强调了熵的重要性，并扩展了苏格兰工程师詹姆斯·瓦特（James Watts）的著名图表——展示了压力和体积之间的关系——为熵添加了第三个坐标。由此，体积、熵和能量之间的关系可以用图形表示为三维几何形状。

吉布斯的方法如此激进，以至于只有少数人能理解它。其中一位是苏格兰数学家詹姆斯·克拉克·麦克斯韦（James Clerk Maxwell）。1874年，他使用吉布斯的三维方程为一种假想的类水物质建立了热力学表面的石膏模型，作为相变的一种具象方式。相变是指物质在固态、液态或气态之间的转变。

做出预测

1878年，吉布斯撰写了另一篇重要论文，开创了一个新的科学领域，即化学热力学。吉布斯意识到，热力学可以用来对物质的行为做出一般性的预测。对于化学家来说，他的想法是革命性的，因为这表明，在不知道分子结构细节的情况下，就可能了解化学物质的行为。吉布斯展示了热力学原理——尤其是熵的概念——适用于从气体和混合物到相变的所有事物。他的想法彻底改变了人们对涉及热和功的过程，包括化学反应的科学理解。

吉布斯假设分子均匀地存在于所有能量状态中，然后计算出气体性质的平均值，如压力和熵。例如，如果存在三种能量状态，那么就可以想象为纸箱中的三个弹珠在摇晃数万亿次后落点的平均位置。吉布斯将这种虚构的纸箱称为"系综"。

他工作的关键是他所谓的自由能，现在被称为"吉布斯自由能"——可用于做功的能量。任何被从地面提升起的物体都具有重力

> **任何涉及熵概念的方法……都可能使初学者感到晦涩难懂。**
>
> 约西亚·吉布斯

势能，因为它可以下落。类似地，分子在它们的键中也具有势能。吉布斯自由能是可以使事情发生的能量，例如化学反应，因此它可以表明反应是否可能发生，以及反应有多快。

反应可以是自发的，也可以是非自发的。前者会自行发生，使用

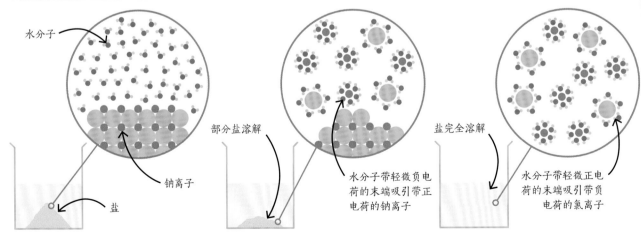

一个热力学过程：盐溶解

水分子

钠离子

盐

部分盐溶解

水分子带轻微负电荷的末端吸引带正电荷的钠离子

盐完全溶解

水分子带轻微正电荷的末端吸引带负电荷的氯离子

未溶解
盐（氯化钠，NaCl）是一种离子化合物——一个原子失去电子，另一个原子获得电子以保持稳定。

部分溶解
当氯化钠溶于水时，氯化钠分离成带正电荷的钠离子（Na^+）和带负电荷的氯离子（Cl^-）。

完全溶解
氯化钠的溶解是一个吸热过程，会导致溶液温度下降。

自己的能量，尽管可能需要一点"激活能量"才能开始——就像烟花需要先被点燃才能燃放一样。相反，非自发反应需要恒定的能量输入。

焓和熵

在自发化学反应中，可用的总能量被称为"焓"（H），焓会随着时间的推移而减少。例如，煤在燃烧时会损失能量。同理，熵（S）或无序度会增加，就像糖块在茶中溶解时糖会更加随机地散开一样。系统越无序，可用的能量就越少。剩下的可用能量，即吉布斯自由能，是焓变和熵变之差。

吉布斯函数展示了这些量在反应中如何变化，其中符号Δ表示变化，G是吉布斯自由能，T是开尔文温度：

$$\Delta G = \Delta H - T\Delta S$$

这证实了，如果焓减少，或者熵和温度增加，那么吉布斯自由能就会减少。如果反应是自发的，则ΔG小于零，吉布斯自由能减小。如果反应是非自发的，则ΔG大于零，吉布斯自由能也减小。H或S的增加或降低会产生四类反应（见右上图）。如果没有变化——ΔG为零——那么系统处于平衡状态。

使用这种方法，化学家可以计算一个反应是否能发生。例如，计算表明，在极端温度和压力下，石墨烯（碳的同素异形体）可能会转化为钻石，这鼓励了科学家。他们坚持不懈，经历许多失败，最终成功完成了转化。

除了自由能，吉布斯还引入

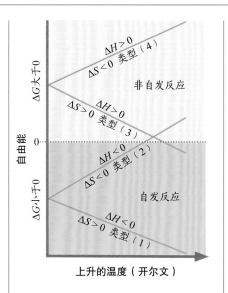

该图显示了自发和非自发反应中焓（H）和熵（S）变化的四种情况，如吉布斯函数所示。

了另一个关键概念——相律。它表明了化学系统中涉及的相数，考虑到了组分（化学上独立的成分）的数量和影响它们反应方式的所有变量——温度、压力、能量和体积，在统计学上被描述为"自由度"。吉布斯说明了有多少相可以共存，

并说明了为什么水有一个三相点——在这个三相点，水可以同时以三种状态（液态、固态和气态）存在。

2020年，埃因霍温科技大学和巴黎萨克雷大学的一组研究人员发现，也可能出现五相平衡：一种气相、两种液晶相和两种"普通"晶体的固相。尽管如此，吉布斯的相律基本上仍是正确的，并且在许多方面有巨大的价值，如预测合金的熔点。

吉布斯的工作为化学家、工程师和理论家等提供了一套新的工具。化学家可以使用它们来预测化学反应是否会发生。工程师可以使用他的三维图以简单实用的方式掌握热力学规则。理论家可以将它们作为开创性科学的跳板。■

统计力学

吉布斯认识到热力学的计算取决于考虑原子和分子的方式。牛顿学说假设一切事物都以精确的方式运行——能够精确计算速度和轨迹。然而，数十亿个快速移动的原子相互碰撞的情况是如此的复杂，以至于它似乎是随机的。

吉布斯和奥地利物理学家路德维希·玻尔兹曼意识到必须使用统计方法将原子视为群体。1884年，他为此创造了"统计力学"一词。它是关于概率的，科学家无法预测单个原子的结果，但可以使用统计力学来预测整体反应。这种方法将宏观（大规模、可观察）和微观事件联系了起来。它推动了20世纪初量子科学的诞生。

每种溶于水的盐都会在酸和碱中部分分解

酸和碱

背景介绍

关键人物

斯万特·阿伦尼乌斯

（1859—1927年）

此前

1766年 亨利·卡文迪许发现酸与金属反应会释放氢气。

1809年 德国博学家约翰·沃尔夫冈·冯·歌德（Johann Wolfgang von Goethe）在《亲和力》中探索了离子反应。

1867年 英国外科医生约瑟夫·李斯特（Joseph Lister）发现酸可以杀死细菌，开创了使用石炭酸的抗菌手术。

此后

1912年 荷兰化学家威廉·基索姆首次描述了取向力。

1963年 美国生态学家吉恩·莱肯斯（Gene Likens）发现了酸雨。

1972年 美国天文学家戈弗雷·西尔（G.T. Sill）和杨（A.T. Young）发现金星的大气中富含硫酸。

酸和碱是长久以来备受化学家关注的物质，部分原因是它们会引起极端反应。然而，确定它们是什么始终是一个问题，直到1884年，瑞典化学家斯万特·阿伦尼乌斯才基于离子的作用，提出了酸和碱的第一个现代定义。

在古代，人们知道一些东西有酸味，如醋。而酸（acid）这个词来自拉丁语单词acere，意思是"使变酸"。他们还知道一些酸可以溶解金属。在伊朗，大约800

年，贾比尔·伊本·海扬发现了盐酸和硝酸，并认识到它们结合在一起可以生成王水。王水甚至可以溶解黄金。

1776年，安托万·拉瓦锡断言氧的存在会产生酸，他还以希腊语"制酸"一词为氧（oxygen）命名。然而，1810年，汉弗莱·戴维用金属和非金属对酸进行了测试，发现其中许多酸根本不含氧。他提示氢可能是关键，这一点在20年后被尤斯图斯·冯·李比希证实，他认为酸是一种含氢物质，其中的氢可以被金属取代。

什么是酸？

李比希的定义是有效的，但他并没有详细说明酸是什么。答案出现在1884年阿伦尼乌斯的博士论文中。阿伦尼乌斯认为重点是离子——通过获得或失去电子而带负电荷或正电荷的原子。以前人们

一个简单的实验，醋（乙酸）与小苏打（碳酸氢钠）混合，会发生强烈的酸碱反应。

参见: 易燃空气 56~57页, 用电分离元素 76~79页, 硫酸 90~91页, 分子间力 138~139页, 电子 164~165页, pH标度 184~189页, 描述反应机理 214~215页, DNA的结构 258~261页。

> 电解质可能会存在两种不同的状态, 一种是有活性状态, 另一种是无活性状态。
>
> 斯万特·阿伦尼乌斯

认为离子只有在电流通过时才会出现在液体中。阿伦尼乌斯则认为离子总是存在于液体中。他还提出电解质, 即导电的化学物质, 可能存在两种状态, 一种是有活性状态(导电), 一种是无活性状态(不导电)。

这个概念在当时是如此激进, 以至于阿伦尼乌斯受到了诋毁。但他坚持了下去, 并在1894年发展了一种新的思考酸和碱的方法。他认为, 酸是向溶液中释放带正电荷的氢离子(阳离子)的物质; 碱是向溶液中释放带负电荷的氢氧根离子(阴离子)的物质。阿伦尼乌斯还提出, 酸和碱可以相互中和形成水和盐。

酸的所有现代定义都源于这个想法, 这使阿伦尼乌斯获得了1903年的诺贝尔化学奖。1923年, 丹麦化学家约翰内斯·布伦斯特德(Johannes Brønsted)和英国化学家托马斯·洛瑞(Thomas Lowry)改进了这个想法。他们聚焦质子, 将酸定义为可以给出质子的物质, 将碱定义为可以结合质子的物质。化学家现在将酸称为"质子供体", 将碱称为"质子受体"。

同样在1923年, 美国化学家吉尔伯特·路易斯进一步发展了这一主题, 他专注于电子对和共价键——二者在20世纪60年代结合在一起, 形成了现代的酸碱理论。■

在水中, 溶解物质的原子变成带电离子。

⬇

在酸性溶液中, 有更多氢离子(阳离子)可与阴离子结合。

⬇

在碱性溶液中, 有更多的氢氧根离子(阴离子)。

⬇

酸是氢离子多于氢氧根离子的溶液。

斯万特·阿伦尼乌斯

斯万特·阿伦尼乌斯于1859年出生在瑞典乌普萨拉附近的维克, 年轻时是一名数学神童。由于对乌普萨拉大学的教学工作不满意, 他搬到了斯德哥尔摩, 开始着手撰写他开创性的博士论文, 探索离子在溶液中的作用。尽管他的想法一开始受到了抵制, 但他继续探索并获得了成功的科学事业。

阿伦尼乌斯的工作涉及化学、物理学、生物学和宇宙学。他在诸多科学领域做出了关键贡献。首先, 他的离子理论成为现代理解电解质和酸的基础。其次, 他的地球物理学研究为气候变化提供了第一个科学证据。再次, 他对毒素和抗毒素进行了关键研究。阿伦尼乌斯于1927年在斯德哥尔摩去世。

主要作品

1884年 《电解质的导电性研究》

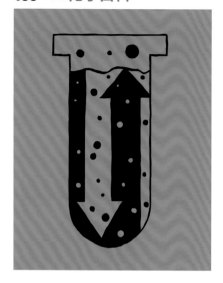

改变条件可以引发逆反应

勒夏特列原理

背景介绍

关键人物

亨利-路易·勒夏特列

（1850—1936年）

此前

1803年 法国化学家克劳德-路易·贝托莱特发现一些化学反应是可逆的。

1864年 挪威化学家卡托·古德贝格（Cato Guldberg）和彼得·瓦格（Peter Waage）提出了质量作用定律——定义了反应速率并解释了动态平衡中溶液的行为。

此后

1905年 弗里茨·哈伯（Fritz Haber）基于勒夏特列原理，提出了一种大规模生产氨的方法。

1913年 德国工程师卡尔·博施（Carl Bosch）应用哈伯的思想设计了一种实用方法——哈伯-博施法，开启了氨的大规模生产。

许多化学反应是可逆的，即生成物会发生反应生成反应物。例如，固体氯化铵（NH_4Cl）在加热时会生成气态的氨（NH_3）和氯化氢（HCl）。当这两种气体足够冷时，它们会再次反应形成NH_4Cl。

上面提到的可逆反应可表示为$NH_4Cl \rightleftharpoons NH_3+HCl$。反应向右移动时，生成物的量增加；反应向左移动时，反应物的量增加。当反应物和生成物的量没有净变化时，反应处于动态平衡状态。

法国化学家亨利-路易·勒夏特列在1884年提出，如果处于平衡状态的系统受到条件变化的影响，平衡位置将会调整以抵消这种变化。这些条件包括反应物的浓度和反应发生的温度或压力。例如，如果提高反应温度，则反应将向右或向左移动以降低温度。

德国化学家弗里茨·哈伯应用勒夏特列原理，研究了一种最大限度地利用氮气和氢气生产氨的方法，反应可表示为$N_2+3H_2 \rightleftharpoons 2NH_3$。

在实践中，他通过使用催化剂取得了成功，但勒夏特列的突破对哈伯的工作至关重要。■

我让合成氨的发现从我手中溜走了。

亨利-路易·勒夏特列

参见： 催化 69页，反应为什么会发生？ 144~147页，肥料 190~191页，化学战 196~199页。

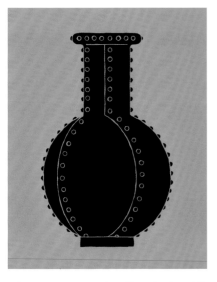

耐热, 防碎, 防刮

硼硅酸盐玻璃

背景介绍

关键人物
奥托·肖特
（1851—1935年）

此前

公元前1世纪 古罗马人开发了玻璃吹制技术。

1830年 法国化学家让-巴蒂斯特·杜马发现了苏打、石灰和二氧化硅的最佳比例，以获得玻璃的最佳耐久性。

此后

1915年 耐热硼硅酸盐派热克斯玻璃烤盘开始批量生产。

1932年 挪威裔美国物理学家威廉·扎卡里森（William Zachariasen）解释了玻璃的化学结构，将其与晶体区分开来。

直到19世纪后期，所有的玻璃仍都是"钠钙硅玻璃"，由二氧化硅（SiO_2）、碳酸钠（Na_2CO_3）和氧化钙（CaO）组成，通常添加氧化镁（MgO）和氧化铝（Al_2O_3）以提高耐用性。这种玻璃通常也被称为"钠钙玻璃"，适用于制造窗户和瓶子，但它有缺陷：它会扭曲光线，在高温下会膨胀和破碎。德国化学家奥托·肖特（Otto Schott）着迷于玻璃的化学成分与其物理特性之间的关系，从1887年到1893年，他对玻璃进行了实验，彻底改变了这种材料。

硼硅酸盐玻璃可以承受高达165℃的温差，这一特性使其在科学实验中有重要的价值。

实验室使用

肖特发现，通过添加锂，他可以生产出光学像差最小的玻璃，从而使显微镜和望远镜的镜头质量取得重大进步。他还发现，在二氧化硅中添加三氧化二硼（B_2O_3）可以制造出更耐热、更耐化学腐蚀的玻璃。新型硼硅酸盐玻璃的这些特性源于其紧密结合的化学结构。

尽管玻璃制造工艺在20世纪得到了改进，但与肖特玻璃非常相似的硼硅酸盐玻璃至今仍用于实验室和厨房。它可以被加热到500℃左右而不会破碎。■

参见: 制作玻璃 26页，X射线晶体学 192~193页。

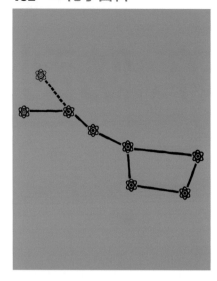

新的原子星座

配位化学

背景介绍

关键人物

阿尔弗雷德·维尔纳

（1866—1919年）

此前

1832年 弗里德里希·维勒和尤斯图斯·冯·李比希引入了官能团的概念。

1852年 英国化学家爱德华·弗兰克兰提出了"结合力"的想法，来解释分子中的键合。

1861年 奥古斯特·凯库勒和约瑟夫·洛施密特提出了结构式的概念。

1874年 雅各布斯·范托夫和约瑟夫·勒贝尔认为分子具有三维结构。

此后

1916年 美国化学家吉尔伯特·路易斯提出，化学键是由两个共用电子相互作用形成的。

1931—1932年 美国化学家莱纳斯·鲍林发表了他的价键理论。

在19世纪80年代，原子间"结合力"被解释为"化合价"（数值上等于一个原子可以结合的氢原子数）。这是理解分子结构的重要一步，但它很难解释复杂分子，其中似乎有多种化合价。1893年，瑞士化学家阿尔弗雷德·维尔纳提出了一种全新的解释，开辟了一个新的化学分支：配位化学。

19世纪60年代以来，关于分子结构的研究进展主要发生在有机化学领域，但维尔纳关注金属化合物，尤其是我们现在所说的金属配合物——金属原子被非金属原子或基团包围形成的化合物。此类化合物已为人所知几个世纪（1706年发明的颜料普鲁士蓝就是一种配合物），但人们很难确定它们的化学结构。许多配合物被称为"双盐"，因为它们似乎是两种盐的组合。

副价

为什么元素以特定的比例组合而不是其他比例？维尔纳痴迷于这个问题。一天凌晨，他突发灵感。到那天下午，他便完成了一篇关键论文以解释他的理论，并于1893年发表。维尔纳将金属配合物视为中心金属原子与"配体"的结合，配体包括与其结合的离子、原子或分子。配体可以是简单的分子，如氨分子（NH_3）或水分子（H_2O），也可以是很复杂的分子。

针对氨与氯化铂形成的配合物，维尔纳认为金属离子有两种化合价：一种是主价，由离子的正电

> （配位数）这个概念注定要成为无机化合物构成理论的基础。
>
> 阿尔弗雷德·维尔纳

参见: 异构现象 84~87页, 官能团 100~105页, 结构式 126~127页, 立体异构 140~143页, 化学成键 238~245页。

荷决定; 另一种是副价, 或 "配位数", 是金属可以获得的 "配体" 的数量。这一概念使他能够探索配合物是如何结合的。

面对怀疑, 他开始合成一系列理论预测的新的金属配合物。1900年, 他的英国博士生伊迪丝·汉弗莱 (Edith Humphrey) 成功完成了这项任务, 制备出了一种预测中的钴配合物晶体。

几何构造

与荷兰化学家雅各布斯·范托夫将三维的含碳分子表示为四面体一样, 维尔纳也在思考金属配合物的三维构造。他根据异构体的数量和类型计算出了某些配合物的构型, 异构体是相同成分按不同方式排列形成的化合物。例如, 他提出 "配位数" 为六的钴 (III) 配合物的结构是八面体。

维尔纳花了数年时间分析这些化合物, 以为他的理论建立证据, 但他仍缺少一些关键的证据。1907年, 在美国博士生维克多·金 (Victor King) 的帮助下, 维尔纳终于成功合成了高度不稳定的四胺钴紫盐——[Co(NH$_3$)$_4$Cl$_2$]X——及其两种异构体。他的批评者终于放弃了质疑, 配位化学开始产生影响。

几乎所有金属都会形成配合物, 它们在许多领域非常重要。工业严重依赖配合物, 尤其是催化剂, 而过渡金属配合物在生物过程中至关重要。血液中携带氧气的血红蛋白就是一种铁配合物, 而其他过渡金属配合物在酶中起着关键作用。酶是生物催化剂。含有金属配合物的药物——金属药物——被用于治疗癌症。■

阿尔弗雷德·维尔纳

阿尔弗雷德·维尔纳于1866年出生在法国阿尔萨斯, 父亲是一名工厂工人。维尔纳从小就对化学感兴趣, 并经常在卧室里进行实验。他于1889年赴瑞士学习化学, 并于1892年获博士学位。

1895年, 29岁的维尔纳被任命为苏黎世大学的化学教授, 同年成为瑞士公民。他是一位深受爱戴的老师, 与学生进行了许多开创性的研究。他的学生中包括一些女性, 这在当时并不常见, 而且其中许多女性后来成为成功的化学家, 比如伊迪丝·汉弗莱, 她被认为是第一位获得化学博士学位的英国女性。维尔纳于1913年获得诺贝尔化学奖, 后于1919年去世。

主要作品

1893年 《论无机化合物的结构》

"配位数" 为六的金属配合物的结构可能是六边形、三棱柱或八面体。如果金属M有四个A型配体和两个B型配体 (MA4B2), 并且是六边形或三棱柱结构的, 那么它分别有三种异构体; 如果它是八面体结构的, 那它只有两种异构体。

图例 金属
配体A
配体B

三种六边形异构体

两种八面体异构体

三种三棱柱异构体

绚丽的黄色光芒

稀有气体

德米特里·门捷列夫1869年的元素周期表，根据原子量将元素进行了排列。元素周期表显示，元素以规律的间隔或周期表现出相似的特性。门捷列夫的表格看起来无懈可击，所以大多数科学家认为无论有什么新发现，它都会成立。门捷列夫甚至为一些新元素留下了空位，之后这些新元素也确实被发现了。比如，19世纪70年代，镓和钪被发现，它们就可以被填入元素周期表中。然而，有一些新元素的出现被视为对元素周期表的挑战。

早期线索

1783年，英国化学家亨利·卡文迪许发表了一篇关于确定大气成分的记录。他的方法是，在空气中添加一氧化氮（NO）——它会与氧气结合形成可溶的二氧化氮（NO_2），然后测量空气体积的减小。卡文迪许还能够从空气样品中去除氮气，但令他惊讶的是，他发现空气样品中残留了一个小气泡，约占原始样品体积的0.8%。卡文迪许无法解释那是什么。在之后的近一个世纪里，这个谜题一直没有被解开。

1868年8月，也就是门捷列夫发表他的元素周期表的前一年，法国天文学家皮埃尔·詹森在一次日全食期间，分析了太阳的日冕。他观察到了一条与任何已知元素都不匹配的亮黄色谱线。两个月后，英国天文学家诺曼·洛克耶也发现了这条谱线。洛克耶毫不犹豫地宣称发现了一种新元素，并将其命名为"氦"，以古希腊太阳神赫利俄斯的名字命名。当时的化学家不可能对氦进行进一步的化学分析，因为这种元素最先是在地外天体上被发现的。

瑞利和拉姆齐

1892年，苏格兰化学家威廉·拉姆齐听说了瑞利勋爵（约翰·威廉·斯特鲁特）的一个令人费解的发现。瑞利曾是剑桥大学卡文迪许实验室的物理学教授，但当

威廉·拉姆齐

威廉·拉姆齐于1852年出生在苏格兰格拉斯哥，他的父亲是一名土木工程师。他曾就读于格拉斯哥大学，但在1870年离开，没有获得学位。1871年，他成为德国蒂宾根大学化学家鲁道夫·菲蒂格（Rudolf Fittig）的博士生。1872年毕业后，拉姆齐回到了格拉斯哥。1879年，他被任命为布里斯托大学学院的化学教授，并于1881年成为那里的校长。1887年，他成为伦敦大学学院的化学系主任，并在那里取得了最重要的发现。

他在分离和识别稀有气体方面的工作，推动了在元素周期表中增加一个新部分。由于这项工作，他于1904年获得了诺贝尔化学奖。1912年，拉姆齐从伦敦大学学院退休。他于1916年去世。

主要作品

1896年 《大气中的气体》

参见: 火焰光谱学 122~125页,元素周期表 130~137页,改进的原子模型 216~221页,化学成键 238~245页。

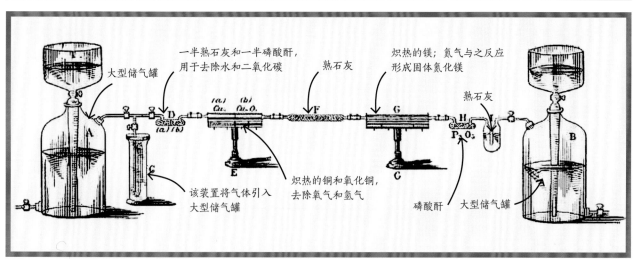

一半熟石灰和一半磷酸酐,用于去除水和二氧化碳

炽热的镁;氮气与之反应形成固体氮化镁

熟石灰

大型储气罐

该装置将气体引入大型储气罐

炽热的铜和氧化铜,去除氧气和氢气

磷酸酐

大型储气罐

时是一名独立研究人员。瑞利发现大气中氮气的密度比从化合物中获得的氮气的密度高了约0.5%。瑞利后来得知,卡文迪许——剑桥大学卡文迪许实验室就是以他的名字命名的——多年前就得到了类似的结果,但一直无法解释。

拉姆齐提出,样品中可能含有一种未知的气体,并且在去除其他气体的过程中没有受到影响。他使用炽热的镁去除了空气中的氧气和氮气,分离出了这种气体。实验表明,这种神秘气体是"一种令人吃惊的不活泼物体",不能与任何其他物质发生反应。即使是高反应性的氟也不会与之结合。

1894年,瑞利和拉姆齐在伦敦的英国科学协会会议上宣布发现了一种新元素。他们将其命名为"氩"(argon),来自希腊语中的"空闲"(idle)一词。尽管英国化学家威廉·克鲁克斯(William Crookes)的光谱分析证实了这种新气体具有独特的谱线,但包

括德米特里·门捷列夫在内的一些批评者仍对将氩视作一种元素的观点提出了质疑,他们认为这应该是三原子氮的一种形式,即N$_3$。反对的主要原因是氩不容易加入门捷列夫的元素周期表,尽管拉姆齐曾在1894年5月24日写信问瑞利:"你有没有想过,元素周期表的末尾有

> 我想尽快从化学领域回到物理领域。
>
> 瑞利勋爵

拉姆齐使用这种设备来分离氩气。氮气被来回泵送,直到被吸收。留下的少量氩气被收集起来。

气态元素的位置?"

地球上的氦

几乎与之同时,意大利物理学家路易吉·帕尔米里(Luigi Palmieri)在分析维苏威火山熔岩时,发现了与詹森和洛克耶在太阳光谱中观察到的相同的黄色谱线。这是氦存在于地球上的第一个迹象——可惜,帕尔米里没有进一步研究。

1895年,英国矿物学家亨利·迈尔斯(Henry Miers)将美国化学家威廉·希勒布兰德(William Hillebrand)1888年的发现告知了拉姆齐。希勒布兰德发现用硫酸加热含铀矿物钇铀矿时会产生一种惰性气体,他认为该气体是氮气,但迈尔斯怀疑它是氩气。

拉姆齐重复了实验并收集了

气体。光谱分析证实它既不是氮气，也不是氩气。拉姆齐将样品寄给了洛克耶进行验证，用洛克耶的话来说，这种气体在分光镜中呈现出"绚丽的黄色光芒"。它的谱线与氦的谱线一致。

同年，瑞典乌普萨拉的化学家佩尔·提奥多·克勒夫（Per Teodor Cleve）和尼尔斯·亚伯拉罕·朗利特（Nils Abraham Langlet）也独立地从钇铀矿中获得了氦，他们收集了足够的气体以准确测量其原子量。

继续寻找

氦和氩的物理和化学性质非常相似，所以它们应该属于同一族。它们的原子量相差较大（氦4，氩40），这使拉姆齐确信，它们之间可能至少存在一种尚未被发现的元素。经过两年在矿物中的无果搜寻，他决定转而研究空气。如果想要分离空气中的气体，则需要

> 就像贵族可能会认为与平民交往有失尊严一样，稀有气体往往不会与其他元素发生反应。
>
> 安妮·海明斯汀
> 美国生物医学科学家

大型设施来液化和分馏空气。拉姆齐找到了英国工程师威廉·汉普森（William Hampson），汉普森开发了液化气体的创新工艺并申请了专利。他于1898年为拉姆齐提供了大约0.75升液态空气。1898年6月，拉姆齐和他的助手、英国化学家莫里斯·特拉弗斯（Morris Travers）小心地蒸发和分馏了液态空气样品。除去氮气、氧气和氩气，留下少量气体残留物。光谱分析证实他们发现了另一种新元素，但其原子量约为80。它比氩气更重，而不是预料的比氩气轻。这种元素被命名为氪（krypton），来自希腊语的"隐藏"（the hidden）。

十天后，拉姆齐和特拉弗斯成功地从氩气样品中分离出了另一种气体。正如拉姆齐推测的那样，这种气体的原子量为20，它确实介于氦和氩之间。这种气体被命名为"氖"（neon），来自希腊语"新的"（the new）。1898年9月，拉姆齐和特拉弗斯从氪气中分离出了第三种气体，他们将其命名为"氙"（xenon），来自希腊语"陌生人"（the stranger）。

鉴别氡

1899年，英国物理学家欧内斯特·卢瑟福等人报告说，钍会释放出一种放射性物质。同年，法国物理学家皮埃尔·居里（Pierre Curie）和玛丽·居里（Marie Curie）注意到镭散发出了一种放射性气体。1900年，德国物理学家弗里德里希·恩斯特·多恩（Friedrich Ernst Dorn）看到放置镭的容器内有气体积聚。以上事件中发现的物质后来被证明是氡。1908年，拉姆齐收集了足够的氡气来确定其

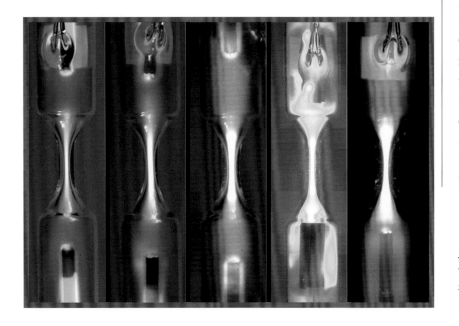

这些气体放电管（密封玻璃管）显示出不同稀有气体产生的鲜艳色彩。里面装的从左到右依次是氦、氖、氩、氪和氙。

稀有气体性质

稀有气体是独特的稳定元素，只在极特殊的条件下参与化学反应。这有助于解释化学键是如何作用的。1913年，丹麦物理学家尼尔斯·玻尔提出，电子占据了围绕原子核的电子壳层。电子壳层的电子容量决定了元素周期表各行中元素的数量。在稀有气体的原子中，最外电子壳层总是包含八个电子（氦原子的最外电子壳层只有两个电子，是个例外）。美国化学家吉尔伯特·路易斯和德国化学家瓦尔特·科塞尔（Walther Kossel）提出，这种八电子形式是原子最外电子壳层最稳定的排列方式，也是原子在形成化学键时所倾向达到的状态——通过给电子、得电子或共享电子而达到。稀有气体已经拥有完整的八电子最外电子壳层，因此无须参与化学反应即可实现稳定。

MRI（磁共振成像）扫描仪中的超导磁体使用大量液氦来冷却。

性质，并说明这是当时已知最重的气体。在英国化学家罗伯特·怀特劳-格雷（Robert Whytlaw-Gray）的帮助下，拉姆齐精确测量了氡原子的原子量，并发现氡原子的原子量与其母元素镭原子相差一个氦原子的原子量。

周期排列

在将这些气体元素添加到元素周期表中时，其原子量表明它们应该位于卤素和碱金属之间，可能在第8族。但这些"惰性"气体，现在被叫作稀有气体，不发生反应，也不形成任何化合物，这成为一个问题。1898年，威廉·克鲁克斯建议将它们放置在氢一族和氟一族之间的单列中。1900年，拉姆齐和门捷列夫会面讨论了这些新气体及其在元素周期表中的位置。

拉姆齐提出在卤素和碱金属之间增加一个新族。根据比利时植物学家莱奥·埃雷拉（Léo Errera）的建议，1902年，门捷列夫将氦、氖、氩、氪和氙等稀有气体设置为新的第0族（现为第18族）元素，该族位于元素周期表的最右侧。

今天，稀有气体在我们的日常生活中被用于焊接、照明、潜水甚至医药等行业。■

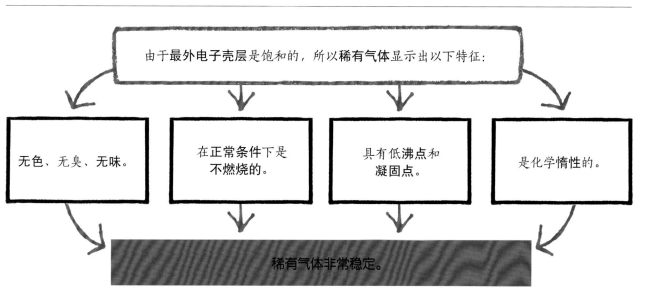

由于**最外电子壳层**是饱和的，所以**稀有气体**显示出以下特征：

无色、无臭、无味。	在正常条件下是不燃烧的。	具有低沸点和凝固点。	是化学惰性的。

稀有气体非常稳定。

分子量此后应称为"摩尔"

摩尔

化学计算中涉及的**分子数量**庞大而繁杂。

为了进行**计算**，科学家可以为每种物质使用一个简单的单位：摩尔。

计算更容易，因为计算中乘以或除以的是摩尔数而不是原子数。

任何物质的摩尔质量均是其以克表示的**分子量**。

　　原子和分子是化学计算的核心，但它们很微小，任何体积的物质中都包含大量粒子。德国化学家威廉·奥斯瓦尔德于1894年提出了"摩尔"的概念，使这种极端情况的处理变得更加容易。

　　这个想法源于意大利物理学家阿莫迪欧·阿伏伽德罗19世纪初对气体的研究。1811年，阿伏伽德罗假设在相同温度和压力下，体积相等的两种气体总是包含相同数量的粒子（原子和分子），这被称为"阿伏伽德罗定律"。然而，半个多世纪以来，科学家并没有完全理

解它的全部意义。直到1860年，在德国卡尔斯鲁厄会议上，意大利化学家斯坦尼斯劳·坎尼扎罗解释了阿伏伽德罗定律的含义，将原子量与分子量联系了起来，由此产生了一套国际公认的元素原子量。

　　大约在同一时间，詹姆斯·克拉克·麦克斯韦正在发展的气体动力学理论突出了分子数量的重要性。1865年，奥地利科学教师约瑟夫·洛施密特估算了标准条件下1立方厘米气体中的粒子数，约为2.69×10^{25}。1909年，法国物理学家让·巴蒂斯特·佩兰（Jean

参见：化合物比例 68页，催化 69页，用电分离元素 76~79页，道尔顿的原子理论 80~81页，理想气体定律 94~97页，原子量 121页。

Baptiste Perrin）将这个数字修正为6×10^{23}，并称之为"阿伏伽德罗常数"。

德国化学家奥古斯特·冯·霍夫曼曾引入摩尔（molar）这个词来描述粒子水平的变化。1894年，奥斯瓦尔德意识到，他可以用一个简单的单位将原子量、分子量和粒子数量统一起来，他称之为"摩尔"（mole）。他提出，当物质的原子量或分子量以克表示时，其质量即为1摩尔。佩兰后来将摩尔与阿伏伽德罗常数联系起来，提出1摩尔物质中的粒子数就是阿伏伽德罗常数。

摩尔是粒子计数的基本单位——这里的粒子包括原子、分子、离子或电子，就像1斯高（score）粒子是20个粒子，一打（dozen）粒子是12个粒子一样，但化学家处理的数字要大得多：1摩尔物质中约有6×10^{23}个粒子。

要计算1摩尔任何元素或化合物分子的质量，只需将其包含的每个原子的1摩尔质量相加即可。例如在水中，1摩尔氢原子的质量为1克，1摩尔氧原子的质量为16克，因此1摩尔水分子的质量为18克，即1+1+16。

He 4.0克	H_2O 18.0克	O_2 32.0克	Fe 55.9克	NaCl 58.4克	Au 197.0克
氦	水	氧气	铁	食盐	金

简化计算

摩尔的使用简化了计算。例如，1摩尔碳原子的质量是12克，而12克碳含有1摩尔碳原子。同样，由于镁原子的质量是碳原子的两倍，因此1摩尔镁应该为24克。这对于化合物同样适用。1摩尔氧原子重16克，因此1摩尔二氧化碳（CO_2）就应该为44克（12+16+16）。

数字6×10^{23}是很好的近似值，但化学家现在已经得到了更精确的值。1909年，美国科学家罗伯特·米利肯（Robert Millikan）和哈维·弗莱彻（Harvey Fletcher）通过实验计算了单个电子上的电荷。他们用1摩尔电子上的电荷除以该电荷，便获得了阿伏伽德罗常数的准确数值，即$6.02214076 \times 10^{23}$。■

威廉·奥斯瓦尔德

威廉·奥斯瓦尔德于1853年出生在拉脱维亚的里加，在多帕特大学（现爱沙尼亚塔尔图）学习化学，之后在著名科学家亚瑟·冯·奥廷根（Arthur von Oettingen）和卡尔·施密特（Carl Schmidt）的指导下工作。1881年，他成为里加的化学教授，之后搬到德国莱比锡，在那里担任物理化学教授。他教导了后来的诺贝尔奖获得者雅各布斯·范托夫和斯万特·阿伦尼乌斯。奥斯瓦尔德本人也因在催化方面的工作而获得了1909年的诺贝尔化学奖。他对化学亲和力和形成化合物的反应十分着迷。奥斯瓦尔德是物理化学的先驱，建立了摩尔的概念，提出了稀释定律，说明了电解质如何减弱。此外，他还对颜色进行了开创性的分析。奥斯瓦尔德于1932年去世。

主要作品

1884年 《普通化学教科书》

1893年 《物理化学测量手册》

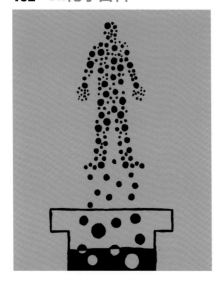

负责生命化学的蛋白质

酶

背景介绍

关键人物

爱德华·比希纳

（1860—1917年）

此前

1833年 安塞姆·佩恩（Anselme Payen）和让-弗朗索瓦·佩尔索（Jean-François Persoz）发现了第一种酶——淀粉酶。

1878年 德国生理学家威廉·库什纳（Wilhelm Kühne）创造了酶这个词。

此后

1926年 詹姆斯·萨姆纳（James Sumner）证明了酶是蛋白质。

1937年 英国生物化学家汉斯·克雷布斯（Hans Krebs）发现了柠檬酸循环——生物产生能量的关键，以及酶在循环中的作用。

1968年 哈佛大学和约翰·霍普金斯大学的研究团队发现了限制性核酸内切酶，它可以识别和切割DNA短片段。

加速化学反应的化学物质被称为"催化剂"。催化剂可以触发反应或加快反应速度，但不直接参与反应。在活的生物体中，催化剂被称为"酶"。生物体中的无数过程——从消化到产能——都依赖这些酶。19世纪90年代，德国化学家爱德华·比希纳和埃米尔·费歇尔（Emil Fischer）在理解酶的工作原理方面取得了突破。

鉴别酶

酶已被利用了数千年，如奶酪制作中的凝乳酶，但其重要性却没有被完全了解。1833年，法国化学家安塞姆·佩恩和让-弗朗索瓦·佩尔索在甜菜糖厂工作时，发现了一种将淀粉转化为麦芽的酶。他们称其为"淀粉酶"。不久之后，德国医生西奥多·施旺（Theodor Schwann）发现了另一种酶——胃蛋白酶，它参与消化。德国化学家艾尔哈德·米切利希发现了转化酶，它可以将水果中的糖分解为果糖和葡萄糖。

1835年，永斯·雅各布·贝采利乌斯确定了无机化学反应中的催化作用，然后提出酶可能是有机等效物。然而，化学家尚不清楚它们仅仅是化学催化剂，还是需要依赖活的生物体。

19世纪50年代，法国化学家

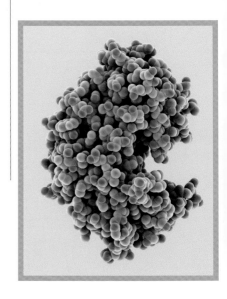

胃蛋白酶是分解蛋白质的消化酶。它的分子由5053个原子构成，图中用红色表示氧原子。蛋白质被锁定在活性位点，即右侧的裂缝处。

参见: 催化 69页, 尿素的合成 88~89页, X射线晶体学 192~193页, 定制酶 293页。

路易斯·巴斯德表明, 在啤酒制造过程中, 酵母将糖发酵成酒精的过程是由"酵素"催化的, 但化学家仍然相信发酵、分解和腐败等过程依赖微小的生物。

突破发生在1897年, 比希纳从破碎的酵母细胞中提取了液体, 并证明了这种液体可以发酵糖来制造酒精, 而根本不需要活酵母。果汁也可以同样的方式发酵。比希纳认为发酵是由溶解的物质引起的, 他称之为"酿酶"(zymase)。因此, 酶虽然由活的生物体产生, 但可以在没有活细胞的情况下起作用。

锁钥学说

酶似乎只对特定物质或底物有效果, 1895年, 埃米尔·费歇尔说明了原因。他认为, 一种酶有一个活性位点。这个位点就像一把锁, 而受影响的底物就像一把钥匙。只有形状正确的底物钥匙才适配酶的锁。此后该理论被改进, 但它为理解酶提供了一个很好的起点。

许多新的酶被发现, 且它们通常以底物命名, 并以"-ase"结尾。例如, 乳糖酶(lactase)是分解乳糖(lactose)的酶。然而直到1926年, 仍没有人知道酶到底是什么。当时, 美国化学家詹姆斯·萨姆纳成功地结晶了一种酶, 他称之为"脲酶", 分析表明, 酶是蛋白质。美国生物化学家约翰·霍华德·诺思罗普(John Howard Northrop)和温德尔·梅雷迪思·

斯坦利(Wendell Meredith Stanley)很快就用胃蛋白酶、胰蛋白酶和糜蛋白酶证实了这一点。使用X射线晶体学的进一步检测表明, 大多数酶是球状蛋白质——只有少数与核糖核酸(RNA)有关。生物技术的进步意味着现在可以在许多不同的领域操纵和增强酶的能力, 包括医疗和工业领域。■

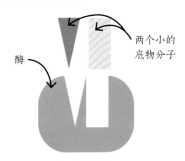

1. 酶和底物

两个小的底物分子

酶

分子嵌入酶的活性位点

2. 反应发生

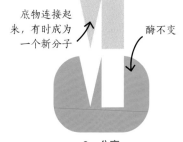

底物连接起来, 有时成为一个新分子

酶不变

3. 分离

埃米尔·费歇尔的锁钥学说认为, 酶和底物具有互补的几何形状, 相互契合。

爱德华·比希纳

爱德华·比希纳于1860年出生在德国慕尼黑, 父亲是一名医生。他父亲去世时, 他只有11岁。后来他去慕尼黑大学时, 不得不在一家罐头厂工作以支持他的学业。获得博士学位后, 比希纳着迷于发酵化学, 他的工作使他被誉为"试管中的生物化学之父"。比希纳在图宾根大学完成了他关于酶的关键研究, 并在那里担任分析和药物化学教授。然而, 他1898—1909年的大部分学术生涯是在柏林的皇家农业学院度过的。比希纳参与了第一次世界大战, 并于1917年阵亡。

主要作品

1885年 《氧气对发酵的影响》

1888年 《三亚甲基衍生物的新合成方法》

1897年 《无酵母细胞的酒精发酵》

负电荷载体

电子

背景介绍

关键人物
约瑟夫·约翰·汤姆森
（1856—1940年）

此前

1803年　约翰·道尔顿提出了他的原子理论，即元素是由被称为"原子"的微小粒子组成的。

1839年　迈克尔·法拉第认为原子的结构一定与电有某种联系。

此后

1909年　美国物理学家罗伯特·米利肯在一项著名的实验中使用油滴测量了电子上的电荷。

1911年　丹麦物理学家尼尔斯·玻尔提出电子围绕原子中心的原子核运行。

1916年　美国化学家吉尔伯特·路易斯认识到化学键是由原子之间共享的电子对形成的。

19世纪20年代，当时新发现的电磁现象吸引了一系列研究。法国物理学家安德烈－玛丽·安培（André-Marie Ampère）提出了一种引发电和磁的新粒子，他称之为"电动分子"，即我们现在知道的电子——原子内决定化学反应性的粒子。

神秘射线

1858年，德国物理学家尤利乌斯·普吕克（Julius Plücker）尝试在玻璃管内的金属板之间传递高压，管内大部分空气已被去除。他

用玻璃管进行的实验表明，阴极射线从阴极沿直线传播到另一端的阳极。

发现管中会产生荧光。普吕克的学生约翰·希托夫（Johann Hittorf）在1869年证实，阴极是神秘的绿色射线的来源。十年后，英国物理学家和化学家威廉·克鲁克斯发现这种射线可以被磁场弯曲，并且显然是由带负电荷的粒子组成的。

1883年，德国物理学家海因里希·赫兹（Heinrich Hertz）尝试使用电场来偏转阴极射线，但没有成功。他（错误地）得出结论，这种射线不是带电粒子，而是可以被磁场弯曲的波。

汤姆森的发现

英国物理学家约瑟夫·约翰·汤姆森于1894年开始了一系列实验，最终确定了阴极射线的性

参见: 微粒 47页, 道尔顿的原子理论 80~81页, 放射性 176~181页, 改进的原子模型 216~221页。

> 它们是由物质粒子携带的负电荷。

约瑟夫·约翰·汤姆森

质。他将偏转板置于阴极射线管内部而不是外部,并发现阴极射线确实可以被电场偏转。

汤姆森的实验装置还使他能够确定这种神秘粒子的电荷与质量的比值。他发现,无论电极的金属或填充管子的气体成分如何变化,这一比值始终保持不变。他推断,构成阴极射线的粒子一定是在所有形式的物质中都存在的东西。

1897年,汤姆森已经确定阴极射线中带负电荷粒子的质量不到氢原子质量的千分之一。这意味着这些粒子不是带电原子,也不是当时物理学领域已知的任何其他粒子。汤姆森称它们为"微粒",但"电子"这个名称很快被采用了,这是爱尔兰物理学家乔治·斯通尼(George Stoney)于1891年提出的电荷基本单位。1906年,汤姆森被授予诺贝尔物理学奖,以表彰他在发现电子方面的贡献。

可分的原子

下一个需要回答的问题是:汤姆森发现的微粒如何适应原子的结构?众所周知,原子是电中性的。为了平衡电子的负电荷,汤姆森提出,电子嵌在正电荷云中,就像蛋糕中的葡萄干一样——这一形象使得他的原子模型被称为"李子布丁模型"。

汤姆森的模型很重要,因为

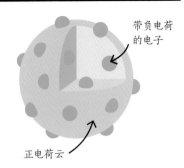

带负电荷的电子

正电荷云

汤姆森的李子布丁模型提出,带负电荷的电子嵌在正电荷云中。

它首次将原子描述为可分割的、包含电磁力的事物。这为几年后的新模型铺平了道路——新模型显示,原子的正电荷集中在其中心的微小体积中。■

约瑟夫·约翰·汤姆森

约瑟夫·约翰·汤姆森于1856年出生在英国曼彻斯特郊区,父亲是一名书商。他在14岁时就开始在欧文斯学院(现曼彻斯特大学)学习,并于1876年获得奖学金去往剑桥大学。

汤姆森余生都在剑桥大学工作。他在剑桥大学卡文迪许实验室进行实验研究,并于1897开创性地发现了电子。汤姆森也是一位杰出的老师:后来的七位诺贝尔奖获得者跟随他一起工作,包括欧内斯特·卢瑟福。在物理学之外,他对植物有着浓厚的兴趣,会在剑桥周围寻找稀有的标本。1918年,他被任命为三一学院院长,他担任该职位直到1940年去世。

主要作品

1893年 《电与磁的现代研究》
1903年 《通过气体导电》

THE MACHINEAGE
1900—1940

机器时代
1900—1940年

玛丽·居里和皮埃尔·居里从铀矿石中分离出了镭，证明放射性衰变可以产生新元素。

1902 年

弗里茨·哈伯和卡尔·博施开发了用于生产氨的哈伯-博施法，这对于制造肥料至关重要，从而为世界不断增长的人口提供足够的食物。

1909 年

第一次世界大战期间，弗里茨·哈伯在伊普尔主持了化学武器的首次大规模使用，这也是第一次使用化学武器导致人员死亡。

1915 年

1909 年

丹麦化学家索伦·索伦森（Søren Sørensen）创造了pH标度来表示溶液的酸度或碱度。

1913 年

英国化学家弗雷德里克·索迪（Frederick Soddy）证明了同位素的存在。

20世纪上半叶是一段混乱和冲突不断的时期。然而，两次世界大战并没有阻碍科学的进步，反而起到了催化作用。

化学创新突破了几十年前被认为是不可能的界限。其中一些进步创造了全新的化学领域，而另一些则使某些化学应用的伦理问题更加突出。

质的飞跃

20世纪初出现了很多原子模型。对原子组成的新理解需要发展越来越复杂的模型，以准确解释原子的结构。欧内斯特·卢瑟福在1911年发现原子具有质量集中的原子核，从而否定了约瑟夫·约翰·汤姆森在1904年提出的简单的李子布丁模型。

卢瑟福-玻尔模型于1913年出现，但后来被埃尔温·薛定谔于1926年提出的量子模型所取代，其中，电子的位置被定义为概率区域而不是确定点。

这些模型使原子结构越来越清晰，并有助于理解其他化学领域。对在原子水平上将物质结合在一起的"键"的理解也在不断发展，并在20世纪30年代随着莱纳斯·鲍林对化学键性质的研究达到了高峰。在化学和物理学的交叉点上，不断更新的原子模型有助于加深对放射性衰变理论的理解。

战争中的化学

20世纪初放射性的发现揭示了一种元素转变为另一种元素的可能性。这并不仅仅是炼金术士所渴望的"魔法"。20世纪70年代，化学家发现铅确实可以转化为黄金——但只是转瞬即逝，且只发生在粒子加速器中和原子尺度上。

然而，元素转化的过程预示了发现更多短寿命元素的可能性，这将成为20世纪后期"元素猎手"的领域。

放射的创造潜力也可以被用来制造破坏。第二次世界大战爆发前不久，核裂变的发现表明，某些原子核用中子轰击时可分裂，从而引发释放大量能量的链式反

亚历山大·弗莱明（Alexander Fleming）发现了天然存在的抗生素青霉素。将其用作药物将改变我们治疗细菌感染的方式，并挽救数百万人的生命。

核裂变的发现表明原子核可以在链式反应中分裂以产生大量能量——这是核反应堆和核武器背后的原理。

1928年

1938年

1920年

1934年

赫尔曼·施陶丁格（Hermann Staudinger）提出可以通过聚合反应形成大分子。这建立了聚合物科学（高分子科学）领域，并促成了塑料的产生。

多罗西·霍奇金（Dorothy Hodgkin）和J. D. 贝尔那（J. D. Bernal）记录了结晶蛋白质的第一张X射线衍射图像，从而确定了其结构。

应。这些链式反应后来被用来提供核能。

化学也在第一次世界大战中发挥了作用，德国化学家弗里茨·哈伯比任何人都更能展现化学的两面性。哈伯和他的同胞卡尔·博施在战争发生前的几年里一直在开发一种工艺，以将空气中的氮以氨的形式固定。哈伯-博施法的应用使工业界能够生产大量肥料，以应对猛增的需求。

毫不夸张地说，如果没有哈伯-博施法，今天的传统农业就无法持续。然而，虽然这一成就使哈伯获得了诺贝尔奖，并且本应使他被视为化学伟人之一，但他在第一次世界大战期间在化学战中所扮演的角色破坏了他的声誉。

塑料棒极了！

1907年，第一种大规模生产的合成塑料"电木"被发明了。当时，塑料——由称为"聚合物"的非常大的分子组成的材料——的结构引起了激烈的争论，化学家无法就聚合物的结构达成一致意见。

1920年，赫尔曼·施陶丁格将聚合物定义为由重复分子单元形成的长链。他的工作奠定了高分子科学作为化学分支的基础。

这种对聚合物的理解加速了对新塑料材料的探索。1935年，尼龙的发现促进了一系列人造织物的诞生，而偶然发现的氟化聚合物则被用于从不粘炊具到医疗设备的各种领域。超强塑料在20世纪60年代出现。由于这些发现，塑料在当今世界变得不可或缺。■

就像光谱中的光线，不同的成分也可被分离

色谱法

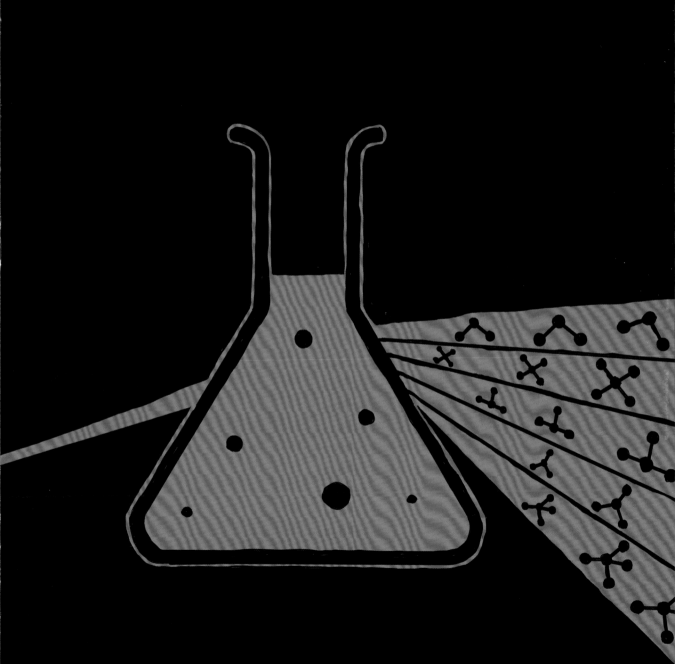

背景介绍

关键人物

米哈伊尔·茨维特

（1872—1919年）

此前

1556年 德国学者格奥尔格·鲍尔（Georg Bauer）的《论金属的本质》出版，其中记述了分析矿石以及提取和分离金属的方法。

1794年 约瑟夫·普鲁斯特证明了定比定律，他发现，天然的和人造的碳酸铜都具有相同的元素比例。

1814年 西班牙毒理学家马蒂厄·奥尔菲拉（Mathieu Orfila）撰写了《毒药论》一书，他在书中呼吁在不明原因死亡的情况下应例行化学分析。

此后

1947年 德国物理化学家埃里克·克雷默（Erika Cremer）制造了第一台气相色谱仪。

1953年 美国调味师基恩·迪米克（Keene Dimick）制造了一台气相色谱仪，用于分析草莓精华并改善加工食品的风味。

析化学是分离、识别和量化化合物的科学。从古代冶金工人使用试金石来分析贵金属合金，到今天令人印象深刻的司法实验室，分析化学是所有化学学科建立的基石。

通常，化学分析涉及分离过程以及对纯化的化学物质进行鉴

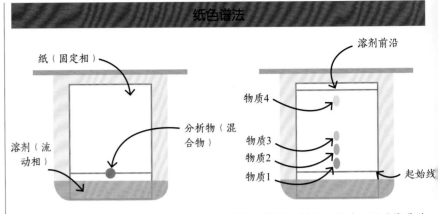

纸色谱法

待分析混合物（分析物）的样品点在一张纸或其他固定相的一端附近。然后将纸悬起，使底边接触溶剂——流动相。

溶剂沿着纸逐渐向上移动，同时携带着混合物。混合物中的成分会根据它们对纸的不同吸引力而分离，从而可以单独分析和鉴定每一种成分。

定。化学分析的难点在于，在不破坏化学特性的情况下分离混合物中的成分。

中世纪的欧洲和伊斯兰炼金术士改进了许多方法，如过滤、升华和蒸馏。然而，20世纪初，俄国植物学家和化学家米哈伊尔·茨维特开发的色谱法，成为无损分离技术的主力。

定性纸色谱法可以确定一种颜色中使用了多少种颜料。而每种成分的含量可以通过现代定量色谱法确定。

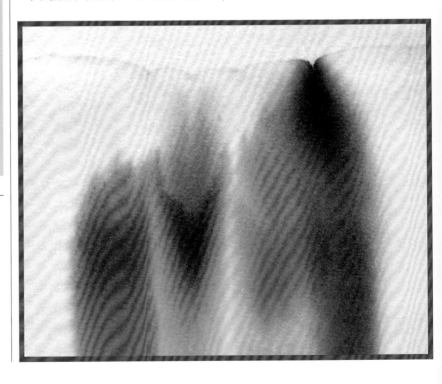

参见: 异构现象 84~87页,火焰光谱学 122~125页,分子间力 138~139页,pH标度 184~189页,质谱 202~203页。

> 析土于火,萃精于糙,
> 谨慎行之。
>
> 赫尔墨斯·特里斯墨吉斯忒斯
> 《翠玉录》

色谱(chromatography)一词源自希腊语chroma(意为"颜色")和graphein(意为"书写")。

纸色谱法

色谱的基本原理可以用日常现象来解释。当纸巾与水接触时,水会浸湿纸巾。纸巾与油接触时,也会发生同样的事情——但不会那么快。如果绿色记号笔被弄湿并与纸巾接触,那么墨水中的黄色成分将比其他成分移动得更远。因此,组合成绿色的彩色墨水就被分离了。

对纸具有最强吸引力的成分首先从混合物中分离出来并黏附在纸巾上,而吸引力较弱的成分则被携带到更远处。诸如此类的现象形成了米哈伊尔·茨维特色谱分离技术的基础。

到20世纪初,包括茨维特在内的物理学家和化学家将注意力转向了自然过程。他们发现植物中含有具有重要生物功能的色素。例如,绿色色素叶绿素是光合作用的关键部分,可以吸收光并产生能量。

当时,公认的观点是植物中只有两种色素——绿色的叶绿素和黄色的叶黄素——但茨维特认为还有更多种。使用当时基于溶解性和沉淀的标准分离技术,茨维特能够将叶绿素分成两部分,他称之为"α-叶绿素"和"β-叶绿素"。他设法纯化了α-叶绿素,但很难纯化β-叶绿素。

茨维特实验

也许是受到工匠分离颜料以制造油漆和染料的方法的启发,茨维特决定尝试使用吸附法来分离β-叶绿素的成分。

在吸附过程中,分析物(待分离的混合物)被置于固定相(固体支持物,如纸巾)上的一个点,然后固定相与流动相(如水或油)接触。流动相进入固定相并携带分析物向前运动。对载体具有最强吸引力的化合物首先从混合物中分离出来。

经过多次反复试验,茨维特选择了粉笔柱作为固定相,并使用轻质油作为流动相。他将植物材料加在粉笔上,将油倒在柱子的顶部,观察到植物色素的有色成分随

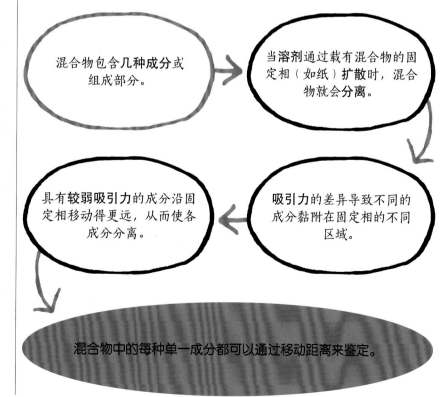

混合物包含几种成分或组成部分。

当溶剂通过载有混合物的固定相(如纸)扩散时,混合物就会分离。

吸引力的差异导致不同的成分黏附在固定相的不同区域。

具有较弱吸引力的成分沿固定相移动得更远,从而使各成分分离。

混合物中的每种单一成分都可以通过移动距离来鉴定。

米哈伊尔·茨维特

茨维特于1872年出生在俄国，在瑞士日内瓦长大。他在日内瓦大学学习化学、物理和植物学，并获得博士学位。他于1896年回到俄国，但因为他的瑞士证书不被承认而无法获得学术职位。他重启学业，并于1901年在俄国喀山大学获得学位。此时，化学和物理学才刚刚开始应用于自然过程的研究，茨维特抓住一切机会从事这项研究。在圣彼得堡担任实验室助理时，他开发了色谱法。茨维特的色谱法并没有使他立即获得应有的赞誉。他于1919年去世，当时他的发现的影响尚未完全展现。

主要作品

1903年 《关于一类新的吸附现象及其在生化分析中的应用》

着油流过固定相而分离。然后，他从固定相上切下不同的区域，并提取分离的色素进行分析。他发现叶绿素和叶黄素都分离出了以前未知的化合物。

茨维特于1901年向自然学家和医师大会介绍了他的分离方法，但直到1906年，该方法才被命名为"色谱法"。

色谱法的发展

茨维特继续使用色谱法分离了一组复杂的有色植物色素，他将其命名为"类胡萝卜素"。这一类化合物含有维生素和抗氧化剂。

不幸的是，茨维特的工作多次因第一次世界大战而中断，并且当其他实验室进行色谱实验时，结果并不总是良好的。

然而，20世纪30年代，奥地利生物化学家里夏德·库恩（Richard Kuhn）重新使用了茨维特的技术来研究类胡萝卜素和维生素。

20世纪40年代，英国化学家阿彻·马丁（Archer Martin）和生

他发明了色谱，分离了分子，但团结了人们。

米哈伊尔·茨维特墓志铭

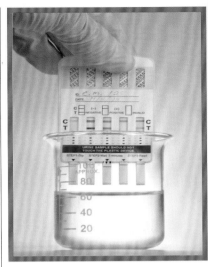

尿液中的化合物向上移动并分离，用于检测不同的药物。每个条带顶部有目标药物抗体，如果药物存在，就会触发颜色变化。

物化学家理查德·辛格（Richard Synge）也开始关注色谱法。以茨维特的工作为基础，他们开发了一种方法，其中固定相和流动相都是液体。

他们证明，在严格控制的条件下，分离出的化合物到起点的距离可用于鉴别化合物，例如，海洛因和可卡因等药物可以通过它们在色谱柱上上升的距离来鉴别。这意味着色谱法既可以用作分离方法，也可以用作分析工具。

1955年，使用马丁和辛格发展的技术，英国生物化学家弗雷德里克·桑格（Frederick Sanger）阐明了胰岛素的结构，这对于治疗糖尿病至关重要。在这些科学家的努力下，大量的色谱技术得到了发展。

薄层色谱法

在薄层色谱法（TLC）中，一

层薄薄的固体吸附剂（如硅胶或纤维素）被铺在支持物（如玻璃、铝或塑料）上。这克服了纸色谱法中可能发生的液体横向流失问题，可同时分析多个样品，并且分离效果更好。该技术对于药物测试和水纯度测试尤其有用。

离子交换色谱法

离子交换色谱法（IEC）是一种分离带电粒子的方法，用于制药和生物技术行业。许多生物活性化合物，如核苷酸、氨基酸和蛋白质，在身体正常pH值下会携带电荷。带相反电荷的粒子被置于离子交换固体支持物上，这些粒子可以吸引并结合分离的化合物。通过改变流动相的pH值，带电粒子可以被选择性地从固体支持物上去除。

高效液相色谱法

在高效液相色谱法（HPLC）中，色谱柱填充着吸附剂颗粒，这增加了固体支持物的表面积并迫使流动相流过整个色谱柱。这种方式可以快速、有效地进行分离。

例如，HPLC可用于检测血液中的血红蛋白A1C的水平，用于诊断糖尿病和糖尿病前期。

气相色谱–质谱法

在分析化学中，化合物被分离后，就需要进行鉴定。光谱法（使用光来研究化学物质）和火焰分析等技术可用于检测色谱分离出的化合物，但质谱法（其中粒子按质量分离）通常更受青睐。

当质谱法与气相色谱法（气体作为流动相，通常是氦气）结合使用时，它被称为"气相色谱-质谱法"（GC-MS）。这种技术几乎应用于每个研究或分析实验室。

在GC-MS中，样品被注入色谱柱并由气体携带着通过色谱柱。样品必须是气态的或容易挥发的，许多混合物符合这一标准。气相色谱柱填充有小颗粒固体支持物，以产生较大表面积。色谱柱可以有几米长，这提高了分辨率（化合物的分离度）。如果分辨率较差，则分

离化合物的信号可能会重叠，从而难以判断每种化合物的含量。色谱柱盘绕在恒温室内，以确保样品保持气态。当分离出的化学物质离开色谱柱时，它们会立即被质谱仪分析，生成的谱图可以通过计算机在几秒钟内与已知化合物进行匹配。

除了化学研究，法医还使用GC-MS来检测疑似纵火案件中的促燃剂。它还用于检测食品中的添加剂和污染物，以及分析芳香化合物。制药公司使用GC-MS进行质量控制和新药的合成。 ◼

薄层色谱法检测汞

水和食物中的汞会导致癌症、脑损伤和出生缺陷。汞还会扰乱甚至破坏生态系统，因此必须查明汞的来源，并尽可能检测环境中最低水平汞的存在。

2007年，印度毒理学家拉基·阿加瓦尔（Rakhi Agarwal）和杰·拉杰·比哈里（Jai Raj Behari）使用薄层色谱法设计了一种检测汞含量的方法，可检测含量低至每升分析物中0.00002克的汞含量。他们可以在自然中或复杂系统（包括体液、水生环境或废水）的样本中检测到汞，且不受铅和镉等其他重金属的影响。

阿加瓦尔和比哈里的TLC测试价格低廉，易于携带，而且——因为检测中汞会引发变色反应——研究技术人员稍加培训就可使用他们的测试条。

新的放射性物质
含有一种新元素

放射性

我冲洗了照相底片……预测图像会很微弱。可出人意料的是，轮廓以极大的强度显现了出来。

亨利·贝克勒尔

放射性元素通过释放α或β粒子及γ射线而衰变。

α衰变发射出两个质子和两个中子（一个氦原子核）。

β衰变发射出一个电子。

γ射线是一种高能电磁波。

放射性衰变导致新元素的形成。

大约在约瑟夫·约翰·汤姆森发现电子的同时，法国物理学家亨利·贝克勒尔也有了他自己的发现。1896年，他正在研究德国工程师和物理学家威廉·伦琴在前一年发现的X射线的特性。

伦琴在他的实验室里用阴极射线管工作时，注意到附近的荧光屏开始发光。他得出结论，从管子中发出了未知的射线。

进一步的实验证实，这种被伦琴称为"X射线"的射线可以穿透许多物质，包括人体的软组织，但它不能穿透骨骼或金属等密度更高的物质。这一新发现使伦琴获得了1901年颁发的首个诺贝尔物理学奖。

铀辐射

贝克勒尔认为铀吸收了太阳的能量，然后以X射线的形式将能量发射了出来。他将一种含有铀的化合物暴露在阳光下，然后将其放在用黑纸包裹的照相底片上。他预测底片上会显示出铀化合物的图像。

贝克勒尔的实验受到了阴天的影响，但他还是决定冲洗出照相底片，他预测只有一个微弱的图像——如果有的话。

但令他惊讶的是，这种化合

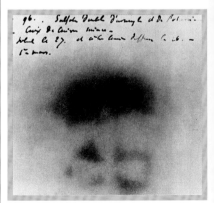

该照相底片底部的十字图案，是贝克勒尔于1896年实验时将金属马耳他十字置于铀和底片之间的结果。

参见：原子量 121页，电子 164~165页，同位素 200~201页，改进的原子模型 216~221页，合成元素 230~231页，核裂变 234~237页。

物留下的轮廓清晰且明显，这证明了铀不需要太阳等外部能源就可以发射辐射。铀化合物释放的能量似乎不会随着时间的推移而减少，而纯金属铀的效果更好。

居里夫妇的发现

虽然贝克勒尔发现了放射性，但他并不知道这一发现的本质是什么。"放射性"这个词实际上是由波兰-法国物理学家玛丽·居里在1898年创造的。贝克勒尔、玛丽·居里及其丈夫皮埃尔和其他人的进一步研究确定，铀矿物的辐射量与铀含量成正比。

其他物质也被发现具有放射性。例如，居里夫妇发现沥青铀矿（一种含有铀的矿物）的样品似乎比纯铀本身有更强的放射性。他们推测样品中一定存在另一种放射性物质。

最终，玛丽·居里和她的丈夫皮埃尔分离出了一种新的化学元素，其放射性是铀的300多倍。他们把它命名为"钋"。他们还发现，提取钋之后留下的废物仍然具有很强的放射性。

经过几年的艰苦工作——不断研磨、过滤和溶解20千克的沥青铀矿样品（铀已被提取出），居里夫人于1902年分离出了少量她称之为"镭"的元素。

居里夫人计算出28克放射性镭每小时会产生4000卡路里的热量，并且似乎是无限期的，她想知道这些能量是从哪里来的。答案还得再等几年，直到阿尔伯特·爱因斯坦在1905年发表他的狭义相对论。

根据爱因斯坦的说法，质量和能量是等价的，正如质能方程 $E=mc^2$ 所总结的那样。由于镭辐射热量，所以它也应该失去质量。不幸的是，当时可用的设备不够精确，无法测量转化为能量的微小质量，因此无法通过实验验证爱因斯坦的解释。

> **（玛丽·居里）在可以想象的最极端困难下……表现出了献身精神和坚韧不拔。**
>
> 阿尔伯特·爱因斯坦

1903年，居里夫人和她的丈夫皮埃尔以及亨利·贝克勒尔因他们在放射性方面的工作而共同获得了诺贝尔物理学奖。1910年，居里夫人因发现镭和钋再一次获得了诺贝尔化学奖，从而成为第一个获得两项诺贝尔奖的人。

玛丽·居里

玛丽于1867年出生在波兰华沙，当时名为玛丽亚·斯克沃多夫斯卡（Maria Skłodowska），早年接受了身为中学教师的父亲的科学培训。1891年，她前往法国巴黎的索邦大学继续深造。1894年，她在那里遇到了物理学院教授皮埃尔·居里，二人于次年结婚。他们经常一起在困难的条件下进行研究，分离出了元素钋（1898）和镭（1902）。

1906年皮埃尔去世后，玛丽接任了普通物理学教授的职位，这是女性第一次担任这个职位。她在第一次世界大战中推广了镭的治疗用途，并开发了用于前线的移动X射线装置。她于1934年死于白血病，可能是暴露于辐射下的结果。1935年，她的女儿伊雷娜也因在放射性元素方面的工作而获得了诺贝尔化学奖。

不同种类的辐射

1898年，新西兰出生的物理学家欧内斯特·卢瑟福使用了一个简单的实验装置，发现存在不同类型的放射性。他使用验电器（一种检测物体上是否存在电荷的设备）和作为放射源的铀样品，在它们之间放置越来越厚的铝箔。他通过记录验电器放电所需的时间来测量辐射强度。

卢瑟福发现，事实上至少有两种不同类型的射线，他称之为"阿尔法射线"（α射线）和"贝塔射线"（β射线）。他确定β射线的穿透力是α射线的100倍。

进一步的研究表明，β射线可以被磁场偏转，从而表明它们是带负电荷的粒子，类似于阴极射线。

1903年，卢瑟福发现α射线会略微向相反方向偏转，这表明它们是带正电荷的粒子。他于1908年证明了α射线实际上是氦原子的原子核。他是通过检测一个真空管中氦的积聚来做到这一点的，该管中收集了几天的α射线。

几年前，即1900年，法国化学家保罗·维拉德（Paul Villard）已发现了第三种辐射。这种辐射被称为"伽马射线"（γ射线），比α射线更具穿透力。

γ射线后来被证明是一种高能电磁波，类似于X射线，但波长要短得多。

衰减链

卢瑟福和英国化学家弗雷德里克·索迪在1902年研究金属元素钍的放射性时发现，一种放射性元素可以衰变为另一种元素。这一发现使卢瑟福获得了1908年的诺贝尔化学奖。

随着居里夫妇发现了以前不为人知的钋和镭，人们对放射性的兴趣进一步增加了。人们发现，从铀和钍中分离出的许多其他物质似乎是新元素。

一些研究人员注意到，钍盐的放射性似乎是随机变化的，而且奇怪的是，这种变化似乎与实验室的通风程度有关。显然，有一些"钍散发物"可以被微风从钍表

原子序数

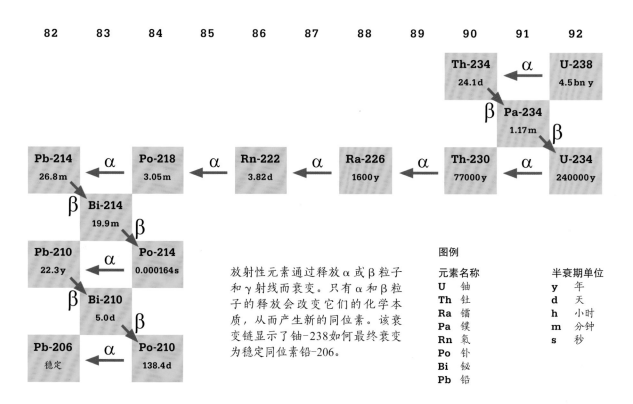

放射性元素通过释放α或β粒子和γ射线而衰变。只有α和β粒子的释放会改变它们的化学本质，从而产生新的同位素。该衰变链显示了铀-238如何最终衰变为稳定同位素铅-206。

图例

元素名称		半衰期单位	
U	铀	**y**	年
Th	钍	**d**	天
Ra	镭	**h**	小时
Pa	镤	**m**	分钟
Rn	氡	**s**	秒
Po	钋		
Bi	铋		
Pb	铅		

放射性衰变

元素周期表中的元素可以有多种形式，其中一些形式比其他形式更稳定。毫不奇怪，元素的最稳定形式通常是自然界中最常见的。所有元素都有一种不稳定的形式，它是放射性的，并发出电离辐射。有些元素，如铀，没有稳定的形式，总是具有放射性。这些不稳定元素会衰变，转化为不同的元素——称为"衰变产物"，并在衰变过程中以α粒子、β粒子和γ射线的形式发出辐射。如果衰变产物本身是不稳定的，那么这个过程将继续，直到达到稳定的非放射性形式。

大多数放射性元素是自然产生的，部分则是在实验室里创造的。其中一种——𬬭——于2002年首次合成，其半衰期小于1毫秒。

化的完整解释必须等待量子力学的到来。根据卢瑟福和索迪的说法，放射性元素会转变为另一种元素，因为它会从"父元素"变为不同的"子元素"。物质中的原子是随机变化的，但变化率取决于物质所含有的元素。

放射性元素的这种变化过程所用的时间被称为它的"半衰期"——一半放射性样品衰变所需的时间。卢瑟福评估了他发现的"钍散发物"，估计它的半衰期为60秒，事实证明，这与科学家后来发现的氡-220的半衰期55.6秒非常接近。■

面吹走。

卢瑟福推测它是一种钍蒸气，并反复测量其电离空气的能力以评估其放射性。他惊讶地发现，随着时间的推移，其放射性呈指数级下降。

卢瑟福还注意到他使用的容器壁具有了放射性。这种"激发的活性"随着时间的推移定期减少，11小时后减少了一半。卢瑟福不知道，他正在目睹衰变链并测量放射性形式的铅的衰变，这是

氡-220同位素衰变的结果。

卢瑟福和索迪认为元素正在经历"自发转变"，他们对使用这个词感到犹豫，因为它似乎暗示了炼金术。

很明显，放射性是由亚原子水平的变化引起的，尽管对这些变

这条调查之路上最好的短跑选手是贝克勒尔和居里夫妇。

欧内斯特·卢瑟福
给母亲的信

欧内斯特·卢瑟福（右）在发现放射性衰变后，与德国物理学家汉斯·盖格（左）合作开发了一种用于检测电离粒子的电子计数器。

分子像吉他弦一样，以特定频率振动

红外光谱法

背景介绍

关键人物
威廉·科布伦茨
（1873—1962年）

此前

1800年 出生于德国的天文学家威廉·赫歇尔（William Herschel）探测到了可见光谱之外的光，并将其命名为"红外光"。

约1814年 德国物理学家约瑟夫·冯·夫琅禾费制造了一台光谱仪，并在可见光谱中发现了暗线。

1822年 法国物理学家约瑟夫·傅里叶设计了一种数学工具，用于从光谱中获取信息。

此后

1969年 英国的一个工程师团队建造了第一台傅里叶变换红外光谱仪。

1995年 欧洲空间局创建了红外空间天文台，该天文台在太阳系和猎户星云的行星大气中发现了水。

1903 年，美国研究生威廉·科布伦茨（William Coblenz）在康奈尔大学开始探索红外光谱法——主要分析有机分子对红外光的吸收、发射或反射。此时，红外光谱法仍处于起步阶段。为研究有机化合物对红外光的吸收，他在一个可移动的支臂上安装了一个带有光源的红外光谱仪，光照射到一个装有化合物的透明小格上。然后，光线沿着支臂向下到达棱镜，棱镜将光分成不同的波长。根据支臂的位置，特定波长的光可以被聚焦到测光计上，该测光计可检测光的吸收量随波长的变化。

科布伦茨于1905年发表的数据显示，某些官能团始终吸收特定波长的红外光。这为研究人员提供了一种鉴定已知化合物和辨别新化合物结构的强大方法。随着计算机的出现，傅里叶变换红外光谱仪（FTIR）成为可能。在FTIR中，样品被完整波长范围的红外光照射一次，即可通过计算机得到光吸收量随波长的变化。因此，光谱可以在几秒钟内被收集。如今，FTIR被用于司法实验室，以快速鉴别假币和文件。■

> 与我们地球上相同的化学元素是否存在于整个宇宙中，已得到了最令人满意的肯定。
>
> 威廉·哈金斯
> 英国天文学家

参见：官能团 100~105页，火焰光谱学 122~125页。

这种材料有千种用途

合成塑料

背景介绍

关键人物
里奥·贝克兰
（1863—1944年）

此前

1872年 德国化学家阿道夫·冯·贝耶尔将苯酚和甲醛混合，二者形成了焦油状且不溶的黑色固体。

1899年 巴伐利亚化学家阿道夫·斯皮特勒（Adolf Spitteler）发现甲醛可以将牛奶转化为固体材料。他申请了牛奶基塑料的专利。该塑料用于制造纽扣和带扣。

此后

1926年 另一种酚醛树脂"卡他林"获得专利。与"电木"不同，它是无色透明的，这意味着它可以在生产中被加入鲜艳的颜色。

20世纪40年代 其他合成塑料，如聚乙烯和聚氯乙烯（PVC），在大多数应用中取代了"电木"。

在20世纪初，可模塑塑料仍是追求的目标。化学家研究了苯酚和甲醛的各种组合，但它们总是生成坚硬、不溶的黑色物质。比利时人里奥·贝克兰（Leo Baekeland）也参与其中。最初，他专注于寻找一种更便宜、更耐用的虫胶替代品，用于绝缘电缆。他生产了一种名为"酚醛清漆"（Novolak）的可溶性虫胶，但在商业上并不成功。

贝克兰并没有气馁，而是转向用合成树脂加固木材。通过在催化剂存在的情况下加热苯酚和甲醛，并控制压力和温度，他于1907年生产了一种坚硬但可模塑的热固性塑料。他以自己的名字将其命名为"电木"（Bakelite）。

千种用途的材料

尽管由现有材料生产的塑料已经存在——如赛璐珞——但"电木"是第一种完全合成的塑料。重

"电木"被用来制造大量的家居用品和消费品——从时钟、电话和收音机，到灯具和厨具。

要的是，它是耐热的，并且可以被塑造成有用的形状。贝克兰获得了400多项与他的发明相关的专利，这种塑料很快变得无处不在。但是，"电木"生产成本高且工艺复杂，而且很脆。经历了非常成功的二十年后，"电木"开始被性能更优良的新型塑料所取代，如聚乙烯或聚氯乙烯。今天，"电木"在汽车和电气领域仍有一些用途。■

参见：聚合 204~211页，不粘聚合物 232~233页，超强聚合物 267页，可再生塑料 296~297页。

最常测量的化学参数

pH标度

背景介绍

关键人物
索伦·索伦森
（1868—1939年）

此前
约1300年 医师阿诺德·诺瓦（Arnaldus de Villa Nova）使用石蕊研究酸和碱。

1852年 英国化学家罗伯特·安格斯·史密斯（Robert Angus Smith）在一份关于曼彻斯特市周围降雨的化学报告中，首次使用了"酸雨"一词。

1883年 斯万特·阿伦尼乌斯提出，在溶液中，酸产生氢离子，而碱产生氢氧根离子。

此后
1923年 美国化学家吉尔伯特·路易斯介绍了他的理论，即酸是在化学反应中将自身连接到非共用电子对的任何化合物。

pH测量通常看似简单……pH测量也可能非常困难。

马托克
《pH测量和滴定》

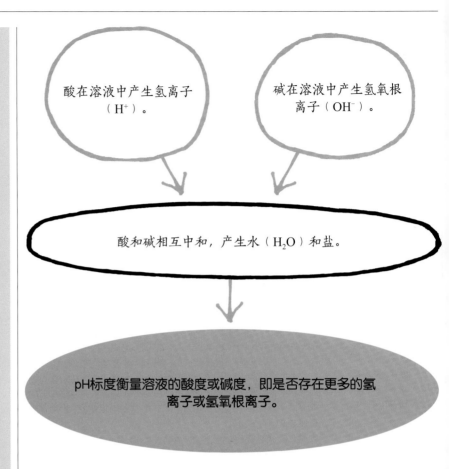

酸在溶液中产生氢离子（H^+）。

碱在溶液中产生氢氧根离子（OH^-）。

酸和碱相互中和，产生水（H_2O）和盐。

pH标度衡量溶液的酸度或碱度，即是否存在更多的氢离子或氢氧根离子。

无论在实验室里还是在家里，酸和碱都是常见的化学物质。pH标度——化学家、园丁和酿酒师都知道，且广泛用于食品工业和肥料制造——是测量酸度或碱度的方法。1909年，一位化学家在啤酒生产的实验中首次发明了pH标度。

酸性测试

几个世纪前，炼金术士就已对酸和碱进行了测试。大约1300年，医师阿诺德·诺瓦发现从地衣中提取的紫色染料与酸结合后会变红——酸性越强，颜色就越深。

后来人们知道，石蕊在与碱接触时会变成蓝色，这使其成为第一种酸碱指示剂。17世纪，罗伯特·波义耳发现酸和碱也会导致其他植物来源的物质变色。这些化合物为化学家开创了一种方法，使他们可以通过中和比例来比较每种酸和碱的相对强度。

提取要素

18世纪后期，化学家普遍接受了碱的定义——可以中和酸的物质。1776年，安托万·拉瓦锡试图从酸中分离出赋予它们独特性质的"要素"，但他错误地认为该"要素"是氧。

大约在1838年，尤斯图斯·

参见：酿酒 18~19页，易燃空气 56~57页，电化学 92~93页，酸和碱 148~149页，描述反应机理 214~215页。

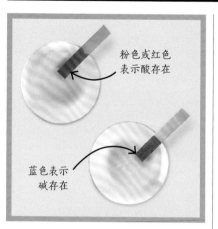

粉色或红色表示酸存在

蓝色表示碱存在

石蕊试纸是有史以来第一种测试溶液呈酸性还是碱性的指示物。它是由从地衣中提取的染料制成的。

冯·李比希发现酸与金属反应会生成氢气，并推断所有酸都含有氢。45年后的1883年，斯万特·阿伦尼乌斯提出，酸和碱的性质是溶液中离子作用的结果。他宣称，酸只是在溶液中释放氢离子（H^+）的物质，相反，碱会释放氢氧根离子（OH^-）。酸和碱相互中和，因为H^+和OH^-结合会生成水。

1923年，英国化学家托马斯·洛瑞和丹麦化学家约翰内斯·布伦斯特德分别独立提出了对阿伦尼乌斯定义的修改形式。他们同意酸是质子（氢离子）的释放者，并简单地将碱定义为能够结合质子的物质。这巩固了以下观点：酸的强度可以通过它在溶液中释放的氢离子的数量来确定。

追求更好的啤酒

1893年，德国化学家瓦尔特·赫尔曼·能斯特（Hermann Walther Nernst）提出了一种理论，用于解释离子化合物是如何在水中分解的。他提出，化合物中的正离子和负离子在溶液中彼此脱离，这使它们能够在水中自由移动并且传导电流。

那几年中，拉脱维亚化学家威廉·奥斯瓦尔德发明了电导设备，该设备可以通过测量氢离子迁移到带相反电荷的电极所产生的电流来确定溶液中氢离子的数量。然而，尚没有被普遍接受的表达氢离子浓度的方法。

1909年，丹麦化学家、哥本哈根嘉士伯实验室（由同名酿酒商创建）的化学部主任索伦·索伦森，正在研究发酵和离子浓度的影响。他发现，氢离子含量在啤酒生产中的关键酶反应中发挥着关键作用。啤酒制造是世界上最古老的化学工业之一。

索伦森需要一种方法来测量极低的氢离子浓度，而不会对酶产生化学影响。18世纪以来，化学家已经掌握了通过滴定确定溶液酸度的技术——逐渐添加已知浓度的碱溶液直到酸被中和——但这并不适合索伦森。因此，他决定使用电极而不是化学方法进行测量，并以能斯特和奥斯瓦尔德开发的方法为基础。

索伦·索伦森

索伦·索伦森于1868年出生在丹麦的豪勒比约，父亲是一名农民。18岁时，他进入哥本哈根大学，最初计划学习医学，但后来选择了化学。在攻读博士学位期间，他协助进行了丹麦的地质调查，在丹麦理工学院的实验室担任了化学助理，并在海军造船厂担任了顾问。1901年，索伦森成为哥本哈根嘉士伯实验室化学部主任，并在那里度过了余生。在那里，他开始解决生化问题，并于1909年在嘉士伯发明了pH标度。

他的妻子玛格丽特·霍伊鲁普·索伦森（Margrethe Høyrup Sørensen）协助他完成了大部分工作。索伦森于1938年退休，并于次年去世。

索伦森最初用于测量pH值的设备需要烦琐的操作过程。它需要一个氢气源和几个设备，包括一个电阻电位器和一个高灵敏度的电流计。使用能斯特开发的复杂方程可以从检测结果中计算出氢离子含量，但耗时较长。

索伦森在1909年的论文中首次引入了pH一词，他在论文中讨论了氢离子对酶的影响。他将pH定义为-log[H⁺]，即氢离子浓度的常用对数的负值。

这种方法的绝妙之处在于，对数标度避免了极少量氢离子大范围变化的烦琐表达，并把它变成了一种快速易懂的东西。

例如，纯水的氢离子浓度等于1.0×10^{-7}M（摩尔每升），索伦森只是简单地取浓度对数（此处为-7）的负数，得出pH值为7。氢离子浓度为1.0×10^{-4}M的溶液，其pH值为4。沿pH标度每升高（或降低）1个数值，就意味着氢离子浓度升高（或降低）10倍。

> **酿酒和科学，尤其是化学，在整个历史中都交织在一起。**
> 玛丽亚·菲洛梅娜·卡莱斯
> 《一个世纪的pH测量》

pH计算

1921年，美国费城的利兹-诺斯拉普公司（Leeds&Northrup）生产了一种专门的计算器——看起来像一个圆形计算尺——用于计算pH值。

从20世纪20年代后期开始，氢离子敏感玻璃电极逐渐取代了索伦森的氢电极，不再需要氢气源。到20世纪30年代后期，所有必要的电子元件被集成到一个紧凑的仪表中，该仪表可以即时给出pH读数。今天，在实验室进行测量的最常用方法是使用pH计。

pH值的范围通常在0到14之间，其中0是浓盐酸的值，7是纯水的值（中性），14是浓氢氧化钠的值。

在非常高的浓度下，可能会得到-1的pH值，这似乎是酸度的极限，而pH值15是碱度的极限。在纯水中，氢离子的浓度为10^{-7}M，而OH⁻离子的浓度也是10^{-7}M，二者平衡。

园丁和其他不需要精确结果的人，可以使用变色石蕊试纸或染料指示剂。指示剂本身是弱酸，会根据它们解离出的氢离子量而改变颜色。指示剂通常适用于特定范围的pH值。例如，酚酞的反应范围约为8～10，而甲基红的反应范围为4.5～6。

高效的呼吸有助于跑步者排出肌肉活动产生的CO_2来维持碳酸水平。

生物缓冲液

人体细胞发挥作用所依赖的大多数酶，在很窄的pH值范围内工作，通常为7.2～7.6。（胃蛋白酶是一个例外，它是一种在1.5～2.0pH值范围内工作的消化酶。）超出这个狭窄范围将是极其有害的，甚至是致命的。人的身体通过缓冲系统来维持安全的pH值，主要的缓冲系统是碳酸氢盐缓冲液。碳酸氢钠与强酸反应时，会生成碳酸（一种弱酸）和盐。碳酸与强碱反应时，会生成碳酸氢盐和水。在正常情况下，碳酸氢根离子和碳酸以20：1的比例存在于血液中，这意味着缓冲系统在应对过量酸方面最有效。这是有道理的，因为身体的大部分代谢废物是酸，如乳酸和酮类。血液中的碳酸水平是通过肺呼出CO_2来控制的。血液中碳酸氢盐的水平是通过肾脏系统控制的。

pH标度表明，我们每天使用的各种物质具有广泛的酸碱水平。pH值是溶液的一种特性，因此物质浓度的差异会导致不同的pH值。

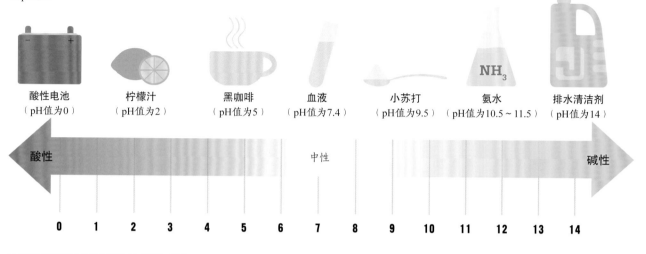

| 酸性电池（pH值为0） | 柠檬汁（pH值为2） | 黑咖啡（pH值为5） | 血液（pH值为7.4） | 小苏打（pH值为9.5） | 氨水（pH值为10.5～11.5） | 排水清洁剂（pH值为14） |

酸性　　　　　　　　　　　　中性　　　　　　　　　　　　碱性

0　1　2　3　4　5　6　7　8　9　10　11　12　13　14

力量

从来没有人确切地说明pH值中的"p"代表什么。索伦森本人也未就此说明。一些消息来源，如嘉士伯基金会，称它代表氢的"力量"（power）。德国有"声音"说它是potenz（也意为"力量"），法国化学家认为它代表puissance（也是"力量"的意思），有些人认为它来自拉丁语potentia hydrogenii（指"氢的能力"）。

在索伦森的实验笔记中，他使用了下标p和q来区分系统中的两个电极，q与参比电极有关，而p指的是正极氢电极，因此它可能只是指氢电极上的氢离子浓度。

pH标度在许多方面推动了世界的进步。在农业中，它可以指示作物是否会在某些土壤中生长，这至关重要；在医学上，医生可以用它来诊断肾脏等部位的疾病；在食品工业中，它在所有加工阶段都有作用。■

植物或作物需要特定条件才能茁壮成长。园丁使用pH计来测试土壤酸度，并使用堆肥、覆土或肥料等添加剂来调节土壤酸度。

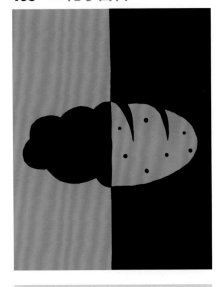

空气中的面包

肥料

背景介绍

关键人物
弗里茨·哈伯（1868—1934年）
卡尔·博施（1874—1940年）

此前
1861年 德国制造出了钾肥。

1902年 德国物理化学家威廉·奥斯瓦尔德开发了一种通过一系列反应制造硝酸的工艺，该反应首先在高温下氧化氨。

此后
1913年 德国奥堡开始大规模生产硝酸铵肥料。

20世纪20年代 法国、英国和美国的制造商开始生产氨。

1968年 美国国际开发署（USAID）的威廉·高德（William Gaud）创造了"绿色革命"一词，用于描述由合成肥料（部分原因）带来的粮食产量增加。

除了水、空气中的二氧化碳和阳光，植物还需要土壤中的矿物质养分，主要是氮（N）、磷（P）和钾（K），还包括镁（Mg）、钙（Ca）等。肥料可以为作物提供这些营养物质，使之长得更大、更快，并能提高产量。由于植物根系从土壤中的水中吸收养分，因此肥料中的化合物必须是水溶性的。天然肥料的历史与文明一样悠久：新石器时代的人们可能已经开始使用动物粪便来刺激植物生长了。

直到19世纪初，农民还只能依靠粪便（含有N、P、K和微量Mg）、骨粉（N、P和Ca）和灰（P、K和Mg）为作物施肥。

19世纪30年代，许多公司开始在秘鲁沿海岛屿上开采大量富含硝酸盐的鸟粪，以供应北美的农民。欧洲农民后来使用了来自非洲西南部纳米比亚海岸的鸟粪。

第一种合成肥料是在19世纪初通过用硫酸处理骨头制成的，这增加了水溶性磷的含量。然后在1861年，德国化学家阿道夫·弗兰

如果没有充足的食物供应，今天已知的文明就无法进化，也无法生存。

诺曼·博洛格
诺贝尔奖演讲

克（Adolph Frank）获得了一项专利，他利用钾碱（一种岩盐）制造了钾基肥料。

随着北美和欧洲人口的增长，对肥料的需求也不断增加。1908年，德国化学家弗里茨·哈伯在研究高温和高压如何影响化学反应时，成功地将空气中的氮固定为氨——一种植物可以吸收的氮化合物。

1909年，哈伯的同胞卡尔·博施成功地将实验室工艺转化为工业技术。哈伯-博施法利用空气

参见: 硫酸 90~91页, 爆炸化学 120页, 勒夏特列原理 150页, 化学战 196~199页, 杀虫剂和除草剂 274~275页。

中的氮气(N_2)和天然气中的氢气(H_2),快速生产大量氨气(NH_3)。氮气和氢气在400~550℃的温度、150~300个标准大气压,以及铁化合物的催化下发生反应,生成氨气。

之后,使用奥斯瓦尔德法,将氨气和氧气(O_2)通过铂催化剂,以产生一氧化氮(NO)和二氧化氮(NO_2),并将NO_2溶解在水(H_2O)中以产生硝酸(HNO_3)。硝酸是硝酸铵(NH_4NO_3)肥料的关键成分,在温和条件下以白色固体的形式存在,易于储存和运输。

产业起飞

德国化学公司巴斯夫(BASF)于1913年开始使用哈伯-博施法生产肥料。然而,第一次世界大战爆发后,该公司将生产暂时转向硝酸——硝基炸药的主要起始试剂。

合成肥料的生产从20世纪40年代后期开始增加,是旨在消除饥荒的"绿色革命"的核心组成部分。氮肥仍是目前使用最广泛的肥料,需求量仍在持续上升。磷肥和钾肥的产量也有所增加。矿物氟磷灰石和羟磷灰石在用硫酸或磷酸处理时可以产生可溶性磷酸盐;开采的含钾矿物,如钾盐,是钾肥的原料。

氮肥生产会污染地下水,产生温室气体,而且耗能巨大。由于肥料的存在,数百万人在20世纪后期摆脱了饥饿。然而2015年,科学家警告说,这种耕作方法是不可持续的。他们估计,在几十年内,表土将被侵蚀,土地将变得贫瘠。■

卡尔·博施

博施于1874年出生在德国科隆,在莱比锡大学学习化学。他在巴斯夫公司开发了哈伯-博施法。第一次世界大战期间,他帮助开发了一种大规模生产硝酸的技术,硝酸主要用于制造硝基炸药。1923年,博施发明了一种将一氧化碳和氢气转化为甲醇以生产甲醛的工艺。两年后,他与其他人共同创立了法本公司(I.G. Farben),该公司成为世界上最大的化工公司之一。

博施与德国化学家弗里德里希·贝吉乌斯(Friedrich Bergius)因他们在高压化学方面的工作,分享了1931年的诺贝尔化学奖。博施患有抑郁症,于1940年去世。

主要作品

1932年《新制氨工业建立过程中化学高压法的发展》

合成氮肥的产量从1961年的1300万吨增长到2014年的1.13亿吨。同期,世界人口从30亿增加到72亿。到2020年,肥料支撑了大约48%的人口。

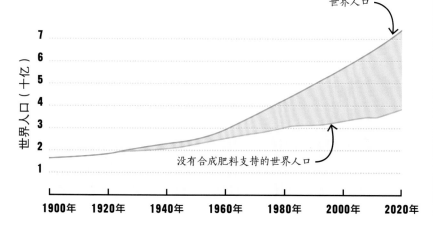

世界人口

没有合成肥料支持的世界人口

世界人口(十亿)

1900年 **1920年** **1940年** **1960年** **1980年** **2000年** **2020年**

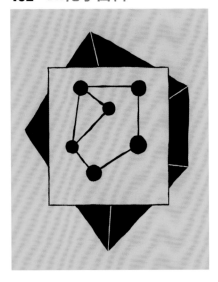

这种能力揭示了出人意料的结构

X射线晶体学

1912 年，在研究晶体结构的德国物理学家马克斯·冯·劳厄（Max von Laue）的建议下，德国研究人员沃尔特·弗雷德里希（Walter Friedrich）和保罗·克宁（Paul Knipping）用精细的X射线束照射了硫酸锌晶体，并在照相底片上得到了规则的斑点图案。这表明X射线在穿过晶体时会发生衍射。这一发现具有深远的影响。

1912年的晚些时候，英国化学家威廉·布拉格与他的儿子劳伦斯·布拉格讨论了这种所谓的"冯·劳厄效应"。他们认为这些图案反映了潜在的晶体结构，但还有疑问：X射线束可以衍射的方向如此之多，但照相底片上为什么只出现了有限数量的点？劳伦斯认为这是晶体特性的产物，并对各种岩盐、方解石、萤石、黄铁矿、闪锌矿等晶体进行了实验。他发现了不同的衍射图像，并提出它们是由不同的原子排列产生的。

布拉格方程

1913年，劳伦斯提出了一个方

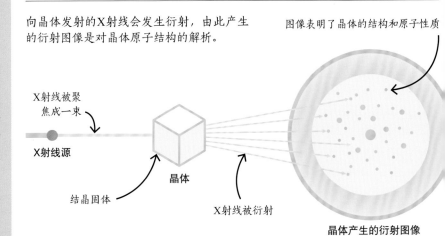

向晶体发射的X射线会发生衍射，由此产生的衍射图像是对晶体原子结构的解析。

图像表明了晶体的结构和原子性质

X射线被聚焦成一束

X射线源

结晶固体

晶体

X射线被衍射

晶体产生的衍射图像

参见：电子 164~165页，质谱 202~203页，改进的原子模型 216~221页，化学成键 238~245页，DNA的结构 258~261页，蛋白质晶体学 268~269页，原子力显微镜 300~301页。

> 我不想给人留下这样的印象：所有的结构问题都可以通过X射线分析来解决，或者所有的晶体结构都很容易解决。

多罗西·霍奇金
诺贝尔奖演讲

程（后来被称为"布拉格定律"）来预测当X射线的波长和晶体原子之间的距离已知时，X射线会以什么角度被晶体衍射。换句话说，如果已知X射线的波长和衍射角度，就可以计算出晶体原子之间的距离。这是X射线晶体学（XRC）这一新学科的基础：使用X射线确定晶体的原子和分子结构。

许多材料，包括盐、金属和矿物质，都可以形成晶体。其中的原子都有规律地排列，且每种晶体都有独特的几何形状。

当X射线射入晶体时，它们在与原子的电子相互作用时会发生散射。撞击电子的X射线会产生球形二次波，该二次波向各个方向扩散。由于晶体具有规则的原子和电子阵列，因此X射线的通过会产生规则的二次波阵列。它们会产生相消和相长的干涉图案的复杂排列。

在相消图案中，波相互抵消；在相长图案中，波相互叠加。后者被记录在底片上。现代计算机可以将一系列二维图像转换为三维模型，显示出晶体内的电子密度。晶体学家可以据此确定原子的位置及其化学键的性质。

更高的复杂性

爱尔兰化学家J. D. 贝尔那在1929年提出，由于蛋白质等生物大分子具有规则的结构，所以XRC应该能够对其进行解析。1934年，他与剑桥大学的一名学生多罗西·

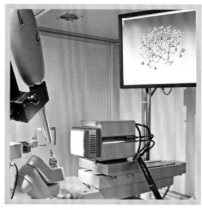

这台现代X射线晶体学装置展示了一台衍射仪，包括一个辐射源、一个用于选择波长的单色仪、一个样品、一个检测器和一个显示屏。

霍奇金合作，记录了结晶蛋白质的第一张X射线衍射图像。霍奇金后来使用XRC做出了许多突破性的发现。例如，她使用该技术来解决维生素B_{12}的复杂性。之前XRC从未成功应用于如此复杂的物质，但霍奇金取得了进展并在1954年破解了维生素B_{12}的秘密。

1953年DNA双螺旋结构的发现，依赖英国化学家罗莎琳德·富兰克林拍摄的DNA的XRC图像。这一突破提供了一条重要信息，即DNA可以精确地自我复制并携带遗传信息。■

金刚石和石墨

金刚石和石墨的化学成分相同，都为纯碳，但它们看起来却大不相同。钻石是最坚硬的天然物质，而石墨则很容易沿着平行面裂开。贝尔那在1924年利用X射线晶体学对此进行了解释。他展示了钻石中的原子通过共价键（原子共用电子）结合在一起形成四面体结构，这使其非常坚固。在石墨中，原子排列成堆叠的片层，同一片层的原子之间以共价键连接，但片层之间不存在共价键。因此，片层之间结合力小，这使得石墨易于分裂。

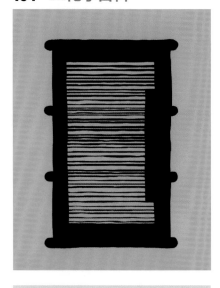

可出售的汽油

裂化原油

背景介绍

关键人物

尤金·胡德利（1892—1962年）

此前

1856年 波兰药剂师和工程师伊格纳西·卢卡西维茨（Ignacy Łukasiewicz）在波兰乌拉斯佐维兹建了世界上第一座现代炼油厂。

1891年 弗拉基米尔·舒霍夫（Vladimir Shukhov）为世界上第一种热裂化工艺申请了专利。

1908年 美国实业家亨利·福特（Henry Ford）发明了T型车。它的成功加速了人类对燃料的探索。

此后

1915年 阿尔默·麦克杜菲·麦卡菲（Almer M. McAfee）开发了第一种催化裂化工艺，但催化剂的高成本阻碍了其广泛使用。

1942年 第一座商业流化催化裂化装置在美国标准石油公司炼油厂开始运营。

1913年，一种将改变空战的化学工艺获得了专利——不是在第一次世界大战中，而是在二十多年后的第二次世界大战中。这种工艺被称为"裂化"，它使同盟国能够生产足够数量的优质航空燃料，进而使其飞机比轴心国的飞机具有更加明显的优势。

分馏

19世纪中叶，早期的炼油厂使用分馏从原油中获取更多有用的产品。将油加热到蒸发点，然后在不同温度下冷凝蒸气以分离具有不同沸点的产品，可以获得具有特定用途的烃类馏分。

最初，煤油的需求量最大，它一般用于灯油。然而，19世纪后期汽车的发明极大地增加了对原油不同馏分的需求。例如汽油和柴油，它们最初被认为是废弃物。对这些馏分的需求迅速超过了供应，因此需要开发新技术来从原油中生

分馏是分离原油中分子的过程。较大的分子具有较高的沸点。分馏塔底部最热，最大的分子在那里凝结；而顶部最冷，最轻的分子在那里凝结。

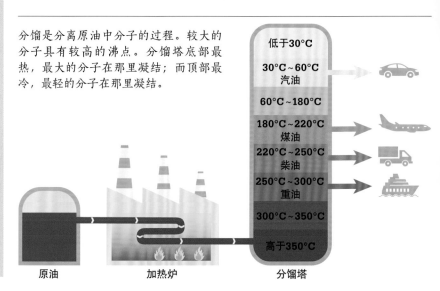

| 低于30°C |
| 30°C~60°C 汽油 |
| 60°C~180°C |
| 180°C~220°C 煤油 |
| 220°C~250°C 柴油 |
| 250°C~300°C 重油 |
| 300°C~350°C |
| 高于350°C |

原油　　　加热炉　　　分馏塔

参见： 催化 69页，温室效应 112~115页，聚合 204~211页，含铅汽油 212~213页，碳捕获 294~295页。

产更多这些馏分。

热裂化

裂化是指将较大的长链烃类分解成更有用的较小的短链烃类的过程。最初这是通过加热完成的，所以被称为"热裂化"。

1891年，俄国工程师弗拉基米尔·舒霍夫获得了第一种热裂化工艺的专利，但直到1913年，美国化学家威廉·伯顿（William Burton）和罗伯特·E. 汉弗莱斯（Robert E. Humphreys）在美国获得了类似工艺的专利，这一工艺才有了更广泛的商业应用。

热裂化的问题限制了它的应用。达到所需的高温需要大量的能量，而且许多不太有用的长链烃类残留下来，意味着化学家要继续寻找更好的方法。

为解决这一问题，法国工程师尤金·胡德利（Eugene Houdry）在20世纪20年代初期将

催化剂引入了裂化工艺。

催化裂化

催化剂会提高化学反应的速率，而本身不会被消耗。胡德利最初致力于将褐煤转化为优质汽油，但在失败后他转向了原油。他发现了一种硅铝酸盐催化剂，这种催化剂即使对难以裂化的馏分也有效。

20世纪30年代，他开始与石油公司合作。1937年，在美国宾夕

左图为美国标准石油公司的商业流化催化裂化装置。

法尼亚州的马库斯胡克，一家每天生产15000桶汽油的商业工厂开始运营。这个时机被证明是有预见性的。两年后，第二次世界大战爆发，胡德利的裂化工艺生产的航空燃料具有优越的抗爆性能。

如今，胡德利的裂化工艺已被更经济的流化催化裂化工艺所取代。然而，这种方法是建立在胡德利制定的原则之上的，并且仍然使用硅铝酸盐催化剂。■

对环境的影响

胡德利的裂化工艺实现了更可靠的燃料供应，但这并非没有问题。额外的二氧化碳排放导致人为的全球变暖。2016年，交通运输的二氧化碳排放量占全球二氧化碳排放量的五分之一左右，仅次于发电和工业的排放量。胡德利也认识到空气污染是一个问题。1950年，他成立了一家公司——Oxy-Catalyst（氧催化）——尝试开发催化预防解决方案，以解决由汽车排放引起的空气质量下降和健康问题。他发明了一种催化转化器，并于1956年获得了专利。汽油中添加的四乙基铅会使催化剂中毒，这导致他的发明没有被广泛使用，但他的工作先于三元催化转化器，后者于1973年被投入市场。这类装置现在被安装在所有以汽油为燃料的汽车上，以减少氮氧化物和一氧化碳的排放。

我们中很少有人能像尤金·胡德利那样预见工业需求，并致力于满足需求。

海因茨·海涅曼
胡德利奖演讲

就像被人扼住了喉咙

化学战

背景介绍

关键人物
弗里茨·哈伯
（1868—1934年）

此前
1812年 约翰·戴维（John Davy）发现了光气，它可用于制造染料。

1854年 苏格兰科学家莱昂·普莱费尔（Lyon Playfair）的提议——在克里米亚战争中使用二甲胂腈炮弹——被拒绝。

1907年 《海牙公约》禁止在战争中使用"毒药或有毒武器"。

此后
1925年 16个国家签署《日内瓦议定书》，承诺不在战争中使用化学制剂。

1993年 由130个国家签署的《禁止化学武器公约》禁止制造众多化学武器。

2003年 美国入侵伊拉克，以摧毁"大规模杀伤性武器"，但美国未能找到它们。

参见: 火药 42~43页,气体 46页,反应为什么会发生? 144~147页,勒夏特列原理 150页,肥料 190~191页。

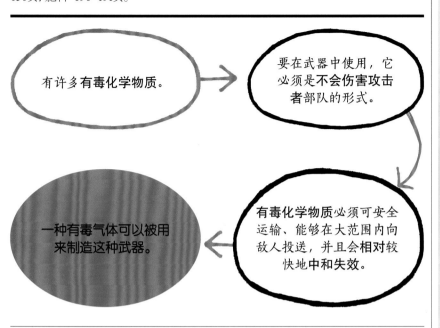

有许多**有毒化学物质**。

要在武器中使用,它必须是**不会伤害攻击者部队**的形式。

有毒化学物质必须可安全运输、能够在大范围内向敌人投送,并且会相对较快地**中和失效**。

一种有毒气体可以被用来制造这种武器。

弗里茨·哈伯

弗里茨·哈伯于1868年出生在普鲁士的布雷斯劳(现为波兰的弗罗茨瓦夫),是一名犹太人。1891年,哈伯从柏林大学获得化学博士学位。后来,他将高温和高压应用于化学反应,从而实现了肥料的大规模生产。第一次世界大战期间,哈伯在柏林的威廉皇帝物理化学和电化学研究所(现为弗里茨·哈伯研究所)工作。德军要求他研制化学武器,并担任陆军部化学科科长。

哈伯因利用氮和氢合成氨的工艺而获得了1918年的诺贝尔化学奖,但他的获奖引发了颇多争议。在他的指导下,科学家后来研发了齐克隆-B。尽管哈伯转信了基督教,但纳粹仍攻击了他和收容犹太科学家的研究所。哈伯于1933年逃离德国,1年后去世。

主要作品

1913年 《合成氨的生产》
1922年 《化学战》

1915 年春天,在第一次世界大战中,西线战场陷入了僵局。在比利时的伊普尔附近,加拿大、比利时和法国-阿尔及利亚士兵挖掘了战壕,而德军则在对面的战壕中。4月22日,德军打开了5000多个压力罐的阀门,释放出了约150吨有毒氯气。一团巨

> **我们听到牛在大叫,马在嘶鸣。**
>
> 威利·西伯特
> 第一次世界大战中的德国士兵,
> 在伊普尔

大的黄绿色云团迅速形成。氯气比空气重,靠近地面扩散,被微风吹过"无人区"到达对面的战壕。

氯气被吸入后会与肺中的水反应生成盐酸(HCl),并会收缩胸部、收紧喉咙从而导致窒息。空气中千分之一含量的氯气就可以在几分钟内导致人死亡,而许多士兵吸入的氯气浓度更高。一些人当场死亡,更多人惊慌逃散。很少有人完全逃脱:大约有15000人伤亡,其中1100人死亡。一个新的战争时代已经来临。

致命化学品

早在1914年,法国人就向德军阵地发射了充满催泪瓦斯(溴乙酸乙酯,$C_4H_7BrO_2$)的炮弹,但效果不大。1915年的伊普尔袭击是战争中第一次大规模使用毒气导致大量人员伤亡的袭击,随后又发生了

更多袭击。战斗人员后来配备了防毒面具，但突然袭击往往会导致无法及时部署防毒面具。

到1916年，几乎所有主要的参战国都在使用毒气，化学家发明了更致命的化学武器。战争期间估计产生了12万吨毒气，造成了至少130万人伤亡，其中9.1万人死亡。毒气投放一般靠风，其传播路径无法控制，它经常飘过定居点，因此也造成了多达26万名平民伤亡。

1915年的伊普尔袭击的策划者是弗里茨·哈伯，他在1908年开发了一种工艺，可以将大气中的氮固定到氨基肥料中。这种加速肥料生产的工艺也可以应用于炸药。

战争期间，哈伯力促政界人士、工业领袖、将军和科学家集合力量，开发大规模生产传统武器和化学武器的新工艺，以获得对敌人的优势。

在氯气袭击之后，哈伯开始研究更致命的化学武器。他提出了哈伯定律：毒性作用的严重程度取决于总暴露量，即暴露浓度（c）乘以持续时间（t）。长时间暴露于低浓度毒气下与短时间暴露于高浓度毒气下具有相同的效果。

其他毒气

1915年12月，德军在伊普尔将光气（$COCl_2$）用作武器。这种难以被发现、带有干草气味的无色气体是由一氧化碳和氯反应生成的。军队可以用炮弹以更小、更浓缩的剂量投送光气，而不用依靠风。

士兵们发现这种气体在低浓度时很难被检测到，而严重的症状通常需要几个小时才能显现出来。

光气与肺泡（气囊）中的蛋白质发生反应，破坏血氧交换，从而导致液体在肺部积聚并导致窒息。有人估计，在第一次世界大战中毒气导致死亡的9.1万人中，有高达85%死于光气中毒。

芥子气（$C_4H_8Cl_2S$）于19世纪初首次合成，是战争中被使用最多的化学武器。与光气一样，它通常以炮弹的形式投射。芥子气与氯气、光气的不同之处在于，它是一种气溶胶，而不是一种气体，但有毒气溶胶通常也被称为"有毒气体"。

芥子气闻起来像大蒜，有芥末色，会引起化学灼伤。芥子气的致死率为2%～3%，远低于氯气或光气，但伤员需要住院很长时间。

尽管经历了第一次世界大战的恐怖，《日内瓦议定书》的一些签署国仍继续秘密研发化学武器，而其他国家则根本不理会该协定。在中国抗日战争期间，日本军队对中国士兵和平民使用了包括光气、芥子气和刘易斯毒气（$C_2H_2AsCl_3$）在内的化学武器。

刘易斯毒气于1918年被发明，但未用于第一次世界大战。这种液体通常发散为重质无色气体，由三氯化砷（$AsCl_3$）与乙炔（C_2H_2）反应制成。刘易斯毒气会损害皮肤、眼睛和呼吸道。

1916年，法国人使用了氰化氢（HCN）气体——美国农民以前用它来熏柑橘树以防治害虫。第一次世界大战后，它以"齐克隆-B"（Zyklon-B）的名称进入市场，用于熏蒸衣物和货运列车。

从1942年初开始，纳粹在使用齐克隆-B杀害数千名苏联战俘后，又在集中营部署了工业规模的毒气作为大屠杀的关键武器，对600万名犹太人以及数百万名其他种族的人进行了种族灭绝式屠杀。仅齐克隆-B毒气就杀死了超过100万人。

神经毒剂

1938年，德国化学家在尝试研发更强的杀虫剂时，制造出了一种有剧毒、透明、无色、无味的液体化合物。

他们将其命名为"沙林"（$C_4H_{10}FO_2P$），并发现它很容易蒸发形成一种有毒、比空气重的气体。它的军事意义立即被发现，但不知什么原因，纳粹从未部署过它。

沙林是一种神经毒剂——一种使乙酰胆碱酯酶（AChE）失活的毒素。乙酰胆碱酯酶会激活人体肌肉和腺体的"关闭"开关，因此乙酰胆碱酯酶失活会导致肌肉和腺体不断受到刺激。人体皮肤上的一小滴液体沙林就会导致出汗和肌肉抽

> 化学武器在21世纪没有立足之地。

潘基文
联合国前秘书长

搐。暴露于沙林气溶胶或蒸气中会导致意识丧失、抽搐、麻痹和呼吸衰竭。就纯净形式而言，沙林的致命性是氯气的500倍，它比光气或齐克隆-B更有效。

1988年，伊拉克空军使用包括沙林在内的化学炸弹袭击了库尔德族城市哈拉布贾，造成了多达5000名平民死亡。

1995年，恐怖分子在东京地铁上用包裹释放了沙林毒气，造成了12名通勤者死亡，超过5000人受伤。

在叙利亚内战期间，叙利亚空军在2013年至2018年的几次袭击中使用了沙林，对平民造成了致命伤害。

催泪瓦斯

卤素是一组高反应性元素，在自然界中不以纯净形式存在。有些卤素被用于制造两种形式的催泪瓦斯——合成有机卤素氯苯乙酮（C_8H_7ClO）和氯苯亚甲基丙二腈（$C_{10}H_5ClN_2$），又称梅斯。这两种物质都不是气体，而是通过喷雾或榴弹形成的细微液滴或颗粒。执法机构常使用它们来控制示威和骚乱。催泪瓦斯会导致暂时的眼睛刺激和呼吸道灼热感，几乎每天都在世界某个地方被使用。■

化学武器分类

化学武器通常以气体或气溶胶（非常细微的液体颗粒，通过空气传播）的形式部署，但有些可以以液体或粉尘的形式散播。它们分为几组。

窒息性毒剂
吸收部位： 肺
主要攻击： 肺组织
效果： 肺水肿——过多的液体涌入肺部，然后"淹死"受害者
示例： 氯气、光气
毒性： 高致死率

糜烂性毒剂
吸收部位： 肺、皮肤
主要攻击： 皮肤、眼睛、黏膜、肺
效果： 灼伤和水疱，可能导致失明或呼吸道损伤
示例： 芥子气、刘易斯毒气
毒性： 没有高暴露的话不太可能致命

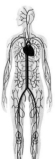

窒息剂/血液性毒剂
吸收部位： 肺
主要攻击： 所有重要器官
效果： 干扰细胞（通常是血细胞）吸收氧气的能力，导致窒息，损害重要器官
示例： 齐克隆-B中的氰化氢
毒性： 迅速致死

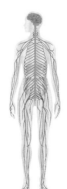

神经毒剂
吸收部位： 肺、皮肤
主要攻击： 神经系统
效果： 过度刺激肌肉、腺体和神经，导致痉挛、麻痹、呼吸衰竭
示例： 沙林、诺维乔克神经毒气
毒性： 高致死率

催泪剂
吸收部位： 肺、皮肤、眼睛
主要攻击： 眼睛、嘴巴、喉咙、肺、皮肤
效果： 暂时性失明、眼睛刺痛、呼吸困难
示例： 催泪瓦斯、胡椒喷雾
毒性： 很少致命

它们的原子具有相同的外层但有着不同的内核

同位素

所有元素都有同位素。

→

一种元素的同位素不能用化学方法区分。

↓

同位素可以是稳定的，也可以是不稳定的（放射性的）。

←

一种元素的同位素具有相同数量的质子，但具有不同数量的中子。

在20世纪初发现的放射性中，一种放射性元素会衰变为另一种元素，这是我们理解放射性的一大进步。然而，英国物理学家欧内斯特·卢瑟福和英国化学家弗雷德里克·索迪的这一突破也提出了新的问题。卢瑟福、索迪和其他人，如德国化学家奥托·哈恩（Otto Hahn）和奥地利物理学家莉泽·迈特纳（Lise Meitner），在20世纪的头20年里记录了近40种新元素，连接起来形成了三条衰变链：从铀开始的镭系列，钍系列，以及锕系列。这些新元素通常以微小的量存在，因而无法直接测量，只能通过它们不同的半衰期（一半样品衰变所需的时间）来鉴别。

表中位置在哪？

确定这些新元素在元素周期表中的位置是一项挑战。在元素周期表中，铀和铅之间只有11个位置，却要填入近40种新元素。这些新的放射性元素被命名为"射钍"，镭A、B、C、D、E、F，铀X等，每一种都有不同的半衰期。化学家试图从钍中分离出射钍，但未能通过化学方法完成这项工作。类似的，"中钍"在化学上也无法与镭区分开来。

参见： 元素周期表 130~137页，电子 164~165页，放射性 176~181页，改进的原子模型 216~221页。

1910年，索迪意识到不可能用化学方法分离这些新元素，因为它们中的许多尽管原子质量略有不同，但实际上是同一种元素。例如，镭D和钍C实际上是两种不同形式的铅，其化学性质与铅相同，因此，它们与铅在元素周期表中的位置相同。英国医生玛格丽特·托德（Margaret Todd）建议将这些相似的元素用希腊语iso-topos（同一个地方）来表示，索迪同意了。曾经作为元素决定性特征的原子质量，现在被视为一个可变量。英国物理学家詹姆斯·查德威克（James Chadwick）在1932年发现了中子，它是造成不同原子质量的原因。

法扬斯和索迪定律

1913年，索迪提出了嬗变规则。与此同时，波兰裔美国化学家卡齐米日·法扬斯（Kazimierz Fajans）和英国化学家亚历山大·罗塞尔（Alexander Russell）也发现了这一规则，他们三人都是独立

斯蒂芬妮·霍洛维茨进行了艰苦的工作，分离、纯化和准确测量了铅以供分析，帮助确认了同位素的存在。

工作的。当一个原子发射一个α粒子时，它在元素周期表中会往回移动两个位置（因此，铀-238变成了钍）。当一个原子发射一个β粒子时，它会向前移动一个位置（碳-14变成了氮）。这些规则，也称为"放射性位移定律"。该定律决定了衰变链的发展终点是稳定的铅。

该定律的一项预测是，铀衰变产生的铅与天然铅的原子量不同。捷克-奥地利化学家奥托·赫尼希施密德（Otto Hönigschmid）受法扬斯和索迪的请求，开展工作以证明这一点。然后，他招募了波兰化学家斯蒂芬妮·霍洛维茨（Stefanie Horovitz），让她从富含铀的矿物沥青铀矿中提取未受污染的氯化铅（$PbCl_2$）样品。对样品的分析证明，放射性衰变产生的铅的原子量小于天然铅的原子量。这是同位素存在的第一个物理证据。■

(中子的) 发现有最大的吸引力和重要性。

欧内斯特·卢瑟福

中子

原子序数，即原子的原子核内的质子数定义了元素。例如，一个有六个质子的原子总是碳。然而，同位素的发现表明，元素的原子质量可以变化。似乎原子核中除了质子还有别的东西。

欧内斯特·卢瑟福提示，可能存在一种由一对质子和电子组成的粒子，他称之为"中子"，它的质量与质子相似，但不带电荷。与此同时，法国化学家弗雷德里克·约里奥（Frédéric Irène Joliot）和伊雷娜·约里奥-居里（Irène Joliot-Curie）一直在研究铍发出的粒子辐射，并认为辐射是高能光子的形式。

詹姆斯·查德威克在1932年的实验证实，铍发出的辐射实际上是一种质量与质子相似的中性粒子。查德威克因证明中子的存在而获得了1935年的诺贝尔物理学奖。

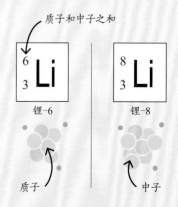

锂的原子序数是3，指的是它有三个质子。中子的数量可以变化：同位素锂-6有三个中子，而锂-8有五个中子。

每条线对应一个特定的原子量

质谱

19世纪初，约翰·道尔顿提出，单种元素所有原子的原子质量相等，这是理解物质的重要一步。1897年，约瑟夫·约翰·汤姆森突破性地发现了电子存在的证据。电子是带负电荷的粒子，似乎是原子的一部分。这表明原子中可能还存在其他部分。汤姆森专注于开发他的原子模型和进行其他研究。当弗朗西斯·阿斯顿（Francis Aston）在1910年加入汤姆森的研究团队时，对质谱的研究开始了。质谱是一种定性分析混合物中有哪些化合物存在的技术。

进行更多、更多和更多的测量。

弗朗西斯·阿斯顿

质谱仪和同位素

1912年，汤姆森和阿斯顿制造了他们的第一台质谱仪。该仪器可在气体放电管中产生离子并通过平行磁场和电场投射离子。这些场产生了抛物线束，其形状取决于质量、电荷和速度。

起初，阿斯顿希望通过质谱仪验证道尔顿的理论，即一种元素所有原子的原子质量相同，但当他们用质谱仪测量氖的原子质量时，他们发现了两条不同的抛物线：22个质量单位和20个质量单位形成的抛物线。而元素周期表上记录的氖为20.2个质量单位。

汤姆森猜测存在一种新型的氖，并开始检验这一想法。阿斯顿则负责检验两种"不太可能"的选项，即存在一种新的氖化合物或者氖由两种不同质量的粒子（同位素）组成。

阿斯顿制造了一个可以称量很小质量的天平，并发现每个自然产生的氖样品所测量出的数值都相同：20.2个质量单位。在第一次世界大战中，阿斯顿被召集到海军部

参见: 道尔顿的原子理论 80~81页, 原子量 121页, 元素周期表 130~137页, 电子 164~165页, 放射性 176~181页, 同位素 200~201页。

发明和研究委员会任职, 但他在继续思考他的研究。

战后他回到汤姆森的实验室, 并于1919年制造了一台新的质谱仪, 该质谱仪使用磁场来分散离子, 就像棱镜分散光一样。离子在感光板上的位置取决于它们的质量: 离子的质量越小, 或者所带的电荷越多, 其偏转角度就越大, 因此可以通过改变磁场的强度来聚焦。这种设计消除了速度的影响, 还可以测量信号强度。

阿斯顿测量了两束氖离子(20个质量单位和22个质量单位)的强度。他发现, 它们的强度比是10:1, 也就是说它们的丰度比是10:1。根据校正的丰度计算氖的平均质量, 结果正是20.2个质量单位——如元素周期表所记录的那样。

阿斯顿发现了稳定元素中存在同位素的证据。他继续鉴定了212种其他同位素, 从根本上推动了原子时代的发展。

碎片图谱

到1935年, 化学家已经确定了大多数元素的主要同位素及其相对丰度。他们推测质谱在分析化学中还有其他应用, 但质谱仪似乎是一种精密仪器, 以至于大多数人认为它几乎不可能用于分析溶剂中的大分子。这些分子必须进入气相, 并且一旦被电子束击中, 就会碎裂成许多碎片。

20世纪50年代, 美国的威廉·斯塔尔(William Stahl)等化学家设法使水果气味分子挥发并用质谱仪检测, 通过将结果与单个分子的已知碎片图谱相匹配进行了识别。这项工作为质谱在分析化学中的应用打开了大门。■

弗朗西斯·阿斯顿

弗朗西斯·阿斯顿(Francis Aston)于1877年出生在英国伯明翰, 很早就对化学产生了兴趣。他在家中研究有机化合物, 并在指导下研究了酒石酸。他还研究了发酵, 并在一家啤酒厂工作了三年。1903年, 阿斯顿离开啤酒厂前往伯明翰大学从事研究工作, 他的兴趣转向物理学。他与英国物理学家约翰·坡印亭(John Poynting)合作, 构建了用于研究放电管中阴极和阳极之间暗区的设备。1910年, 他来到剑桥大学, 在卡文迪许实验室与约瑟夫·约翰·汤姆森一起工作。他的研究因第一次世界大战而中断, 但在1922年, 他获得了诺贝尔化学奖, 部分原因是他发现了大量非放射性元素的同位素。他于1945年去世。

主要作品

1919年 《一种阳极射线光谱仪》

1922年 《同位素》

1933年 《质谱和同位素》

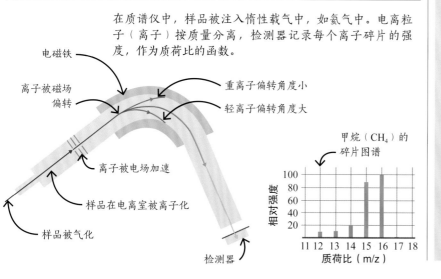

在质谱仪中, 样品被注入惰性载气中, 如氦气中。电离粒子(离子)按质量分离, 检测器记录每个离子碎片的强度, 作为质荷比的函数。

电磁铁

离子被磁场偏转

重离子偏转角度小

轻离子偏转角度大

离子被电场加速

样品在电离室被离子化

样品被气化

检测器

甲烷(CH$_4$)的碎片图谱

相对强度

质荷比(m/z)

化学创造的最大事物

聚合

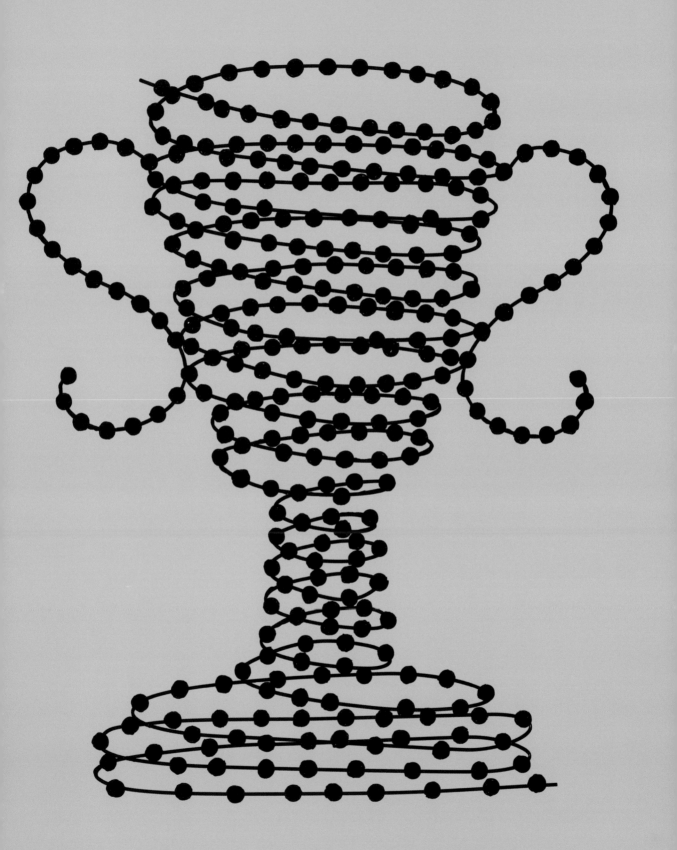

背景介绍

关键人物

赫尔曼·施陶丁格
（1881—1965年）

此前

1861年 托马斯·格雷姆（Thomas Graham）提出，淀粉和纤维素是由小分子聚集在一起形成的。

1862年 亚历山大·帕克斯（Alexander Parkes）用纤维素创造了"帕克赛恩"（parkesine），后来被称为"赛璐珞"（celluloid）。

此后

1934年 华莱士·卡罗瑟斯（Wallace Carothers）发明了尼龙。

1935年 加拿大化学家迈克尔·佩林（Michael Perrin）开发了第一种工业规模的聚乙烯合成方法。

1938年 美国化学家罗伊·普朗克特（Roy Plunkett）发明了第一种含氟聚合物——聚四氟乙烯。

高分子化合物包含自然界中最重要的物质。

赫尔曼·施陶丁格
诺贝尔奖演讲

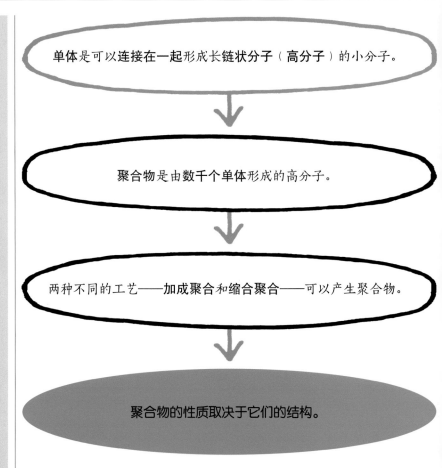

单体是可以连接在一起形成长链状分子（高分子）的小分子。

聚合物是由数千个单体形成的高分子。

两种不同的工艺——加成聚合和缩合聚合——可以产生聚合物。

聚合物的性质取决于它们的结构。

塑料是现代生活的一个重要部分。我们穿塑料纤维制成的衣服，购买塑料包装的食品和其他商品，用塑料卡支付购物费用，然后用塑料袋把它们带回家。1920年的一项重要发现使我们知道，所有塑料都是聚合物——由较小的重复单元（或单体）组成的长链状分子。

聚合物通常被用回形针链的类比来解释：单个回形针代表单体，而大量回形针连接成链代表聚合物。塑料是合成或半合成聚合物，但聚合物在自然界中也很常见。比如，橡胶或乳胶——来自橡胶树（三叶橡胶树）等植物，纤维素——植物的主要结构纤维，DNA——编码了所有生物的遗传物质，以及蛋白质——生命的物质基础。

到20世纪初，"聚合物"这个词已经被使用了将近70年，但那时的聚合物与我们现在所理解的意义不同。当永斯·雅各布·贝采利乌斯在1832年引入术语"聚合物"时，他用它来指代具有相同原子且原子比例相同，但分子式不同的有机化合物。今天我们将之称为"同系物"。例如，乙烷（C_2H_6）和丁烷（C_4H_{10}）都是烷烃同系物：它们具有相同的通式——氢原子数是

参见: 官能团 100~105页, 分子间力 138~139页, 合成塑料 183页, 裂化原油 194~195页, 不粘聚合物 232~233页, 超强聚合物 267页。

碳原子数的两倍再加2——但具有不同的分子式。

聚合物生产

到19世纪中叶, 某些聚合物已经被发现、合成和销售。1839年, 美国工程师查尔斯·固特异 (Charles Goodyear) 发现天然橡胶可以用硫硬化, 这意味着它可以用于从机械到自行车轮胎的各种产品。一年前, 法国化学家安塞姆·佩恩从木材中鉴定并分离出了纤维素。1862年, 英国化学家亚历山大·帕克斯使用纤维素制造了一种他称之为"帕克赛恩"的塑料材料。

帕克斯的发明被许多人认为标志着现代塑料工业的诞生。尽管帕克斯的发明并没有在商业上取得成功——他的材料价格昂贵, 而且弹性不大——但它被其他人改进, 重新命名为"赛璐珞", 用于从相机胶卷到台球的各种产品。

1907年, 里奥·贝克兰发明了"电木", 这是第一种大规模生产的全合成塑料。然而, 尽管聚合物产品得到了广泛使用, 但化学家们仍然对这些材料的确切结构存在分歧。

当时, 大多数卓越的化学家赞同苏格兰化学家托马斯·格雷姆在1861年提出的缔合理论。格雷姆认为, 橡胶和纤维素等物质, 是由通过分子间力结合在一起的小分子

"电木"是一种由苯酚和甲醛制成的硬质树脂, 是第一种商业化生产的完全合成塑料。"电木"产品今天仍然具有"复古"吸引力。

簇组成的。有人认为这些物质可能由更大的分子组成, 但这种想法被立即驳斥了, 因为大多数化学家认为这是不可能的: 极大的分子不可能是稳定的。

高分子

有一个人试图挑战聚合物的正统观念, 他是德国有机化学家赫尔曼·施陶丁格。在小分子化学领域备受推崇的施陶丁格, 对橡胶的主要聚合物成分异戊二烯产生了兴趣。

1920年, 他发表了一篇论文, 提出橡胶等天然物质的分子比当时人们认为的要大得多, 分子量以百万计。施陶丁格论述了这些大

赫尔曼·施陶丁格

赫尔曼·施陶丁格于1881年出生在德国沃尔姆斯, 最初在哈雷大学学习植物学。他参加了化学课程以提高他的理解力, 而之后化学成了他的主要兴趣。他最早的研究发现之一是乙烯酮——一种在有机合成中具有广泛应用的高活性化合物。

施陶丁格在高分子化学领域的开创性工作, 使他在1940年建立了第一个专门从事高分子研究的欧洲研究所。他还创办了第一个专门关注高分子化学的期刊。1953年, 他获得了诺贝尔化学奖。他于1965年去世。

1999年, 他在高分子化学领域的工作被认定为"国际化学历史里程碑"。

主要作品

1920年 《论聚合》
1922年 《论异戊二烯和橡胶》

分子是如何由大量小分子通过聚合反应连接形成的。他后来将这些巨大的分子称为"高分子"。他1920年的论文《论聚合》被认为是高分子科学领域的起点。

缔合理论的支持者仍然不认同施陶丁格的想法。施陶丁格用高分子性质来解释橡胶的特性。反对者认为，橡胶的特性可以用弱的分子间的相互作用来解释。为了反驳这一点，施陶丁格需要实验证据。

另外两位化学家——德国人卡尔·哈里斯（Carl Harries）和奥地利人鲁道夫·普默勒（Rudolf Pummerer）此前声称，橡胶是由许多异戊二烯小分子的聚集体组成的，这赋予了材料胶体特性。这些特性包括在溶剂中形成悬浮液而不是溶液，因为胶体中的颗粒很大并且不溶解。哈里斯和普默勒认为这些特性是因为碳-碳双键有"偏价"——一种将分子聚集在一起的弱力。

为了挑战这一理论，施陶丁格决定将橡胶中的碳-碳双键氢化

> 分子量超过5000的有机分子不存在。
>
> 海因里希·维兰德
> 德国化学家

（加氢）。这使得双键的碳原子都连接上了一个氢原子，而在碳原子之间只留下了一个单键。如果哈里斯和普默勒的理论是正确的，那么这应该会破坏橡胶中的聚集体并改变其性质。施陶丁格没有观察到这样的情况：氢化橡胶的性质与天然橡胶的没有什么不同。

理论的胜利

尽管施陶丁格的实验似乎表

明他的高分子理论是正确的，但他的同行并不信服。因此，施陶丁格转而尝试直接制造高分子。他和他的同事以苯乙烯等小分子为起点，制造了一系列不同的聚合物。他们确定了这些聚合物的分子量与其黏度（对改变形状的阻力）之间的关系，这是高分子模型的进一步证据。

一段时间后，施陶丁格的想法仍遭到反对。但是，随着证据的增加，以及其他科学家能够更准确地检测聚合物分子的巨大质量，高分子理论慢慢地被接受了。多年后，施陶丁格被证明是正确的，他被授予1953年的诺贝尔化学奖，以表彰"他在高分子化学领域的发现"。

施陶丁格的工作在很大程度上是理论的胜利，因为他在任何工业化聚合工艺的发展中几乎没有发挥作用。但他的工作启发了其他化学家研究聚合的实用性，并开辟了化学可能性的新世界。高分子的大尺寸意味着潜在分子的数量和多样性是巨大的。即使对于相同的分

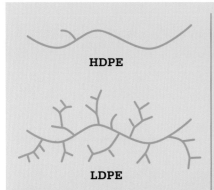

HDPE

LDPE

HDPE（高密度聚乙烯）和LDPE（低密度聚乙烯）是相同的聚合物，但结构不同。LDPE的分支结构使其密度低于HDPE。

聚合物性质

聚合物分子的大尺寸意味着相同的聚合物可以因结构不同而具有不同的性质。这方面的一个例子是聚乙烯，它以高密度聚乙烯（HDPE）或低密度聚乙烯（LDPE）的形式出现。

HDPE的结构就像一条长链，分支很少。这使得分子能够以较强的分子间力紧密地堆积在一起。HDPE是一种坚硬的塑料，用于制造塑料瓶和管道。LDPE具有更支化的结构，分子更松散

地堆积在一起。较弱的分子间力使其成为较软的塑料，最常用于制造塑料袋。

聚合物的性质也随温度而变化。被加热时，聚合物最终会达到其玻璃化温度（T_g），变得软而柔韧。T_g高于室温的聚合物硬而脆，而T_g低于室温的聚合物则很柔软。

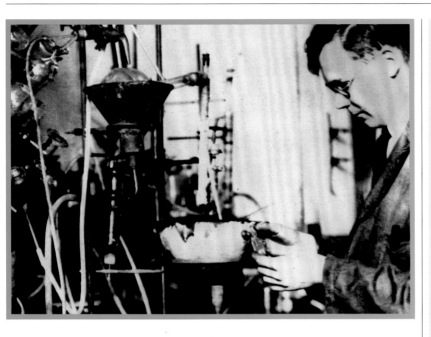

华莱士·卡罗瑟斯因发明尼龙而闻名。他发现了聚合物是如何形成的，并合成了具有巨大分子量的新聚合物。

子，其性质也会随着结构和使用条件的不同而显著不同。

构建超高聚物

美国有机化学家华莱士·卡罗瑟斯是受施陶丁格理论启发的人之一。从1928年起，他担任美国特拉华州杜邦化学公司研究机构的组长。施陶丁格专注于分析天然聚合物，而卡罗瑟斯则采用更实用的方法研究高分子——开创生产聚合物的新方法。

卡罗瑟斯是第一位定义两种主要聚合类型的化学家，这两种类型的名称我们今天仍在使用：加成和缩合。

加成聚合物是两者中更直接的一种。顾名思义，它们是由许多小分子（单体）简单连接在一起形成的。单体必须包含碳–碳双键，当单体连接成链时，双键就会变成单键。

与此不同，缩合聚合物是由

具有两个不同官能团的单体形成的。如果单体相同，则它们在每一端都有一个官能团。这些官能团相互反应形成聚合物链，并因反应而损失一个小分子。卡罗瑟斯想要追求的正是这种聚合。

卡罗瑟斯从低分子量化合物开始，旨在利用已建立的有机化学反应将它们一一结合，最终产生高分子。他根据原始分子的结构和反应的性质推测，合成高分子的结构可以被预测。他的另一个目标是使分子尽可能大，超过当时认为的分子量极限。

1930年3月，卡罗瑟斯的团队生产了一种名叫氯丁二烯的聚合物，其性质类似于橡胶，后来被命名为"氯丁橡胶"。同年4月，该

聚合方法

在加成聚合中，引发步骤会触发反应。在终止步骤之前，单体逐一添加到链上。对于不同的链，终止步骤随机发生在不同的位置，这意味着聚合物链的长度不同。

用于制造加成聚合物的单体可以是相同的，如聚乙烯，这种情况会产生均聚物。但是，也可以使用多种类型的单体，这会产生共聚物。无论单体的类型如何，聚合物都是加成聚合的唯一一产物。

在缩合聚合中，单体在反应中连接在一起，并消去一个小分子。这种副产品通常是水——因此是"缩合"的。这种类型的聚合通常使用的是两种不同的单体。

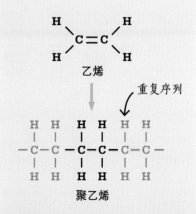

聚乙烯是一种加成聚合物，由乙烯单体构成。乙烯的碳–碳双键被单键取代。

团队成功生产出分子量高达25000的聚酯。他们还注意到，这些超高聚物可以被拉成线状纤维，并且在冷却后，仍可以被进一步拉伸。这增加了它们的强度和弹性。

合成纺织品

很明显，新的聚酯可以应用于纺织面料。然而，这在实践中很难实现。各种候选聚酯聚合物被生产出来，但它们都存在不适合商业化的缺点：太易熔化或太易溶解。

在聚合物研究经历了一段停滞期之后，卡罗瑟斯的团队改变了策略，开始研究聚酰胺纤维。他们使用各含有六个碳原子的二羧酸和二胺，生产出了一种不溶于大多数溶剂且具有高熔点的强韧弹性纤维。1935年，这种纤维被杜邦公司选中，并进行全面生产。后来它被命名为"尼龙"。

杜邦公司又花了三年时间开发出制造这两种反应物（二羧酸和二胺）的方法。尼龙终于在1940年开始销售，并立即获得了成功。第一年就销售了6400万双尼龙丝袜。尼龙在第二次世界大战期间也被广泛应用，包括用于帐篷和降落伞。

遗憾的是，卡罗瑟斯并没有看到他和他的团队生产的聚合物获得成功。多年来，他一直在与抑郁症做斗争，并于1937年4月结束了自己的生命。如果他当时还活着，他很可能会与施陶丁格分享1953年的诺贝尔奖，因为他对理解高分子做出了自己的贡献。

塑料污染

在施陶丁格和卡罗瑟斯等先驱的工作之后的几十年里，塑料逐渐成为日常生活的一部分。2020年，全球生产了3.67亿吨塑料。在许多方面，这些方便的材料使以前不可能的事情成为可能。但20世纪60年代以来，人们也越来越关注塑料对环境的影响。

> **我们不仅有合成橡胶，还有理论上更原创的东西——合成丝绸……这将足够我们终生使用。**
>
> 华莱士·卡罗瑟斯

第一个问题是制造许多塑料所需的分子来自化石燃料，而提取这些分子的过程会产生各种污染物。我们需要开发不以化石燃料为原材料的制造塑料的方法。

第二个问题是塑料在丢弃后也会产生有害影响。糟糕的塑料回收和一次性塑料文化意味着全球范

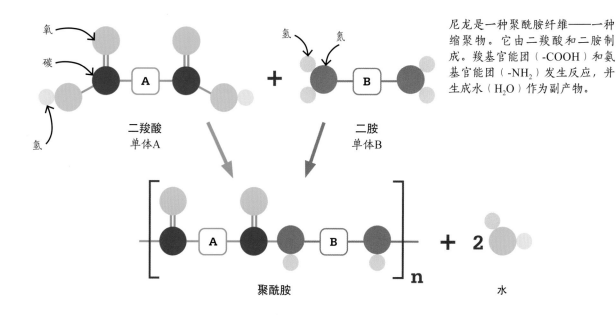

二羧酸
单体A

二胺
单体B

聚酰胺

水

尼龙是一种聚酰胺纤维——一种缩聚物。它由二羧酸和二胺制成。羧基官能团（-COOH）和氨基官能团（-NH$_2$）发生反应，并生成水（H$_2$O）作为副产物。

在创造更容易以这种方式解构的聚合物。

如果我们有任何机会处理塑料污染问题，那么生产者和消费者都必须致力于施行解决方案。由植物材料制成的生物塑料和可完全生物降解的塑料已经存在，但只占塑料总产量的一小部分。■

尼龙丝袜于1940年5月开始向公众发售。头四天就售出了400万双。尼龙成为那个时代的象征。

围内的塑料垃圾在不断增加，预计到2050年将达到120亿吨。塑料存在的时间还不够长，我们无法知道它是否会完全分解。塑料垃圾每年导致数百万只海洋动物死亡，因为它们会被塑料缠住或吃掉塑料。

此外，塑料会分解成被叫作"微塑料"的微小颗粒。科学家在几乎每个地方都发现了微塑料，即使在我们星球最遥远的地方。微塑料的影响是一个新兴的研究领域，人们担心它会对人类健康和环境产生不利影响。

可持续塑料

化学家面临的挑战是找到减轻塑料危害的方法，现在他们已经取得了一些进展。塑料被机械回收后，会被熔化以作为低级塑料重新使用。但是，"拆开"塑料的方法可以将聚合物分解成单体，用于制造不同类型的塑料。现行的研究旨

塑料可能需要长达1000年的时间才能分解，并且现在只有不到20%的塑料被回收。通常的做法是将塑料熔化以供重复使用，但这只能进行有限的次数。

发展汽车燃料至关重要

含铅汽油

背景介绍

关键人物

托马斯·米奇利（1889—1944年）

克莱尔·卡梅隆·帕特森

（1922—1995年）

此前

公元前1世纪 古罗马土木工程师维特鲁威（Vitruvius）警告人们铅水管有引发中毒的危险。

1853年 德国化学家卡尔·雅各布·勒维格（Carl Jacob Löwig）合成了四乙基铅。

1885年 德国工程师卡尔·本茨（Karl Benz）和戈特利布·戴姆勒（Gottlieb Daimler）各自发明了以汽油为燃料的机动车。

此后

1979年 美国儿科医生赫伯特·尼德曼（Herbert Needleman）报告了儿童体内铅含量过高与其较差的学习成绩和行为表现之间的联系。

2000年 含铅汽油在英国被禁止销售。

第一次世界大战后，对汽车的需求猛增：到1924年，已有大约1500万辆汽车在美国注册。汽车的内燃机通过点燃汽油与空气的混合物来产生能量，并产生二氧化碳和水作为副产物排出。然而，一个被称为"爆震"的问题——一些混合燃料被过早点燃——会产生噪声、损坏发动机，并降低其效率。

1921年，在通用汽车公司（GM）工作的托马斯·米奇利（Thomas Midgley）通过向汽油中添加四乙基铅（TEL）找到了解决方案。TEL燃烧时会产生二氧化碳、水和铅。铅颗粒通过提高过早点火发生的温度和压力来防止爆

汽油发动机中的爆震

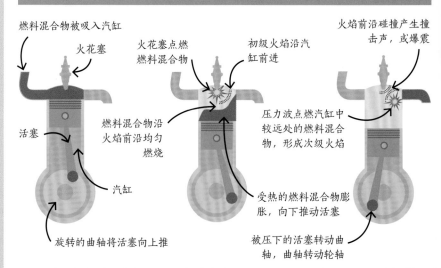

燃料混合物被吸入汽缸

火花塞

活塞

汽缸

旋转的曲轴将活塞向上推

火花塞点燃燃料混合物

燃料混合物沿火焰前沿均匀燃烧

初级火焰沿汽缸前进

受热的燃料混合物膨胀，向下推动活塞

火焰前沿碰撞产生撞击声，或爆震

压力波点燃汽缸中较远处的燃料混合物，形成次级火焰

被压下的活塞转动曲轴，曲轴转动轮轴

1. 燃料混合物进入汽缸并被上升的活塞压缩。

2. 火花塞点燃压缩的燃料混合物以产生初级火焰。

3. 如果发生不受控制的次级火焰，则初级火焰和次级火焰前缘会发生碰撞。

参见: 新型化学药物 44~45页,气体 46页,裂化原油 194~195页,臭氧空洞 272~273页。

> 有铅的地方,迟早会出现一些铅中毒的情况……

爱丽丝·汉密尔顿
美国工业医学专家

震。铅还与氧气反应生成氧化铅。

已知的毒性

尽管TEL的毒性众所周知,但通用汽车公司和新泽西标准石油公司仍在1921年创建了乙基汽油公司,以生产和销售含铅汽油。在一家生产工厂里,5名工人死亡,另有35人严重铅中毒。而在另一家工厂里,工人出现了幻觉。美国公共卫生官员也对大气中铅的危险发出了警告,尽管如此,第一罐含铅汽油仍在1923年开始出售。改善的工作方法使含铅汽油的生产更安全,但活动人士仍然相信汽车尾气排放的铅十分危险。

1964年,美国地球化学家克莱尔·卡梅隆·帕特森(Clair Cameron Patterson)分析了格陵兰岛的冰芯,发现18世纪以来铅沉积增加了200倍,且大部分增加发生在检测前30年。1965年对南极冰芯的分析也得出了类似的结论。帕特森确信大部分铅来自含铅汽油,而

且如此高的含量是危险的。

1966年,他向美国国会空气和水污染小组委员会提交了证据。1970年的《清洁空气法》指示新成立的美国环境保护署对汽油中的TEL进行监管。1986年,汽油中的TEL含量被限制为0.1克/加仑,1996年,含铅汽油在美国被完全禁用。

1997年,美国疾病控制和预防中心发现,儿童和成人血液中的平均铅含量在之前的20年中下降了超过80%。到2002年,只剩下82个国家允许销售含铅汽油。联合国环境规划署(UNEP)2011年的一份报告估计,全球淘汰含铅汽油已避免了超过120万人过早死亡。2021年,阿尔及利亚成为世界上最后一个禁止使用这种有毒燃料的国家。■

What a powerful difference this high-octane gasoline makes!

尽管清楚其毒性,但乙基汽油公司仍在20世纪50年代向美国家庭宣传含铅汽油的性能优势。

托马斯·米奇利

米奇利于1889年出生在美国宾夕法尼亚州,父亲是一位发明家。他毕业于康奈尔大学,获得机械工程学位,并于1919年开始为通用汽车公司工作。他于1921年发现了添加剂TEL,并创造了含铅汽油,但后来因铅中毒而病重。然而,这并没有阻止他向美国监管机构和公众宣传含铅汽油。

1928年,米奇利带领一个研究团队开发了二氯氟甲烷——一种称为氟利昂12的氯氟烃(CFC)——作为不易燃制冷剂,以替代当时使用的易燃制冷剂。CFC对臭氧层的破坏性影响直到20世纪80年代才被发现。米奇利因他的发明而获得了几个著名的奖项,但他在1940年患上了小儿麻痹症并严重残疾。他于1944年去世。

主要作品

1926年 《防止燃油爆震》

1930年 《有机氟化物作为制冷剂》

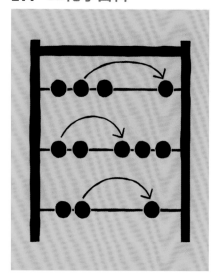

弯箭头是一种方便的电子标记工具

描述反应机理

自从德国化学家弗里德里希·维勒于1828年合成了尿素，否定了有机材料只能在活体中制造的观点，许多有机化学家致力于寻找方法以合成药物、塑料、燃料和研究材料。化学键因电子的运动而形成或断裂，因此了解电子在哪里或哪里需要电子，对于理解和预测化学反应很重要。

反应机理——反应如何进行的理论示意图——对于成功合成

现代有机化学家几乎没有一天不使用弯箭头来解释反应机理或规划合成路径。

托马斯·齐多夫斯基
《化学解释》

至关重要。然而，这些机理直到1922年才变得清晰起来。当时，英国化学家罗伯特·罗宾逊（Robert Robinson）设计了弯箭头符号。

弯箭头

1897年，英国物理学家约瑟夫·约翰·汤姆森确定了电子是原子的一部分。化学家意识到，这些电子的重排很可能是反应机理中不可或缺的部分。然而，如果没有可视化方法，对电子运动的描述将很难理解。

为解决这一问题，在1922年与英国化学家威廉·奥格威·克马克（William Ogilvy Kermack）合作的一篇论文中，罗宾逊引入了弯箭头，用来描述电子（由点表示）如何在有机化合物的反应中移动，以及由此产生的分子结构。

这种可视化电子运动的方法可以帮助化学家了解反应机理，并根据化合物的反应性设计可能有用的新反应路径。

然而，最初弯箭头使化学家们很困惑。部分问题在于有机化学

参见: 尿素的合成 88~89页, 结构式 126~127页, 苯 128~129页, 分子间力 138~139页, 反应为什么会发生? 144~147页, 改进的原子模型 216~221页, 化学成键 238~245页。

弯箭头的工作原理

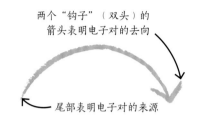

两个"钩子"（双头）的箭头表明电子对的去向

尾部表明电子对的来源

双头箭头表示化学反应过程中一对电子的移动方向。

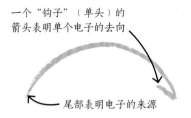

一个"钩子"（单头）的箭头表明单个电子的去向

尾部表明电子的来源

单头箭头用于表示化学反应过程中单个电子的移动方向。

的电子理论——电子在有机键合中的作用——是非常新颖的, 并且还在发展中。此外, 罗宾逊的早期论文并没有清楚地表明箭头表示一个电子的运动还是两个电子的运动。

物理有机化学这一新领域的先驱, 如美国化学家莱纳斯·鲍林和吉尔伯特·路易斯, 通过证明所有化学键均由两个电子组成, 解决了使用弯箭头的许多概念性问题。

从1924年开始, 罗宾逊对他的方法进行了改进, 他使用双头（带两个"钩子"）箭头（见上方）来描述两个电子的运动, 如下所示。

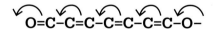

虽然现在人们知道化学反应不是以单独的步骤发生的, 但人们仍然使用弯箭头并将其作为可视化方法教授给化学专业的学生, 以帮助他们了解化学合成的推动力。

弯箭头的正确性受到量子力

学领域的争议, 量子力学根据波动理论描述分子结构。然而, 2018年, 澳大利亚新南威尔士大学的化学家蒂莫西·施密特 (Timothy Schmidt) 和特里·弗兰科姆 (Terry Frankcombe) 通过一系列卓越的量子化学计算将两者联系了起来。■

> ❝
> 以前, 我们知道弯箭头有效, 但我们不知道它为什么有效。
>
> 蒂莫西·施密特
> ❞

在乙烯（C_2H_4）和氢溴酸（HBr）合成溴乙烷（C_2H_5Br）的反应机理中, 弯箭头表示从一个键移动到另一个键的电子对。

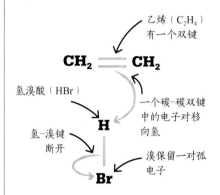

乙烯（C_2H_4）有一个双键

氢溴酸（HBr）

一个碳-碳双键中的电子对移向氢

氢-溴键断开

溴保留一对孤电子

1. 碳-碳双键上的一对电子转移到氢上。这打破了氢和溴之间的键, 并在没有反应的碳上产生了一个正电荷。

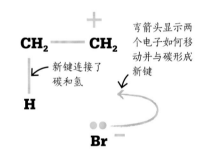

弯箭头显示两个电子如何移动并与碳形成新键

新键连接了碳和氢

2. 溴离子上剩余的两个电子——现在用点表示——被带正电荷的碳所吸引。这在碳和溴之间产生了新的键。

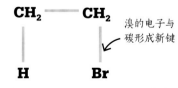

溴的电子与碳形成新键

3. 溴乙烷（C_2H_5Br）, 也称乙基溴, 是反应的最终产物。

空间结构的形状和变化

改进的原子模型

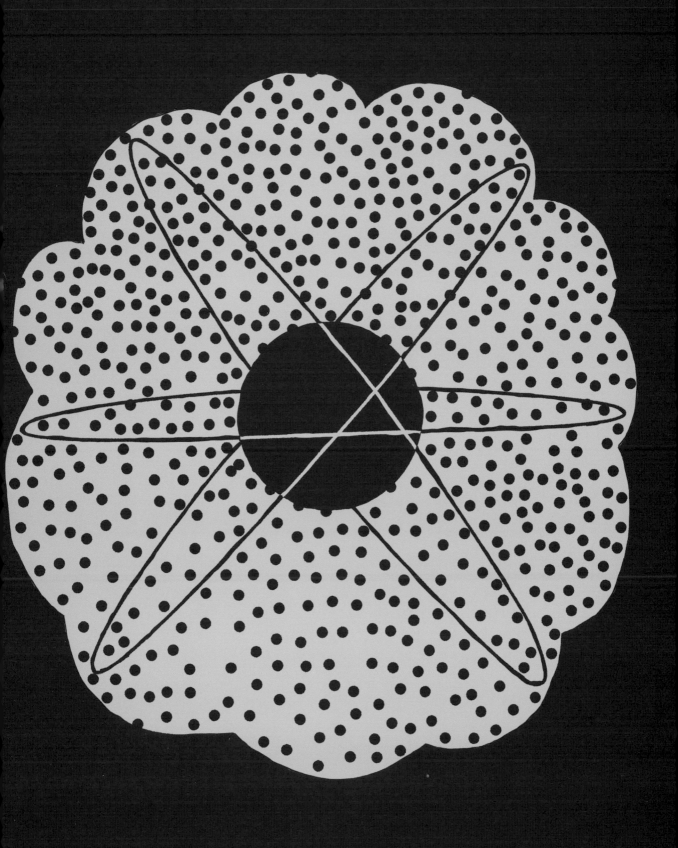

19世纪末，原子可以分裂成更小的部分这一发现，彻底改变了人们对原子结构的思考。随后不断出现的原子模型最终促使埃尔温·薛定谔在1926年创建了他的量子模型，这种模型至今仍然被人们接受。

1897年，约瑟夫·约翰·汤姆森首次发现了电子。令科学家困惑的是，电子在原子结构中处于什么位置？1904年，汤姆森提出，带负电荷的电子可能嵌在带正电荷的原子核中，这一想法被称为"李子布丁模型"。不过，这一模型很快被否定了。

1911年，出生于新西兰的英国物理学家和化学家欧内斯特·卢瑟福提出，电子存在于致密的原子核之外，并且原子内的大部分区域是空的。

卢瑟福的这个想法基于德国物理学家汉斯·盖格和英国物理学家欧内斯特·马斯登于1909年在曼彻斯特大学进行的实验的结果。在这些实验中，他们将放射性α粒子投射到超薄金箔上，他们发现，这些重粒子中的大多数直接穿过了金箔或以小角度偏转——但有些会反弹回来。

在这种反弹现象的基础上，卢瑟福提出，原子包含一个小的、致密的、带正电荷的原子核，而带负电荷的电子围绕它运行。

直到1913年，一位年轻的丹麦学生尼尔斯·玻尔将一个晦涩的数学公式应用于德国物理学家马克斯·普朗克的量子概念，卢瑟福的解释才被接受，亚原子粒子逐

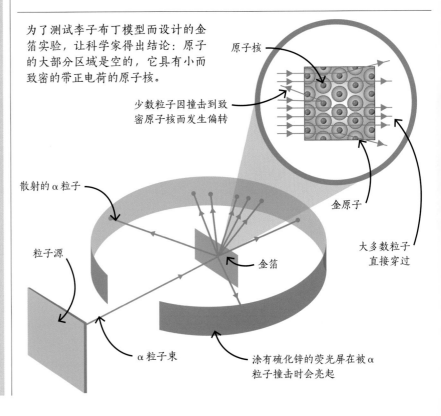

为了测试李子布丁模型而设计的金箔实验，让科学家得出结论：原子的大部分区域是空的，它具有小而致密的带正电荷的原子核。

原子核

少数粒子因撞击到致密原子核而发生偏转

金原子

大多数粒子直接穿过

散射的α粒子

粒子源

金箔

α粒子束

涂有硫化锌的荧光屏在被α粒子撞击时会亮起

参见: 原子宇宙 28~29页, 道尔顿的原子理论 80~81页, 配位化学 152~153页, 电子 164~165页, 化学成键 238~245页。

渐被理解。

固定轨道

　　这个晦涩难懂的公式来自瑞士巴塞尔大学的德国讲师约翰·巴耳末。1885年, 巴耳末提出了一个公式。利用这一公式, 他可以预测氢原子发射光谱中四条可见线的位置。这些线条以特定的间隔出现, 而不是连续出现, 但这一数学模型的工作原理仍然无法解释。

　　1900年, 普朗克提出了一个模型来解释受热黑体的辐射光分布。然而, 要做到这一点, 他必须假设光能以小包的形式 (现在被称为量子或光子) 出现。当时, 人们普遍认为光是连续的。于是他提出, 在某些情况下可以将光视为波, 但在其他情况下, 最好将其视为粒子。

　　声音也表现为粒子或波。当声音具有合适的频率和强度时, 它可以像子弹一样打碎玻璃。尽管如此, 当声音在拐角处转弯并从一个

> 我们甚至相信, 我们对单个原子的成分有深入的了解。
>
> 尼尔斯·玻尔
> 诺贝尔奖演讲

在这个波粒二象性的例子中, 被发射的电子通过有两个狭缝的屏障。随着时间的推移, 光幕上会产生明暗带的干涉图案, 就像光波一样。这表明粒子具有波的特性并表现出波的行为。

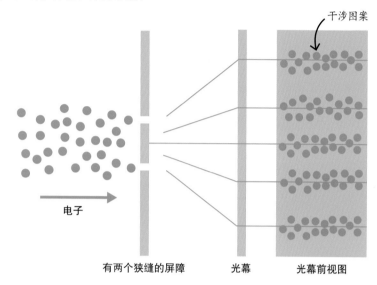

干涉图案

电子

有两个狭缝的屏障　　光幕　　光幕前视图

房间传播到另一个房间时, 它还是表现得像波一样。

　　在尼尔斯·玻尔的手中, 量子观点引出了一个原子模型, 其中, 电子只能在距原子核特定距离的固定轨道上运行。他对氢谱线的位置的预测结果, 与巴耳末公式的预测一致。

　　通过吸收能量正合适的光量子, 电子可以从较低能量轨道 "跳跃" 到较高能量轨道。或者, 电子可以从较高的能量轨道下降到较低的能量轨道, 并释放相同量的光能。这些能量变化符合巴耳末公式的预测结果。

　　玻尔模型解释了许多测量结果, 但有几个问题未得到解释, 其中最麻烦的是, 玻尔模型中的电子

是运动的, 而一个运动的电子应该失去能量并螺旋落入原子核中, 但事实显然不是这样的。

　　此外, 玻尔模型无法预测除氢之外的任何中性原子 (具有相同数量的电子和质子的原子) 的谱线, 无法预测氢谱线的强度, 也不能预测任何分子的谱线——包括最简单的氢分子 (H_2) 的谱线。

波粒二象性

　　1923年, 法国物理学家路易·德布罗意 (Louis de Broglie) 提出, 物质表现为粒子, 也表现为波。光的波粒二象性已经令人难以接受, 将同样的情况应用到物质上, 对许多科学家来说就更过分了, 但对薛定谔不是这样的。

他在1926年连续发表了四篇论文，题目均为《作为本征值问题的量子化》，他提出了量子力学的波动理论。

这是一个描述原子尺度粒子（如电子、原子和分子）的物理行为的力学系统，就像经典力学描述宏观物体（如足球、汽车和行星）的行为一样。不同的是，量子尺度粒子的特性只能推断，而不能直接测量。

在第一篇论文中，薛定谔提出了众所周知的薛定谔方程，以描述量子力学系统的行为：

$$ih\frac{\partial}{\partial t}\Psi = \hat{H}\Psi$$

本质上，薛定谔方程描述了波函数（Ψ）的行为。当应用于描述系统的波函数时，该方程给出了系统的可测量能量。薛定谔用他的方程分析了一个类氢系统，并重现了氢的能级。

此前一年，德国物理学家沃纳·海森堡、马克斯·玻恩（Max Born）和帕斯库尔·约尔当（Pascual Jordan）开发了一个系统来描述原子的电子结构，该系统基于相当复杂的矩阵数学，但薛定谔的波动理论更直观。

概率波

当海森堡在1927年提出不确定性原理时，薛定谔的概念还没有被人们消化。笼统地说，就是我们不能同时知道电子的位置和动量。

这个结论和测量仪器及被测量物体的相对大小有关。例如，激光枪或雷达枪可以向汽车发射光束，我们可以通过检测从汽车反射回仪器的信号来测量汽车的速度。

然而，当用光来测量电子的速度时，光会撞击电子使其偏离轨道，这就像用炮弹测量汽车的速度一样。

为了解决这个问题，海森堡基本上否定了将电子在空间和时间中定位（像宏观物体一样）的可能性。

因此，问题变成了：如果电子不能在物理上被定位，那么薛定谔的波动理论中的波是什么？

1926年，马克斯·玻恩提供了一个解释：它们是概率波。这些波显示了在某个位置找到电子的概率是大的、小的还是零。

事实证明，不确定性原理成为解释和预测许多量子现象的重要工具。电子的轨道现在被称为"轨函"，以反映它们的星云状特性。与玻尔模型明确定义的轨道相比，

波动现象形成了原子的真正'身体'。

埃尔温·薛定谔
《作为本征值问题的量子化》

埃尔温·薛定谔

拥有奥地利和英国血统的薛定谔于1887年出生在维也纳。他在维也纳大学学习了理论物理学，同时也热衷于诗歌和哲学。在第一次世界大战后，他移居德国，之后又到了瑞士苏黎世大学。

1927年，他搬到了当时的物理学中心柏林，后于1933年离开，前往英国牛津大学任职。那一年，他与英国理论物理学家保罗·狄拉克（Paul Dirac）共同获得了诺贝尔物理学奖。之后，他回到奥地利，但不得不在1938年再次逃离。朋友们为他提供了前往爱尔兰都柏林的安全通道，他在都柏林高等研究院担任了17年的理论物理学院院长。他于1956年退休，并于1961年去世。

主要作品

1926年 《作为本征值问题的量子化》

1926年 《原子和分子力学的波动理论》

轨函被可视化为电子云。在电子云最密的区域中，存在电子的概率最高。

然而，玻恩的概率波概念并没有得到薛定谔的青睐。为了嘲讽这个概念，他提出了著名的"薛定谔的猫"思想实验，并告知了他的密友阿尔伯特·爱因斯坦。

他想象一只猫被密封在一个箱子里，箱子里装着一瓶与放射源相连的毒药。如果放射源衰变并发出辐射粒子，就将触发机制放下一个锤子，继而打破小瓶、释放毒药并杀死猫。原子衰变或不衰变的概率是相同的。知道猫是死是活的唯一方法是打开箱子看。

薛定谔得出结论，只要系统不被观察，猫就会同时是活的和死的。具有讽刺意味的是，这个比喻现在被用来解释玻恩的概率波，而不是嘲笑它。

原子的量子力学模型很快成为解释原子现象的有力工具。1926年，德国物理学家露西·门辛（Lucy Mensing）使用量子力学模拟了氢气等双原子分子，这是玻尔模型无法完成的壮举。

1927年，德国物理学家沃尔特·海特勒（Walter Heitler）证明，当两个原子共用一对电子时形成的共价键，也可以由薛定谔方程得出结果，由此化学也被带入了这一进程。今天，几乎所有化学专业的学生都依据薛定谔方程学习量子力学。■

原子模型的演变

卢瑟福的核模型

在1911年的模型中，卢瑟福将电子置于原子中心致密、带正电荷的原子核之外，但不是在特定的轨道上。

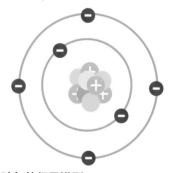

玻尔的行星模型

1913年，玻尔改进了卢瑟福的模型，将电子置于带正电荷的原子核周围的固定轨道上。

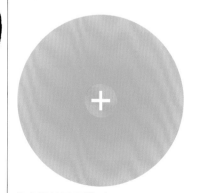

薛定谔的量子模型

1926年，薛定谔将电子轨道描述为三维波，电子并不是在固定轨道上围绕原子核运动。

向原子发射的α粒子有时会直接穿过，有时会偏转，有时会**反弹**回来。

→

这意味着一个原子一定有一个小的、致密的、带正电荷的核。

↓

"**概率云**"显示了最有可能发现电子的位置。

←

电子围绕原子核在特定的轨道上运动，但它们的**确切位置**是**不确定**的。

青霉素始于一次偶然的观察

抗生素

苏格兰细菌学家亚历山大·弗莱明在伦敦圣玛丽医院研究葡萄球菌时发现了第一种天然存在的抗生素，该抗生素后来被用于治疗感染并改变了感染的治疗方法。葡萄球菌通常（无害地）生存在人类皮肤上，但如果它们进入人体的血液、肺、心脏或骨骼，就会致病。

细菌会导致一系列疾病，有些很严重，甚至是致命的。由细菌引起的疾病包括相对轻微的疖子、皮疹和喉咙痛，更严重的蜂窝织炎和食物中毒，以及可能致命的败血症（血液中毒）和内脏器官感染。

20世纪初，葡萄球菌属和链球菌属的各种细菌每年导致数百万人死亡。人一旦被感染，即使是轻微的划痕也可能致命，而肺炎和腹泻——现在被认为相对容易治疗——是发达国家人口的首要死因。

> 我没有忽视观察结果，而且……我以细菌学家的身份继续研究这个课题。
>
> 亚历山大·弗莱明
> 诺贝尔奖演讲

一个偶然的发现

1928年度假归来时，弗莱明注意到他在一个培养皿中培养的葡萄球菌被一种真菌入侵了，在入侵的真菌（霉菌）周围没有细菌生长。

他分离出霉菌，发现它是特异青霉菌（现在被称为"产黄青霉菌"）。弗莱明一直在寻找"完美的抗菌剂"。由于一些原因，他认为青霉素不能用作抗生素，于是将

亚历山大·弗莱明

亚历山大·弗莱明于1881年出生在苏格兰艾尔郡的农村，14岁时搬到伦敦与他的兄弟一起生活。他后来在圣玛丽医院医学院学习医学，并对免疫学产生了兴趣。第一次世界大战期间（1914—1918年），他意识到用于对抗感染的抗菌剂往往弊大于利，因为它们会破坏免疫系统。

回到圣玛丽医院后，弗莱明于1928年成为细菌学教授，同年他发现了青霉素。由于这项工作，他与霍华德·弗洛里和恩斯特·钱恩一起获得了1945年的诺贝尔生理学或医学奖。1946年，他成为圣玛丽医院接种部门的负责人。弗莱明获得了多所大学的荣誉学位。他于1955年因心脏病发作去世。

主要作品

1929年 《论青霉菌培养物的抗菌作用》

参见：麻醉剂 106~107页，合成染料 116~119页，酶 162~163页，聚合 204~211页，合理药物设计 270~271页，新型疫苗技术 312~315页。

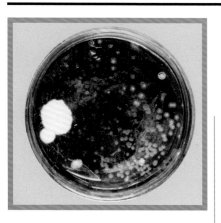

1928年，亚历山大·弗莱明首次在这块原始培养皿中观察到了特异青霉菌的生长，在培养皿左侧可以看到青霉菌落。

1929年初，弗莱明证明青霉素可以杀死革兰氏阳性菌，但不能杀死革兰氏阴性菌。革兰氏阳性菌和革兰氏阴性菌之间的结构差异对于青霉素是否有效至关重要。

古老的和合成的

古埃及人曾将发霉的面包涂在伤口上以抑制感染，自那时起，天然抗生素便为人所知。这种治疗方法经常奏效，但人们无法解释原因。

其他地方的早期医生也使用了一系列自然疗法，但它们的有效性是偶然的。直到19世纪30年代，显微镜技术取得进步才带来了重大进展。

19世纪80年代初期，革兰发现某些化学染料会染色一些细菌细胞，而不会染色其他细菌细胞。德国医学家保罗·埃利希由此得出结论，选择性靶向细菌细胞是可能的。1909年，他开发了一种基于砷

其用于其他用途。

弗莱明在第二年发表了他的发现，他试图从"霉菌汁"中分离和纯化有抗菌效果的化合物，但未能成功。他把霉菌寄给了其他细菌学家，希望他们能取得更大的成功，但直到10年后，新的突破才出现。青霉素最终实现了大规模生产。

革兰氏阳性菌

丹麦细菌学家汉斯·克里斯蒂安·革兰（Hans Christian Gram）在1884年发现了革兰氏阳性菌。肺炎、脑膜炎和白喉等危及生命的疾病都是由革兰氏阳性菌引起的。

这些细菌在细胞壁外有一层肽聚糖膜。肽聚糖是一种由氨基酸和糖组成的聚合物（一种复杂分子），可在细菌细胞的细胞膜周围形成网状结构，加强细胞壁并防止外部液体和颗粒进入。

在导致伤寒和副伤寒等疾病的革兰氏阴性菌中，肽聚糖层位于保护性外膜之下。

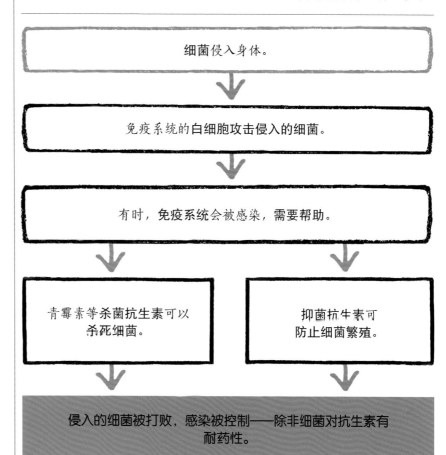

细菌侵入身体。

⬇

免疫系统的白细胞攻击侵入的细菌。

⬇

有时，免疫系统会被感染，需要帮助。

⬇   ⬇

青霉素等杀菌抗生素可以杀死细菌。

抑菌抗生素可防止细菌繁殖。

⬇   ⬇

侵入的细菌被打败，感染被控制——除非细菌对抗生素有耐药性。

的合成药物——砷凡纳明，以杀死导致梅毒的梅毒螺旋体。

20世纪30年代初期，德国化学家格哈德·多马克（Gerhard Domagk）和他的团队在研究与合成染料相关的化合物的抗感染潜力。他们很快在控制细菌感染方面取得了里程碑式的发现。

多马克测试了数百种化合物，并在1931年发现，其中一种——KL 730——对患病的实验小鼠具有很强的抗菌作用。该化合物是一种磺胺类药物，或磺胺（$C_6H_8N_2O_2S$）。

一家德国制药公司于次年为这种合成化合物申请了专利，并将其命名为"百浪多息"（Prontosil）。医生用它来有效治疗葡萄球菌和链球菌感染的患者。多马克成功地治疗了他自己的女儿，当时，她因手臂严重感染而面临截肢。他于1939年获得了诺贝尔生理学或医学奖。

从牛津到美国

1939年，英国牛津大学的一个生物化学家团队，尝试将青霉素转化为一种拯救生命的药物，这在以前没有人能够做到。

在澳大利亚病理学家霍华德·弗洛里（Howard Florey）和英国生物化学家恩斯特·钱恩（Ernst Chain）的带领下，该团队每周需要分离和纯化材料，并处理多达500升的霉菌滤液。由于存储空间不足，他们被迫使用食品罐、牛奶搅拌器、浴缸，甚至便盆。该团队使用一种酸衍生物（乙酸戊酯）和水处理了滤液，然后在临床试验之前对其进行了纯化。

> 弗莱明在1929年发表了他的经典论文……但直到1939年弗洛里才追查到线索。

瓦尔德马·肯普佛特
美国科学作家

弗洛里随后证明，青霉素可以保护小鼠免受感染。下一个挑战是在人身上进行试验。

测试的机会来自43岁的英国警察阿尔伯特·亚历山大（Albert Alexander），他在修剪玫瑰时划伤了嘴巴，脸上和肺部出现了威胁生命的大脓肿。1941年，他成为第一个接受青霉素治疗的人。亚历山大在注射后恢复良好，但因没有足够的药物继续治疗，他最终死了。

由于英国的化学品部门当时正忙于战争生产，所以弗洛里前往美国寻求帮助，以大规模生产青霉素。美国农业部位于伊利诺伊州皮奥里亚的北部地区研究实验室，接受了这一挑战。

那里的化学家发现，用乳糖代替牛津团队在其培养基中使用的

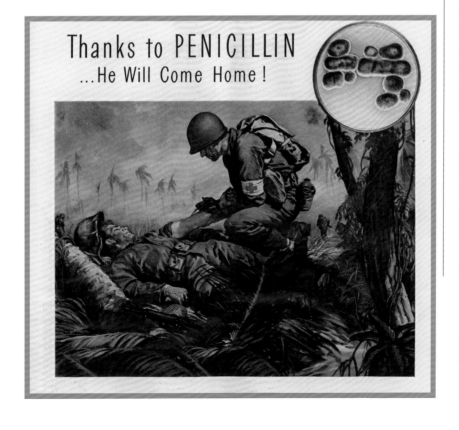

第二次世界大战期间，受伤的士兵被注射了青霉素。部队还在他们的医疗包中放置了粉状百浪多息，以治疗败血症等细菌感染。

青霉素攻击细菌中的肽聚糖。在革兰氏阳性菌中，这一层形成细胞壁的一部分，因此青霉素可以很容易地攻击它。在革兰氏阴性菌中，肽聚糖层处于内部，因此青霉素难以接近它们。

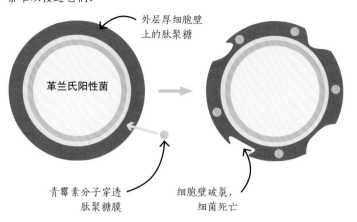

外层厚细胞壁上的肽聚糖

青霉素分子穿透肽聚糖膜

细胞壁破裂，细菌死亡

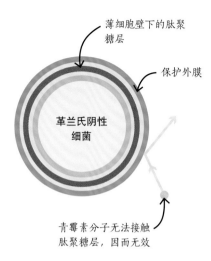

薄细胞壁下的肽聚糖层

保护外膜

青霉素分子无法接触肽聚糖层，因而无效

蔗糖可以提高生产速度。

然后，美国微生物化学家安德鲁·莫耶（Andrew Moyer）发现，通过在霉菌培养基中加入玉米浸泡液（氨基酸、维生素和矿物质的黏性混合物），产量可以提高十倍。

经过一系列会议，弗洛里说服美国制药业支持青霉素项目。1942年3月，美国妇女安妮·米勒（Anne Miller）流产后严重感染，濒临死亡。医生给她注射了青霉素，她成为第一个因这种治疗而完全康复的人。

青霉素的大规模生产始于1943年，之后其产量呈指数级增长。到此时，这种药物已被证明对梅毒有效，而梅毒在士兵中很常见。

紧迫的目标是在1944年6月法国诺曼底登陆之前大幅增加产量，因为这次作战将不可避免地导致大量人员伤亡。

1943年，生产了大约210亿单位，1945年该数字攀升至6.8万亿，1949年达到133万亿。与此同时，每10万单位的成本从20美元下降到10美分。1946年，青霉素首次作为处方药在英国上市。

青霉素如何起作用？

现在已知，青霉素药物通过使细菌细胞壁破裂而起作用。青霉素分子直接作用于革兰氏阳性菌的外层肽聚糖细胞壁。细菌细胞就像

今天生产的青霉素，将在几天内挽救某人的生命或治愈……某个已无法活动的人。

阿尔伯特·埃尔德
美国青霉素项目主任

在盐度较低的环境中的含盐小泡，如果液体可以通过细胞壁，渗透作用——液体通过膜的运动——就会导致液体流入细胞，以平衡细胞与环境之间的盐度，而液体流入又会导致细胞破裂并死亡。

肽聚糖可以防止这种情况发生，因为它可以增强细胞壁，并且不允许外部液体进入。然而，当细菌细胞分裂时，其壁上会打开一些小孔。

新产生的肽聚糖会填充这些孔以重建细胞壁，但如果存在青霉素分子，这些分子就将阻碍连接肽聚糖的蛋白质支柱。这可以防止孔关闭，从而使液体进入细胞并使细胞破裂。

在革兰氏阴性菌的细胞中，肽聚糖层受到外膜的保护，因此青霉素更难对其产生作用。青霉素也不会破坏健康的人体细胞，因为它们没有肽聚糖的外鞘。由于能杀死目标病原体，青霉素被称为"杀菌抗生素"。

黄金时代

1945年，英国化学家多罗西·霍奇金揭示了青霉素的化学结构，并在四年后发表了她的发现。与许多同时代科学家的观点相反，她表明青霉素的分子结构中含有一个β-内酰胺环。

这一发现使科学家们能够改进该化合物的分子结构，并衍生出一系列杀菌抗生素。这标志着20世纪50年代和60年代抗生素研发黄金时代的到来。

生物化学家开发了一系列新的基于真菌的抗生素化合物，其中一些衍生自青霉素，而另一些则如夫西地酸和头孢菌素。

俄裔美国生物化学家赛尔曼·瓦克斯曼（Selman Waksman）将抗生素定义为"由微生物制造以破坏其他微生物的化合物"。

他率先研究了厌氧放线菌的抗生素潜力，尤其是放线菌属的细菌。四环素、糖肽和链霉素都是源自这些细菌的抗生素。

四环素用于治疗肺炎、某些形式的食物中毒、痤疮和某些眼部感染。它们的作用方式与青霉素不同，它们通过阻止细菌细胞内蛋白质的合成来抑制细菌生长。

这个过程发生在细胞内的核糖体上。四环素可以穿过细胞壁，然后在细胞质内积聚并与核糖体上的位点结合，以阻止蛋白质链延长。因为它们可以阻止细菌繁殖，而不是杀死细菌，所以这些抗生素被称为"抑菌抗生素"。

化学家还生产了许多新的合成抗生素，包括更多的磺胺类、喹诺酮类和硫代酰胺类抗生素。其中，磺胺类通过抑制二氢蝶酸合酶起作用。与人类细胞不同，细菌细胞需要这种酶来制造叶酸，这是所有细胞生长和分裂所必需的。

超级细菌

抗生素不能杀死病毒，例如导致流感、水痘和COVID-19的病毒——因为它们具有与细菌不同的结构和复制方式。即便如此，专家估计，抗生素通过杀灭大量细菌病原体或阻止细菌病原体繁殖治愈了无数感染，在全球拯救了超过2亿人的生命。

抗生素的广泛采用也产生了一些问题。早在1942年，科学家就首次注意到了金黄色葡萄球菌对青霉素的抗药性。这种革兰氏阳性菌会导致一些皮肤感染、鼻窦炎和食物中毒。耐药性意味着抗生素并不总是有效的。

生物化学家注意到，随着更多抗生素的引入，细菌耐药性呈增长趋势。万古霉素是一种源自放线菌的抗生素，于1958年问世，但后来，生物化学家发现了一种耐万古霉素的粪肠球菌，会引起新生儿脑膜炎，他们还发现了一种耐万古霉素的金黄色葡萄球菌。

一场"竞赛"开始了。20世纪60年代，青霉素衍生物（甲氧西林）被引入，以解决青霉素耐药性问题，但不久之后，"耐甲氧西林金黄色葡萄球菌"（MRSA）就出现了。

甲氧西林在临床上变得无用，"超级细菌"MRSA成为一个严重的问题。到2004年，美国

大多数种类的抗生素来源于天然产物。放线菌和其他细菌抗生素及真菌抗生素是天然的，而合成抗生素是在实验室中被创造出来的。抗生素以不同的方式杀死细菌或阻止它们生长。

60%的葡萄球菌感染是由MRSA引起的，数千人因此丧生。流行病学家推测全世界有数千万人携带MRSA。

抗生素耐药性

细菌通过多种方式进化以对抗抗生素攻击。它们一旦产生耐药性，就会快速繁殖，从而降低抗生素的效力。

有些细菌可以通过加强肽聚糖外鞘来限制抗生素的作用。有些通过进化可以从细胞中泵出抗生素，青霉素等β-内酰胺化合物就发生了这种情况。

其他一些细菌可以改变抗生素的化学性质。例如，肺炎克雷伯菌是导致肺炎的细菌之一，它可以产生β-内酰胺酶来分解β-内酰胺。为了克服这种耐药性，生物化学家制造了含有β-内酰胺酶抑制剂的β-内酰胺抗生素，如克拉维酸。

还有更多的细菌通过入侵其他细胞进行繁殖，并发展出新的细胞过程，以避免被抗生素靶向攻

抗生素耐药性的原因

 过度使用抗生素：使用的抗生素越多，适应生存的细菌就越多。

 未完成治疗的患者：这可能会使一些导致感染的细菌存活下来。

 畜牧业和养鱼业过度使用抗生素：这增加了将耐药细菌传播给人类的风险。

 医院感染控制不佳：如果受感染的患者和工作人员不保持空间清洁，细菌就会传播。

 不讲卫生和卫生条件差：卫生条件差会导致感染传播和使用更多抗生素。

 缺乏新抗生素：开发新抗生素的成本很高，因此开发新抗生素并不总被认为具有成本效益。

击。导致慢性食物中毒的大肠杆菌，可以在其细胞壁外部添加一种化合物，以防止抗生素黏菌素在其上附着。

未来研究

世界卫生组织在2019年的一份报告中称，每年有75万人死于耐药性感染，预计到2050年这一数字将上升到每年1000万。因此，仅仅依靠现有的抗生素是不够的。

尽管成本巨大，但必须继续寻找新的抗生素。化学家不断研究新的合成药物，由于目前使用的大多数抗生素来自活的生物体，所以生物化学家在继续筛选细菌、真菌、植物和动物以寻找21世纪的"霉菌汁"，并将其用于开发下一代抗病原体药物。■

大肠杆菌在图中以红色显示，通常存在于动物和人类的肠道中。大多数菌株是无害的，但有些会导致疾病。不建议使用抗生素治疗大肠杆菌。

出自原子加速器

合成元素

背景介绍

关键人物
埃米利奥·塞格雷
（1905—1989年）

此前

1869年 德米特里·门捷列夫预测了几种当时未被发现的元素。

1875年 法国化学家保罗·勒科克·德·布瓦博德兰（Paul Lecoq de Boisbaudran）分离出了预测中的68号元素（后来被命名为"镓"）。

1909年 小川正孝声称发现了43号元素，然而他的发现无法重复。

1925年 沃尔特·诺达克（Walter Noddack）等人声称发现了43号元素——被命名为"钨"（masurium）。

此后

1940年 埃米利奥·塞格雷和卡洛·佩里耶（Carlo Perrier）创造了第二种合成元素——砹。

2009年 俄罗斯和美国合作创造了础。

门捷列夫1869年的元素周期表预测了一些尚未发现的元素，他为其留出了空位。一些元素——包括锗、镓和钪——在接下来的二十年中被陆续发现，证明他是正确的。但在1907年门捷列夫去世时，一种被称为"准锰"的空位元素仍未被分离出来。

它的发现之路经历了多次错误。1909年，日本化学家小川正孝（Masataka Ogawa）在一种稀有的氧化钍矿物中发现了一种未知元素。他相信这是缺失的43号元素，并将其命名为nipponium，但没有人可以重复他的发现。后来的研究表明，小川正孝发现的实际上是另一种缺失的元素——第75号元素铼。由于没有意识到这一点，他错过了命名它的机会。

1925年，德国化学家沃尔特·诺达克、奥托·伯格和艾达·塔克似乎取得了突破。在分析铂和铌铁矿石时，他们声称通过X射线光谱发现了两种缺失的元素，即43号和75号元素。

他们从辉钼矿中分离出了更多的75号元素，从而证实了他们的发现，而这正是小川正孝之前无意中发现的元素。他们将其命名为"铼"。他们还试图分离出他们命名为masurium的43号元素，但没有成功。

协作努力

1936年，意大利物理学教授埃米利奥·塞格雷访问美国，在加利福尼亚州伯克利的物理学家欧内斯特·劳伦斯的实验室度过了一段

> 对我来说，实验的复杂性更像是一种为了获得结果而不得不容忍的、不可避免的邪恶，而不是刺激性的挑战。

埃米利奥·塞格雷

参见: 异构现象 84~87页, 元素周期表 130~137页, 同位素 200~201页, 超铀元素 250~253页, 完成元素周期表? 304~311页。

时间。在那里，他目睹了回旋加速器——一种粒子加速器，可以用高速粒子轰击各种元素的原子，并产生较轻元素的不同同位素。

有争议的声明

塞格雷对可能产生的放射性产品很感兴趣，他说服劳伦斯将回旋加速器的废弃部件送到他位于意大利巴勒莫的实验室。

1937年，塞格雷和意大利矿物学家卡洛·佩里耶（Carlo Perrier）分析了回旋加速器中的一些放射性钼箔，并分离出了两种同位素。在排除铌和钽作为可能的放射源后，他们得出结论，部分辐射是由43号元素产生的——但他们仍然无法将其分离出来。

不久之后，塞格雷回到伯克利，与美国化学家格伦·西博格一起工作。塞格雷发现了43号元素的另一种同位素及它的一种"同质异能素"（质子和中子数量相同但能

骨癌（在这些扫描中以红色显示）可以通过注射放射性同位素锝-99m来识别。这种示踪剂会聚集在癌组织中。

量和放射性衰变不同的原子）。这是宣布发现43号元素所需的最后证据。由于诺达克、伯格和塔克并未放弃发现43号元素的声明，所以塞格雷和佩里耶推迟为其命名。最后在1947年，他们提议将其命名为"锝"。

1961年，1纳克的锝被从沥青铀矿中分离了出来。这一微小的样品是由矿石中的铀-238裂变产生的。这一发现表明，锝并不是一种完全人造的元素，尽管它是第一种在实验室制造出的此前未被发现的元素。

今天，锝并不仅仅是一种奇物。塞格雷和西博格发现的同质异能素——锝-99m，通常用作核医学中的放射性示踪剂，以对身体部

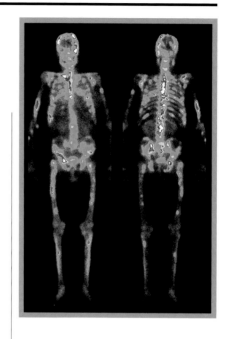

位进行成像。锝的发现预示着合成元素发现时代的开始。在接下来的几年中，有更多的新元素在实验室中被创造和鉴定。■

埃米利奥·塞格雷

塞格雷出生在意大利蒂沃利的一个犹太家庭，最初在罗马大学攻读工程专业，但后来转向物理专业。作为巴勒莫大学物理实验室的主任，他与同事卡洛·佩里耶一起发现了锝。1938年，在他访问加利福尼亚州伯克利以进一步研究锝时，意大利通过的反犹太法律迫使他永久留在美国。塞格雷后来发现了元素周期表中"缺失"的另一种元素——砹。他还参与了曼哈顿计划并发现了反质子存在的确凿证据，为此他和美国物理学家欧文·张伯伦分享了1959年的诺贝尔物理学奖。塞格雷于1989年去世。

主要作品

1937年 《43号元素的一些化学性质》

1947年 《砹：原子序数85的元素》

1955年 《反质子的观察》

我们几乎每天都会接触特氟龙

不粘聚合物

背景介绍

关键人物

罗伊·普朗克特

（1910—1994年）

此前

1920年 德国化学家赫尔曼·施陶丁格提出，橡胶类物质是由聚合反应形成的大分子组成的，这激发了人们制造更多人造聚合物的努力。

20世纪30年代 美国化学家华莱士·卡罗瑟斯发明了聚合物尼龙和氯丁橡胶。

此后

1967年 在阿波罗1号发射台发生致命火灾后，NASA在宇航服中加入了聚四氟乙烯（PTFE）涂层织物，以使其更加耐用和不易燃。

2015年 由于担心长链氟化物在环境中难以降解，全氟辛酸（PFOA）在美国被逐步淘汰。

聚合物科学和聚四氟乙烯的发现有很大的偶然性。1938年，美国化学家罗伊·普朗克特通过将气态四氟乙烯（TFE）与盐酸反应来制造新的氯氟烃制冷剂。

普朗克特和他的研究助理杰克·雷贝克（Jack Rebok）将TFE储存在带有阀门的小钢瓶中，在需要时将其释放。但是，当雷贝克打开其中一个钢瓶的阀门时，钢瓶中并没有气体流出。

在通过称重确认钢瓶不是空的后，普朗克特和雷贝克摇晃钢瓶，从钢瓶中掉出了白色蜡状物质的小薄片。带着困惑，他们切开了钢瓶，发现内部覆盖着白色固体。普朗克特意识到四氟乙烯聚合了，也就是说，单个分子一起反应形成了长链，而这种白色固体就是它形成的聚合物。

普朗克特对白色固体进行了一系列测试以确定其特性。他确定该聚合物具有高熔点，并且非常光滑。普朗克特于1941年获得了TFE聚合物的专利，但没有参与进一步的开发。

最初，制造PTFE的成本高昂，阻碍了任何潜在的应用，但在第二次世界大战期间，这种情况发生了变化。曼哈顿计划于1942年在美国启动，招募了数千名科学家参加与纳粹德国的竞赛，以生产出第一个功能性核武器。铀浓缩是关键，但这个过程需要使用六氟化

杰克·雷贝克、罗伯特·麦克哈内斯（Robert McHarness）和罗伊·普朗克特（从左到右）重现了聚四氟乙烯的发现。

参见: 分子间力 138~139页, 聚合 204~211页, 超强聚合物 267页, 臭氧空洞 272~273页。

当四氟乙烯聚合时, 碳–碳双键断裂以形成聚四氟乙烯（PTFE）。化学改性可以将PTFE粘到金属表面使其不粘。

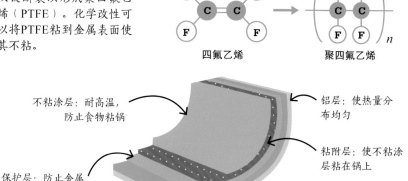

四氟乙烯 → 聚四氟乙烯

不粘涂层: 耐高温, 防止食物粘锅

铝层: 使热量分布均匀

粘附层: 使不粘涂层粘在锅上

保护层: 防止金属炊具损坏不粘涂层

不粘锅的横截面

什么使特氟龙不粘?

特氟龙的不粘特性, 部分来自碳原子和氟原子之间的强键, 事实上, 这是与碳原子可以形成的最强键。这使得聚四氟乙烯等含氟聚合物非常不活泼。食物中的分子不可能与特氟龙链中的碳原子形成化学键。即使是非常活泼的氟气也不会与这种聚合物发生反应。氟的高电负性也使分子难以附在聚四氟乙烯上, 因为它们很容易被排斥。壁虎的黏性脚趾垫使它们能够攀附在几乎任何表面上, 但即使是壁虎, 也无法抓附在特氟龙上, 攀附所依赖的分子间力在特氟龙上不够强大。尽管特氟龙本身是惰性的, 但在高于常用烹饪温度时, 它会降解、分解并释放有毒的含氟化合物。

铀, 它会腐蚀几乎任何材料制成的密封件和垫圈。而聚四氟乙烯可抵抗这种化学侵蚀。

在厨房内外

第二次世界大战后, PTFE的应用开始从战争过渡到炊具, 杜邦公司在1946年以我们更熟悉的名称"特氟龙"（Teflon）获得了它的专利。然而, 挑战在于如何让这种不粘物质粘在其他东西上。

杜邦测试了几种方法, 包括使用高温、树脂、喷砂, 以及蚀刻表面以使其更粗糙。今天, 特氟龙经过化学改性, 可以从其结构中去除一些氟原子, 从而轻松地与金属表面键合。

杜邦公司使用全氟辛酸（PFOA）来聚合TFE。一些研究得出结论, PFOA暴露与包括癌症在内的疾病的发生存在关联。杜邦对在炊具上使用特氟龙犹豫不决, 但与此同时, 一对法国夫妇马克·格雷戈勒（Marc Grégoire）和科莱

特·格雷戈勒（Colette Grégoire）抢占了先机。1956年, 这对夫妇开始了自己的事业——创建了特福公司（Tefal）——数以百万计的平底锅在全球售出。

如今, PTFE用于防水织物、润滑剂、化妆品、食品包装、电线绝缘等。它的发现为创造具有类似特性的含氟聚合物打开了大门, 这些含氟聚合物有各种应用, 可以使材料防水、耐热和防污。

不幸的是, 使含氟聚合物有用的化学特性也带来了问题。它们有很强的惰性, 以至于在环境中数千年都不会分解。人们越来越担心它们在环境和我们的身体中积累。在人们认识到这一点之后, 长链含氟聚合物开始从非必要用途中被淘汰。■

我立即发现四氟乙烯已经聚合, 而白色粉末是四氟乙烯的聚合物。

罗伊·普朗克特

我与炸弹无关！

核裂变

背景介绍

关键人物
莉泽·迈特纳
（1878—1968年）

此前
1919年 出生于新西兰的英国物理学家欧内斯特·卢瑟福开创了一种用更小的粒子轰击原子核的技术。

此后
1945年 第一颗原子弹在美国新墨西哥州的沙漠中爆炸。三周后，两颗原子弹被投向日本广岛和长崎。

1954年 苏联的奥布宁斯克成为第一个为电网发电的核电站。

1997年 𬭳是当时已知最重的元素，原子序数为109，是以莉泽·迈特纳的名字命名的。

当英国物理学家詹姆斯·查德威克在1932年发现中子的存在时，他肯定没有想到这会对社会产生巨大的影响。

意大利物理学家恩里科·费米（Enrico Fermi）明白，中子是推进他对原子结构研究的强大新工具。他推断，由于中子不带电荷，所以它们可以在没有阻力的情况下进入原子核（与带正电荷的质

参见: 原子量 121页, 放射性 176~181页, 同位素 200~201页, 改进的原子模型 216~221页, 超铀元素 250~253页。

裂变是通过用中子轰击铀–235原子核引发的。

原子核分裂成更小的核, 或裂变产物。

裂变产生大量能量。

裂变还会释放额外的中子, 这些中子可以分裂更多的原子核。

链式反应被引发, 产生更多的能量和更多的中子。

莉泽·迈特纳

莉泽·迈特纳于1878年出生在奥地利维也纳。她从小就对科学产生了兴趣。她于1905年成为世界上首批获得物理学博士学位的女性之一。

到柏林后, 迈特纳在威廉皇帝化学研究所与物理学家马克斯·普朗克和奥托·哈恩一起研究放射性。由于迈特纳是犹太人, 因此1938年她被迫逃离德国, 并继续在瑞典斯德哥尔摩工作, 但她秘密地与哈恩保持联系, 以筹备将证明核裂变的实验。然而, 当1944年诺贝尔化学奖被授予哈恩和施特拉斯曼以表彰他们的研究时, 她被忽视了。迈特纳退休后居住在英国剑桥, 并于1968年去世。

主要作品

1939年 《中子分解铀: 一种新型核反应》

1939年 《中子轰击下重核分裂的物理证据》

子不同)。

他和他的团队用中子轰击了63种稳定元素, 产生了37种放射性元素——这些元素的原子核不稳定, 会以辐射的形式释放多余的能量。费米在不知不觉中发现了核裂变。他认为他对金属铀(U, 当时已知最重的元素, 原子序数92)的中子轰击可能产生了第一种超铀元素——原子序数大于92的元素。然而, 德国化学家伊达·诺达克(Ida Noddack)提出了另一种解释: 铀实际上分裂成了更轻的元素, 我们现在知道这是正确的。

在柏林, 德国放射化学家奥托·哈恩(Otto Hahn)和弗里茨·施特拉斯曼(Fritz Strassmann)进行了类似的实验。他们向各种元素的原子核发射中子。1938年末, 两人在轰击铀时发现了较轻的元素钡(原子序数56)的痕迹。铀核分裂成了两个大致相等的碎片。值得注意的是, 它们各自的质量都不到原始原子核的一半。

团队努力

哈恩决定寻求前同事莉泽·

迈特纳的建议。1938年的圣诞节，迈特纳的侄子奥托·弗里施（Otto Frisch，也是一名核物理学家）拜访了她，两人思考了哈恩和施特拉斯曼的发现。弗里施建议他们应该将原子核视为一滴液体——这是乌克兰物理学家乔治·伽莫夫（George Gamow）和丹麦物理学家尼尔斯·玻尔先前提出的想法。

中子轰击后，目标原子核会被拉伸，中间缩紧，分裂成两滴，并在电斥力的作用下分开。由于已知这两个"女儿"原子核的质量比原来的铀原子核小，弗里施和迈特纳做了一些计算。

根据阿尔伯特·爱因斯坦的质能方程$E=mc^2$（其中E是能量，m是质量，c是光速），分裂过程导致的质量损失必然已经转化为动能，而动能又可以转化为热量。

迈特纳和弗里施认为，这就是哈恩和施特拉斯曼实验的过程——弗里施创造了"裂变"这个词来描述它——他们意识到这对产生能量有巨大的影响。哈恩和施特拉斯曼发现了这一点，但迈特纳和弗里施提供了理论解释。

爆炸潜力

核裂变有释放大量能量的潜力——并且随着铀原子核的两个主要碎片分裂，核裂变可释放更多的中子。科学家开始研究这些次级中子如何能够产生链式反应，如果这一过程可控，它将为电力和热量提供能量供应。但随着第二次世界大战的爆发，这一发现具有了更大的意义：链式反应有可能产生有史以来最强大的爆炸。

哈恩和施特拉斯曼的实验以及迈特纳和弗里施的计算迅速传播开来。寻求利用核裂变的科学家需要更多地了解铀的原子结构。

铀是一种非常重的金属，密度是水的18.7倍，存在三种同位素：铀-238（原子核中有92个质子和146个中子）、铀-235（原子核中有92个质子和143个中子）和铀-234（原子核中有92个质子和142个中子）。

美国物理学家约翰·邓宁（John Dunning）和他在纽约哥伦比亚大学的团队发现，只有铀-235能够裂变。当铀-235的原子核捕获一个运动的中子时，它会分裂（或裂变）为两部分，并释放热能。同时，有两个或三个额外的中子被释放出来。

科学家面临的挑战是，铀由99.3%的铀-238、0.7%的铀-235和

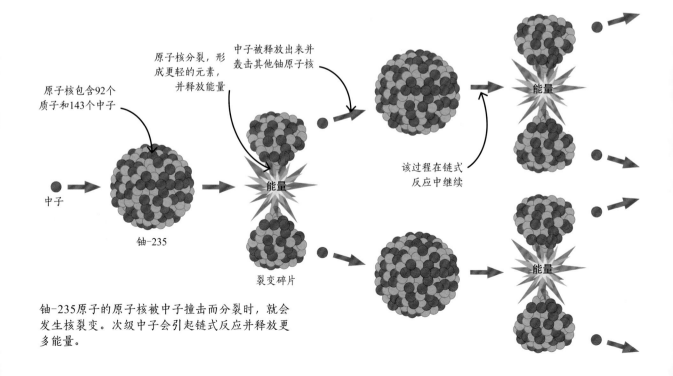

铀-235原子的原子核被中子撞击而分裂时，就会发生核裂变。次级中子会引起链式反应并释放更多能量。

原子核包含92个质子和143个中子

中子

铀-235

原子核分裂，形成更轻的元素，并释放能量

中子被释放出来并轰击其他铀原子核

能量

裂变碎片

能量

该过程在链式反应中继续

能量

能量

微量的铀-234组成。不论以什么方法，必须从铀-238中分离出足够的铀-235以达到必要的临界质量，并产生链式反应。化学分离是不可能的，因为同位素在化学性质上是相同的，而物理分离也非常困难。

曼哈顿计划

早在1939年8月，爱因斯坦就写信给美国总统富兰克林·罗斯福（Franklin Roosevelt），警告他纳粹德国正计划研制原子弹。爱因斯坦的警告得到了重视。罗斯福于1942年创建了曼哈顿计划，旨在制造一种可行的裂变炸弹。

数千名科学家受雇寻找浓缩铀的方法，以增加铀-235的百分比组成。不同的团队发明了三种工艺：气体扩散、液体热扩散和电磁分离。

这三种工艺都被用来为原子弹浓缩铀，经过几年的发展，原子弹终于研制成功，并于1945年被投到日本广岛和长崎。

和平应用

尽管有几个国家在第二次世界大战后制造了原子弹，但它们从未被用于战争，研究转向发展核裂变以产生能量，从而产生更广泛的使用。

工程师通常使用气体富集工艺，这与分离用于生产第一颗原子弹的铀-235的工艺非常相似。

该工艺将氧化铀（U_3O_8）转化为六氟化铀（UF_6）气体。然后将其送入带有数千个快速旋转管的离心机中。

1945年投到日本广岛和长崎的原子弹（上图），被认为已造成129000至226000人死亡。

在离心机中，铀-235和铀-238同位素分开，由此产生了两种物质——一种是浓缩铀，一种是贫铀——这个过程将铀-235的比例从其天然水平的0.7%增加到总量的4%～5%。

核反应堆的核心富含铀-238，它可以捕获由铀-235原子核释放的中子。在这个过程中，铀-238变成了钚-239，它（与铀-235一样）是可裂变的并且可以产生能量。

由于裂变的危险和处理放射性废物的困难，核电仍然是一个有争议的话题。由于核能是化石燃料的几种替代品之一，在气候变化推动的减碳产能中，核能的贡献可能会增加。■

现在，每当质量消失时，就会产生能量……所以这就是那些能量的来源。一切都合理了！

奥托·弗里施

化学依赖量子原理

化学成键

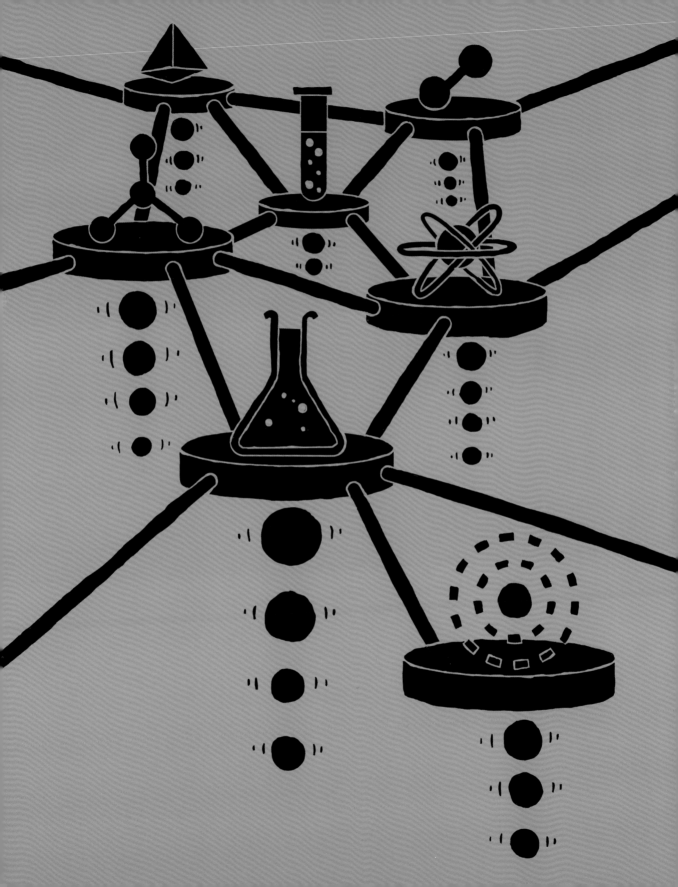

背景介绍

关键人物
莱纳斯·鲍林
（1901—1994年）

此前
1794年 约瑟夫·普鲁斯特证明，在化合物中元素总是以固定的比例结合。

1808年 约翰·道尔顿开始阐述原子的特性，这些特性决定了它们在化合物中的结合方式。

此后
1964年 美国理论物理学家沃尔特·科恩（Walter Kohn）和皮埃尔·霍恩贝格（Pierre Hohenberg）开发了密度泛函理论来求解量子力学方程，以显示复杂物质中的成键情况。

2021年 俄罗斯化学家阿尔特姆·奥加诺夫（Artem Oganov）和意大利化学家克里斯蒂安·坦塔迪尼（Christian Tantardini）修改了鲍林的电负性公式，使其表现得更好。

我在化学键方面的工作，可能对改变全世界化学家的行动最为重要。
莱纳斯·鲍林

原子共用电子以通过共价键连接。

电子在共价键合的原子之间移动，因此分子可以在不同结构之间共振，从而使它们更加稳定。

原子可以不均匀地共享电子，从而产生类似磁体的吸引力并共价键合，从而更牢固地结合在一起。

共振允许电子混合在一起并形成决定分子形状的杂化轨道。

化学的主要目标之一是确定物质是由什么组成的。19世纪初，原子是物质关键的组成部分这一点已经很明确了。之后问题变成了：这些原子如何连接在一起以形成化学结构？

经过约100年的缓慢发展，1939年，美国化学家莱纳斯·鲍林对化学键性质的研究取得了突破。早在1852年，英国化学家爱德华·弗兰克兰就提出，一种元素的一个原子只能与一定数量的其他元素的原子连接。他将可能的连接数称为元素的"化合价"。

约瑟夫·约翰·汤姆森于1897年发现了微小的带电粒子，他称之为"电子"，这对于理解化学键是必需的。然后在1900年，德国理论物理学家马克斯·普朗克建议将能量视为含固定能量的"小包"，每个小包称为"量子"。量子解释了物体发出紫外线时产生的能量大小，这是物理学家以前无法做到的。

偶极矩

1911年，荷兰裔美国物理学家和物理化学家彼得·德拜（Peter Debye）开始在苏黎世大学工作。他很快就发现了偶极矩，这一发现被他研究了40年之久，并为他赢得了1936年的诺贝尔化学奖。德拜的工作建立在先前的发现之上，即电子流过导线时会形成电磁场，而分子在电磁场中表现得像磁铁一样。

1905年，法国物理学家保

参见: 化合物比例 68页, 道尔顿的原子理论 80~81页, 官能团 100~105页, 结构式 126~127页, 配位化学 152~153页, 电子 164~165页, 改进的原子模型 216~221页。

罗·朗之万 (Paul Langevin) 提出, 这是因为电磁场暂时移动或极化了分子中的电子。由于电荷分布不平衡, 因此分子表现得像磁铁, 并被称为"电偶极子"。1912年, 德拜提出, 电子在分子周围的分布形成偶极矩时, 会存在永久极化。

共享理论

与此同时, 在加利福尼亚大学, 美国化学家吉尔伯特·路易斯提出, 化学键是由共用电子对的原子产生的。以两个碳原子或一个碳原子和一个氢原子之间的单键为例, 它们在结构式中用单线表示。

路易斯提出, 这种键由键合在一起的、两个原子共享的一对电子组成。通过共用电子对成键的原子比单独的原子更稳定。在1916年的一篇论文中, 他将原子描绘成立方体, 电子在角上。路易斯认为, 原子通过共享边线而在每个角落上积累了一个电子。美国化学家欧

路易斯立方体原子模型中的成键方式

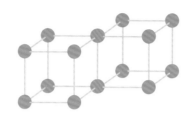

当两个原子共用一条边时形成单键, 这导致在共价键中共用两个电子。

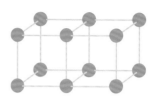

当两个原子共用一个面时形成双键, 这导致在共价键中共用四个电子。

文·朗缪尔 (Irving Langmuir) 帮助推广了这一想法, 并称这种键为"共价键"。

路易斯提出的想法是一个巨大的转变, 当时流行的想法是, 化学键是由具有相反电荷的离子之间的电磁吸引力形成的。"离子"一词指的是带电原子, 即获得或失去一个或多个电子的原子。并非每个人都喜欢共价键的想法, 但它让美国化学专业的学生莱纳斯·鲍林十分着迷。

鲍林的贡献

在接下来的二十年里, 鲍林展示了如何用量子理论来描述电子共享, 这使路易斯的理论成为现代化学成键理论的核心。鲍林在1922年成为加州理工学院的研究生。之后不久, 他就开始了他的探索。从1929年开始, 这个身份使他能够在加利福尼亚大学伯克利分校担任物理系和化学系的客座讲师。他在之后的五年里每年都在那里度过数周时间, 期间与路易斯进行了

莱纳斯·鲍林

莱纳斯·鲍林于1901年出生在美国俄勒冈州的波特兰, 父亲于1910年去世, 家境贫寒。他于1922年在俄勒冈州立大学获得化学工程专业的第一个学位, 并成为加州理工学院的助教和研究生。他与美国化学家罗斯科·吉尔基·迪金森 (Roscoe G. Dickinson) 合作, 以确定晶体结构并发展关于化学键性质的理论。他在20世纪30年代继续研究, 并在1939年的著名出版物中总结了他的发现。他因在化学键方面的工作而获得了1954年的诺贝尔化学奖。

晚年, 鲍林成为一名和平活动家, 并于1962年获得诺贝尔和平奖。他于1994年去世。

主要作品

1928年 《共用电子化学键》

1939年 《化学键的性质以及分子和晶体的结构》

1947年 《普通化学》

深入交谈。

到那时，科学家已经把普朗克的量子理论推进得更远了。1913年，丹麦物理学家尼尔斯·玻尔提出，电子围绕原子中心的原子核运行，其能量设定在特定的量子能级。每个能级只能有几个电子，但还没有人知道为什么它们不能都处于同一能级。

电子对

1924年，奥地利理论物理学家沃尔夫冈·泡利（Wolfgang Pauli）提出了电子的一种以前未知的量子特性，解释了电子为什么分开进入不同的能级。

这一新特性与日常物体旋转时的角动量有一些共同之处，因此科学家称它为"自旋"。自旋量子值仅有两种相反状态，而电子只能

是其中之一。电子可以以相反自旋值电子对的形式存在，但一旦配对，其他电子就不能再加入。

这是1925年催生量子力学的重要发现之一，量子力学的一个重要部分是奥地利物理学家埃尔温·薛定谔提出的波动方程。薛定谔方程包括一个波函数，它在数学上描述了粒子的量子特性。

事实很快明了，薛定谔方程可以应用于原子，因此量子力学可以成为分子结构理论的可靠基础。

1927年，德国物理学家沃尔特·海特勒（Walter Heitler）展示了两个氢原子波函数如何结合在一起形成共价键。然而，人们很快就发现，薛定谔方程太复杂而无法轻易描述更复杂的分子。

鲍林等化学家不得不根据自己的实验观察，并参考量子力学原理，来设计他们的分子结构和价键理论。这些理论表明，共价键需要的不仅仅是两个原子共享一个电子，电子还必须具有相反的自旋值，并且每个原子必须具有稳定的能级——称为"电子轨道"，以供电子占据。

价键理论

鲍林利用路易斯的电子对成键理论和量子力学发展了价键理论中的三个关键概念。首先，他在1928年提出，键中的电子可以在分

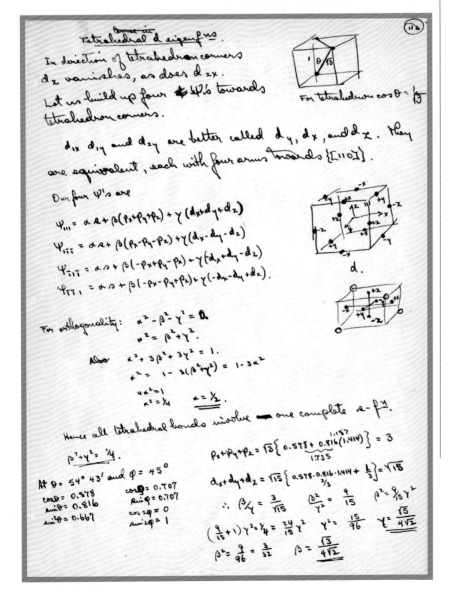

莱纳斯·鲍林的手写笔记显示了他如何使用s、p和d函数推导出一组四面体杂化轨道。这些字母与每个轨道中电子的行为有关。

鲍林意识到，如果一个分子可以用不同的键的排列来绘制，例如苯分子，那么该分子可以在不同排列之间不断变化或共振。

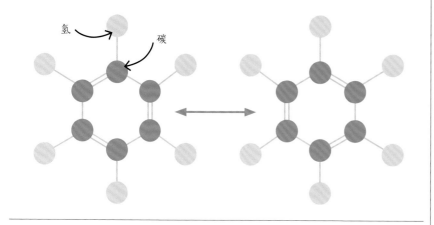

氢

碳

化学成键

同一种元素的两个原子之间的键主要是共价键。每个原子与它的邻居平均地共享一个或多个电子。这两个共用的电子在一个轨道中，使原子更稳定。

当两种元素的原子成键时，它们的相对电负性决定了它们共享电子的程度。电负性非常低的元素的原子往往会失去一个或多个电子，而电负性非常高的元素的原子会得到这一个或多个电子。这两个原子最终带有相反的电荷，它们相互吸引并将原子连接在一起。具有低电负性的钠和具有高电负性的氯结合时，就会发生这种情况。

当不同元素的原子具有相似的电负性时，它们可以形成部分共价键和部分离子键。例如，这可以发生在氢和氯之间的键中。有时，两种形式的吸引力意味着联系会更加牢固。

子中的各个原子之间移动。当有两种可能的方式来绘制结构中的键时，这一点非常重要，并且它使化学家能够通过计算来预测分子的行为方式。

一个关键的例子是苯，它由六个碳原子排列成一个六边形环。它由三个共价单键和三个共价双键构成。在每个双键中，两个碳原子共享四个电子。单键和双键交替排列，并且有两种绘制排列的方法。

如果电子可以移动，苯可以被认为同时存在两种结构，在二者之间共振转换。因此，鲍林将这种效应称为"共振"。电子的扩展共享意味着，可能发生共振的键比没有共振的键更稳定。

杂化轨道

1930年12月的一个晚上，鲍林想出了如何解释当时化学中存在的一些最令人费解的问题，并引出了第二个概念。玻尔关于电子在特定能级上绕原子运行的想法，与真实分子中原子共用的电子数量相悖。

也许最重要的谜团是为什么碳原子通常可以形成四个共价单键，并以四面体的形状等距分布。如果一个中心碳原子与四个相同的原子成键，那么这些键都是等价的。这与当时的思想不相符。

问题源于科学家如何进一步发展电子轨道的概念，他们使用三种量子特性来区分：电荷、自旋和轨道角动量。轨道能级从最低的一级开始并增加。

不同的角动量值可以用字母s、p、d和f来描述。某些金属在加热时会发射光，光通过棱镜会被分散为线条，这些字母即与这些线条相关。它们分别代表尖锐的（sharp）、主要的（principal）、分散的（diffuse）和基本的（fundamental）。

这些线条与每个轨道中电子的行为方式相关。碳原子在它们的2s轨道上应该有两个电子，它们已经配对并且似乎无法再成键。碳原子在2p轨道上还有两个孤电子。这些孤电子表明碳原子应该能够形成

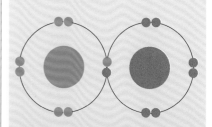

这种共价键展示了两个原子之间平均地共享一对电子，并且原子上没有电荷。

两个键。化学家想知道碳原子的另外两个键是从哪里来的。

1930年12月，鲍林意识到，共振意味着碳的两个2s电子可以由其2p轨道共享。他制定了一种数学方法，并视所有轨道混合在一起，形成了四个等效且呈四面体排列的新轨道。鲍林将新轨道称为"杂化轨道"，因此混合的这个过程就是杂化。其他杂化轨道可以解释另外几个令人费解的形状，例如其他原子形成的正方形和八面体形状。

电负性标度

1932年，鲍林揭示了第三个概念，这个概念将离子子键和共价键联系了起来，有助于解释德拜的偶极矩。他注意到，在化合物中，相似元素之间的键不如差异较大元素之间的键强。鲍林认为，这是因为这些键部分是共价键，部分是离子键。

键的强度取决于元素原子从周围环境中吸引电子的程度——本质上就是它们对电子的"贪婪"

> 电负性可能是元素最重要的化学性质。
>
> 阿尔特姆·奥加诺夫
> 俄罗斯化学家

程度。1811年，永斯·雅各布·贝采利乌斯将这种特性称为"电负性"并将其作为他电化学理论的一部分。

尽管像贝采利乌斯这样的化学家以前研究过电负性，但他们的想法是有局限性的。部分问题在于电负性没有可测量的值，因此难以比较不同的元素。

在1932年发表的一篇论文中，鲍林基于分子形成和燃烧时释放的能量设定了相对电负性值，这又与

分子的键强度有关。他确定锂和氟之间的键几乎100%是离子键，因此他将锂置于其标度中电负性值小的一端，而将氟置于电负性值大的一端。

鲍林后来改进了他的方法，通过从测量的键能中减去共价键部分来估算电负性值。许多人试图对此进行改进，但鲍林1932年的标度仍然是使用最广泛的标度。

与共振或杂化轨道相比，鲍林的电负性标度缺乏足够的理论支持，但这是他最有影响力的思想之一。借助电负性，化学家可以对键和分子做出有趣的预测，而无须参考键的复杂波动方程。

例如，鲍林预测氟的电负性如此之强，以至于它可以与氙形成化合物，而氙通常不与其他元素发生反应。1933年，鲍林的一位同事着手检验这一预测，但没有成功。直到1962年，鲍林才被证明是正确的，当时美国和德国的独立科学家团队在几个月内成功地制造了二氟化氙。

鲍林发现，混合一个s轨道和三个p轨道会产生四个杂化轨道，他称之为sp³轨道。它们都处于相同的能级，需要尽可能对称地分布在原子周围，这意味着它们会形成四面体结构。这个过程就是杂化。

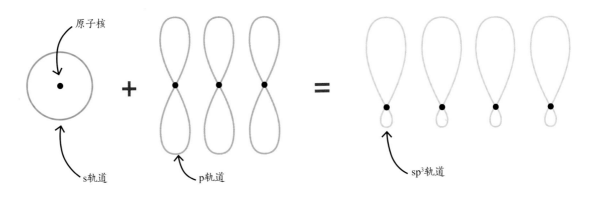

莱纳斯·鲍林率先使用物理模型来揭示化学结构。例如，他使用纸张来展示蛋白质分子可以形成这种盘绕的 α 螺旋结构。

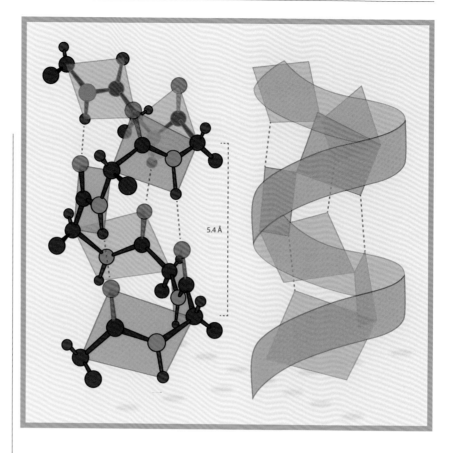

5.4 Å

原子图解

鲍林的共振、杂化轨道和电负性标度这三个概念——连同鲍林的许多其他想法——改变了化学家对分子结构的理解。鲍林将这些想法结合在一起，于1947年出版了教科书《普通化学》，该书成了畅销书。该书介绍了一种向学生教授化学的新方法，结合量子物理学、原子理论和现实世界的例子来解释基本的化学原理。

这本具有里程碑意义的教科书，包括了当时最清晰易懂的原子和分子成键图片，以表示这些不可见的物体。大量插图是由美国艺术家、发明家和建筑师罗杰·海沃德（Roger Hayward）创作的。

创建模型

对于鲍林和更广泛的人群，使用插图和模型来可视化分子是另一个变革性的进程。例如，当鲍林1948年在牛津大学担任客座讲师时，他突然洞察到了一个他十多年来一直没有解决的问题。蛋白质是长链分子，赋予细胞结构并在细胞内部形成驱动生命的机制。化学家知道蛋白质是由被称为"氨基酸"的分子连接在一起形成的，但还没有人弄清楚蛋白质结构的细节。

一天晚上，鲍林将一张纸卷成了一条蛋白质链，依据实验证据和他帮助建立的价键理论将纸进行了折叠。他将纸卷成的螺旋称为"α 螺旋"，而其他实验很快证明蛋白质确实以这种方式卷曲。

鲍林与他在加州理工学院的同事、美国生物化学家罗伯特·科里（Robert Corey）进一步发展了他的建模方法。1952年，两人公布了使用木制套件构建三维模型的详细细节。

这些方法很快产生了巨大的影响。1953年，美国化学家詹姆斯·沃森（James Watson）和英国分子生物化学家弗朗西斯·克里克（Francis Crick）使用这种方法，开创性地发现了DNA的标志性双螺旋结构，其上携带着遗传信息。

鲍林不仅深入研究了原子如何连接的最复杂的物理学，他还使用引人注目的图像和模型，比以往更清晰地呈现了这些信息。虽然后来的科学家对他的发现和技术进行了改进，但鲍林为他们的探索开启了无限的可能性。■

THE
NUCLEARAGE
1940—1990

核子时代
1940—1990年

美国科学家发现了第一种超铀元素镎，引发了一系列合成元素的发现，扩展了元素周期表。

艾里亚斯·詹姆斯·科里（Elias James Corey）发展了逆合成的概念，即逐步解构目标分子以找出合成它们的方法，这彻底改变了有机合成。

瑞士化学家理查德·恩斯特（Richard Ernst）开发了核磁共振（NMR）波谱法，这是一种检测有机分子结构的关键分析工具。

1940年　　　　**1957**年　　　　**1966**年

1953年　　　　**1960**年

罗莎琳德·富兰克林、莫里斯·威尔金斯（Maurice Wilkins）、詹姆斯·沃森和弗朗西斯·克里克确定了DNA的化学结构。

美国批准了世界上第一种口服避孕药，它含有合成激素以让女性控制自己的生育能力。

1900年，全球人口的平均预期寿命仅为32岁。到1990年，这一数字翻了一番，达到64岁。医学的进步虽然不是唯一因素，但发挥了非常重要的作用，很多新药被开发出来以治疗以前无法治愈的疾病。

虽然药物凭借新的化学技术延长了人类的寿命，但在此期间，其他化学进步带来的健康和环境问题也受到了更多的审视。

设计药物

20世纪20年代，抗生素的发现可能被很多人认为是现代化学医学的起点。然而，在20世纪下半叶，有机化学的进步才真正彻底地改变了我们治疗一系列疾病的方式。

1957年，逆合成——从目标分子一步一步地向前推算以确定可能的合成路径——的发展，改变了化学家进行分子合成的方式。这一技术使化学家可以利用常用试剂合成复杂的天然分子。

人工合成人体中的天然激素的类似物，将产生更大的改变。1960年，美国食品药品监督管理局（FDA）批准了第一种口服避孕药，这标志着妇女获得了生育自主权，这是改变社会的一大进步。今天，全世界估计有1.51亿名女性使用避孕药。

另一个进步是对天然物质的分析，以便更容易地制造和使用它们。多罗西·霍奇金独立完成了几项重要工作，她使用X射线衍射绘制了青霉素、维生素B_{12}和胰岛素的分子结构图。

随着有机化学家的"武器库"大大增强，合理药物设计成为迈向更好的药物的下一步。早期的药物开发通常只涉及试验和错误，但到20世纪60年代，化学家开始考虑如何选择性地靶向细胞内的特定生化机制。这推进了针对多种疾病的更有效的药物设计。

化学后果

化学应用带来的好处很难被忽视。然而，随着对某些常用物质

墨西哥化学家马里奥·莫利纳（Mario Molina）发现，氯氟烃推进剂和冰箱制冷剂会与平流层中的臭氧发生反应，从而破坏臭氧层。

约翰·古迪纳夫（John Goodenough）开发了第一款以钴酸锂为电极的可充电电池。这种电池的后续衍生品，为我们今天的许多电子设备供电。

1974年

1980年

1969年

1978年

1983年

多罗西·霍奇金（Dorothy Hodgkin）使用X射线衍射确定了胰岛素的三维结构，帮助人们更深入地了解了糖尿病的病因，促进了合成胰岛素的发展。

第一种含铂化疗药物"顺铂"被批准用于治疗癌症。它现在是联合化疗方案的关键部分。

凯利·穆利斯（Kary Mullis）设计了聚合酶链反应（PCR），它可以快速复制DNA，这一技术在司法鉴定和诊断学中得到了应用。

的审查，各种环境和健康问题开始暴露出来。

在某些情况下，这些问题是已知的，但被掩盖了。四乙基铅是一种可以提高汽车发动机效率的汽油添加剂，其潜在的不利影响在其于20世纪20年代投入使用后不久就被人发现了，但直到20世纪60年代，研究明确显示了其对人类的毒性，其才从20世纪70年代开始被逐渐淘汰。

即便如此，直到2021年，最后的含铅燃料库存才在阿尔及利亚被耗尽。世界各地城镇的大气铅含量仍高于预期的背景水平。

其他问题引发了更紧急的行动。1974年，研究人员表明，用于推进剂和冰箱制冷剂的氯氟烃（CFC）是平流层臭氧空洞产生的原因。

由于担心这可能导致地球两极臭氧层出现永久性空洞，各国在1987年达成了一项协议，在全球范围内逐步淘汰CFC，如今臭氧层正在恢复。

在20世纪初开发出肥料之后，合成杀虫剂和除草剂的发明进一步提高了农作物的产量。这些化合物的使用也存在争议。

最畅销的除草剂"草甘膦"于1974年获得批准，但2019年以来一直因涉嫌致癌而陷入法庭纠纷，而2017年的研究表明，新烟碱类杀虫剂可能对蜜蜂有毒。

更好的电池

20世纪后期的一些进步获得了更好的推广。可充电电池的发展，以约翰·古迪纳夫的锂离子电池为顶峰，定义了20世纪的技术发展进程。

我们今天使用的几乎所有电子设备，从电动汽车到智能手机，都依赖古迪纳夫电池的衍生品，很难想象没有它们的现代世界。■

我们创造了前一天还不存在的同位素

超铀元素

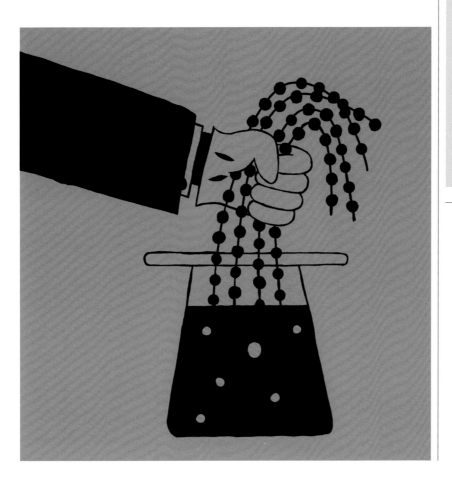

背景介绍

关键人物
格伦·西博格
（1912—1999年）

此前
1913年 弗雷德里克·索迪和其他人意识到元素可以有不同的形式，人们称之为"同位素"。在此之前，一些同位素被误认为是新元素。

1937年 埃米利奥·塞格雷在回旋加速器内废弃的钼中发现了43号元素——锝。这是以这种方法创造的第一种元素。

此后
1977年 旅行者1号和旅行者2号开始了前往木星、土星、天王星和海王星的旅程，它们由钚的放射性衰变提供动力。

1981—2015年 美国、俄罗斯、德国和日本的团队，使用西博格和阿伯特·吉奥索（Albert Ghiorso）开创的方法，创造了107号到118号元素。

1945年8月9日，一架美国轰炸机在日本长崎投下一枚名为"胖子"的原子弹，当场导致22000人死亡。到当年年底，辐射造成的死亡人数已达到这个数字的4倍。这一可怕的事件也是一个科学里程碑，因为原子弹中含有大约6千克的浓缩钚，这种元素的存在在此之前一直被保密。原子弹的使用加速了日本的投降并结束了第二次世界大战。

超铀元素钚在历史上留下了

参见: 稀土元素 64~67页, 元素周期表 130~137页, 放射性 176~181页, 同位素 200~201页, 合成元素 230~231页, 核裂变 234~237页。

> 同种**元素**总是具有相同数量的质子, 但可以存在**同位素**, 即具有不同数量的中子。

> **回旋加速器的发明**使科学家能够通过将原子**打碎**来制造新的同位素。

> 在回旋加速器中将原子打碎也可以产生**新元素**。

新的合成元素被填入元素周期表中的铀之后。

格伦·西博格

格伦·西博格于1912年出生在美国密歇根州, 1933年在加利福尼亚大学洛杉矶分校(UCLA)获得化学学位, 然后于1937年在加利福尼亚大学伯克利分校获得博士学位。伯克利著名的化学家吉尔伯特·路易斯邀请西博格担任他的私人实验室助理, 他们一起发表了许多论文。

西博格以对超铀元素的发现和他在曼哈顿计划中的关键作用而闻名, 他还为100多种同位素的发现做出了贡献, 其中一些同位素成为医学中所必需的。1980年, 他将少量的铋-209转化为黄金, 这是古代炼金术士的梦想。

西博格撰写或与人合著了500多篇科学论文, 他还是十位美国总统的科学顾问。他于1999年去世。

主要作品

1949年 《一种新元素: 氘核轰击铀产生的放射性94号元素》

1949年 《$^{238}94$ 和 $^{238}93$ 的原子核性质》

自己的印记, 它塑造了此后几十年的政治——这主要归功于美国芝加哥曼哈顿计划冶金实验室的化学家们, 其领导者是格伦·西博格。西博格在1940年首次制造出了钚, 随后他又发现了9种原子序数高于铀的超铀元素。1951年, 他的发现使他和伯克利物理学家埃德温·麦克米伦分享了诺贝尔化学奖。

同位素分离

西博格对放射性同位素的研究始于加利福尼亚大学伯克利分校。1937年, 意大利裔美国物理学家埃米利奥·塞格雷在回旋加速器(一种粒子加速器)中用高能辐射处理了钼, 并从中分离出了新元素锝。此前一年, 伯克利物理学家杰克·利文伍德(Jack Livingood)曾请西博格帮助分离和鉴定回旋加速器中产生的不同元素的同位素。当时他们只是试图发现现有元素的新同位素, 其中许多同位素将会应用于医学诊断和治疗。正如西博格后来回忆的那样, "我证明了在这个由物理学家主导的领域中化学家发挥的作用"。

核裂变

1938年在德国柏林进行的研究, 将引导西博格进入他"一生的工作"。德国化学家奥托·哈恩和弗里茨·施特拉斯曼, 首次测量了铀原子核分裂成更小的原子核时所产生的放射性——核裂变过程。然而, 他们排除了裂变的解释。1939

年初，哈恩的前同事、奥地利-瑞士物理学家莉泽·迈特纳和她的侄子奥托·弗里施收集了各种证据，表明这一令人难以置信的结果确实发生了。逐渐地，世界各地的科学家开始意识到裂变的潜力。它会释放出大量能量，可用于和平目的或用于武器装备。

核军备竞赛

起初，科学家主要是想了解裂变的过程。西博格的同事埃德温·麦克米伦最早在伯克利的回旋加速器中用铀进行实验。1940年，通过用中子轰击铀-238（铀最常见的同位素），麦克米伦发现了第一种超铀元素镎。不久之后，他离开此项目，转而进行雷达的军事研究，而当时年仅28岁的西博格开始领导研究团队。

与同事、化学家亚瑟·沃尔（Arthur Wahl）和约瑟夫·肯尼迪（Joseph Kennedy）一起，西博格改用不同的方法，使用氘核轰击铀-238，氘核中包含一个质子和

一个中子。1940年，他们发现了微量的另一种新元素，他们称之为"钚"。

尽管钚的量很少，但他们很快就确定，如果将钚用于炸弹，炸弹会以不可思议的力量爆炸。由于第二次世界大战正在进行，因此他们决定对这一发现保密。

1941年，日本偷袭了珍珠港，迫使美国加入了战争。1942年春，西博格受命到芝加哥大学为曼哈顿计划研制原子弹。西博格邀请在伯克利合作过的核科学家阿伯特·吉

第二次世界大战期间，美国华盛顿州的汉福德工厂（上图）生产了用于制造原子弹的钚。

奥索与他一同前往芝加哥。

事实证明，吉奥索对超铀元素的研究至关重要，他发明了一种逐个原子分离和识别重元素的方法——西博格称之为"超微化学"。然而，要开发武器，如此微小的数量是远远不够的。

为了获得足够的钚来制造武器，曼哈顿计划的科学家们利用

伯克利回旋加速器使用两个巨大的磁铁产生电磁力，使粒子在环形路径中旋转。

回旋加速器

当欧内斯特·卢瑟福在1919年首次分裂氮原子核时，一扇通往新领域的大门被打开了。但是，为了能够分裂其他原子，物理学家需要给它们更多的能量。许多机器被用来加速带电粒子，其中最著名的是回旋加速器，它是加利福尼亚大学伯克利分校的欧内斯特·劳伦斯的伟大发明。

劳伦斯意识到，通过环形设计，粒子可以被多次加速。在他的回旋加速

器中，粒子被注入由两个空心半圆形金属形成的空间中。这个空间的上方和下方是两块强力的磁铁。

两块金属连接到高频交流电上，粒子每次穿过间隙时都会获得更多能量。随着能量的逐次提升，粒子的路径会向外盘旋。最终，粒子将离开回旋加速器并撞击靶标，与靶标中的原子结合形成新的同位素或元素。

> 我们创造了前一天还不存在的同位素，其用途有待发现。

格伦·西博格

了铀-235同位素的裂变链式反应，过程中会产生中子。这些中子不仅会引发其他铀-235原子的裂变，还会更大规模地将铀-238转变为钚-239。

西博格的团队先将元素氧化成盐，然后进一步将它们与高放射性铀和其他裂变产物分离，从而分离出纯的元素。例如，对于钚，他们添加了磷酸铋（$BiPO_4$），这会形成一种钚盐沉淀。在分离出沉淀物后，化学家可以进一步氧化钚并将其与沉淀物分离。1943年，美国建造了一家工厂，以这种方式制造钚。

添加到元素周期表

在钚取得成功后，西博格、吉奥索和他们的同事开始寻找更多的超铀元素。他们重新使用了回旋加速器-超微化学方法，但发现新元素不像钚那样容易被氧化。

他们用了将近一年的时间才分离出另外两种元素：镅，是用中子轰击钚-239制造的；锔，是用氦离子轰击钚制造的。此后，西博格和他的同事们继续制造出了锫、锎、锿、镄和钔。

西博格提出，铀和超铀元素以及锕、钍和镤一起，在元素周期表中形成新的一行。这个家族被称为"锕系"（来自希腊语aktis，意为"光束"），表示回旋加速器将原子束粉碎的工作模式。

超重元素

1961年，吉奥索和其他研究人员使用了与西博格不同的回旋加速器方法，发现了铹，这是15种锕系元素中的最后一种，也是最重的一种。

1969年，吉奥索的团队发现了𬬻，这是第一种超锕系元素或超重元素。紧随其后的是1970年的𬭊。

西博格后来重新加入了该团队，他们在1974年发现了第106号元素，并以西博格的名字将其命名为"𬭳"。这一发现得到了另一位伯克利化学家达琳·霍夫曼（Darleane Hoffman）的证实。

霍夫曼还有了另一个非凡的发现。1971年，她从存在了数十亿年的岩石样本中提取了微量的钚-244。

这种同位素的半衰期为8000万年，因此钚应该是原始存在的，在地球形成之前，由超新星爆发期间的核聚变反应生成。由此看来，最重的天然元素不是铀，而是钚。■

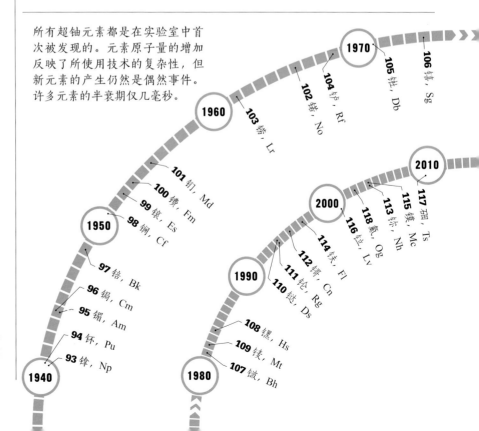

所有超铀元素都是在实验室中首次被发现的。元素原子量的增加反映了所使用技术的复杂性，但新元素的产生仍然是偶然事件。许多元素的半衰期仅几毫秒。

- 1970
- 106 𬭳, Sg
- 105 𬭊, Db
- 104 𬬻, Rf
- 102 锘, No
- 1960
- 103 铹, Lr
- 101 钔, Md
- 100 镄, Fm
- 99 锿, Es
- 98 锎, Cf
- 1950
- 97 锫, Bk
- 96 锔, Cm
- 95 镅, Am
- 94 钚, Pu
- 93 镎, Np
- 1940
- 1980
- 107 𬭛, Bh
- 109 䥑, Mt
- 108 𬭾, Hs
- 110 𫟼, Ds
- 111 𬬭, Rg
- 112 鎶, Cn
- 1990
- 114 𫓧, Fl
- 113 鉨, Nh
- 116 鉝, Lv
- 118 鿫, Og
- 2000
- 115 镆, Mc
- 117 鿬, Ts
- 2010

存在于普通事物中的微妙运动

核磁共振波谱

背景介绍

关键人物

理查德·恩斯特

（1933—2021年）

此前

1919年 英国化学家和物理学家弗朗西斯·阿斯顿发布了用于鉴别化学元素的质谱仪。

1924年 奥地利量子物理学先驱沃尔夫冈·泡利提出，原子核的行为就像旋转的磁铁。

此后

1971年 美国化学家保罗·劳特布尔（Paul Lauterbur）发明了3D磁共振成像（MRI），现广泛应用于观察患者的体内情况。

1989年 瑞士科学家库尔特·维特里希（Kurt Wüthrich）设计了一种核磁共振法（NMR），用于研究高度复杂的溶解蛋白质结构。

解析出有机化合物的结构式对化学至关重要，因为它提供了有关化合物性质及反应性的信息。然而，这一直是一项极其艰巨的任务，直到1966年瑞士化学家理查德·恩斯特开发出了一种高分辨率核磁共振波谱技术，情况才得以改变。

确定结构

通常，为了确定分子的结构，化学家会通过反应将其分解成

我们不仅在面对一种新工具，而且在面对一个新学科，我简单地称之为'核磁学'。

爱德华·珀塞尔

更小的部分，然后分离并鉴定这些部分，比如，观察它们的反应方式或确定它们的熔点。确定了这些较小的分子后，化学家就需要弄清楚它们最初是如何连接在一起的。尽管一种分析方法——质谱法——在1913年被发明，但该技术直到20世纪60年代才被广泛应用。

1945年，两组物理学家提出了一项新技术。瑞士裔美国人费利克斯·布洛赫（Felix Bloch）在斯坦福大学领导了一个团队。与此同时，美国人爱德华·珀塞尔（Edward Purcell）在哈佛大学领导了一个团队。他们各自独立地进行了第一次成功的核磁共振实验。在核磁共振中，"核"是指每个原子中心的原子核特性，"磁"是指科学家通过将化学样品置于强磁场中来对原子核进行分析。"共振"一词的出现是因为他们将样品置于微弱的无线电波中并逐渐改变其频率，而许多物体具有固有频率，会在受到该频率的外力时产生共振。例如，你可以用湿手指在杯沿上摩擦，让酒杯"唱歌"。科学家利用

参见: 结构式 126~127页, 红外光谱学 182页, X射线晶体学 192~193页, 质谱 202~203页, 化学成键 238~245页。

这一原理来检测无线电波的频率何时与原子核的特征共振频率相匹配。通过跟踪不同频率的电磁信号强度可以得到核磁共振波谱。

游戏规则改变者

1966年,恩斯特取得了重大突破,将核磁共振带入了化学家的日常使用。在一家领先的核磁共振仪制造商那里工作期间,恩斯特将射频扫描换成了短而强的射频脉冲。然后,他在每次脉冲后测量信号一段时间,脉冲之间有几秒钟的间隔。恩斯特分析了信号中的共振频率,并使用计算机进行了傅里叶变换的数学运算,将信号转换为核磁共振波谱。这将核磁共振灵敏度提高了10~100倍。这一改进实现了对微量样品及自然界少量存在的有趣同位素的研究,如对碳-13的研究。今天,所有常规的核磁共振波谱都基于傅里叶变换。恩斯特和他的同事还使用傅里叶变换来发展该技术,以检测活体中的氢核,用于医学中的核磁共振成像,我们现在将其称为"磁共振成像"(MRI)。

核磁共振仪现在更加灵敏,因为它们使用没有电阻的超导线圈以传导非常高的电流。这些线圈可以产生比地球两极之间自然形成的磁场强近60万倍的磁场。这使化学家能够研究大型、复杂、运动的分子。例如,高灵敏的核磁共振仪显示了与白血病和其他癌症相关的酶是如何在活性和非活性状态之间转换的。■

理查德·恩斯特

理查德·恩斯特于1933年出生在瑞士温特图尔,13岁时对化学产生了兴趣。他在苏黎世联邦理工学院学习化学,并于1957年毕业。核磁共振先驱费利克斯·布洛赫也曾在那里学习。恩斯特留在该机构攻读博士学位,在此期间他为两台核磁共振仪制造了重要组件。1962年获得博士学位后,他移居美国加利福尼亚,为核磁共振仪制造商瓦里安公司(Varian)工作,在那里他开发了傅里叶变换技术。之后恩斯特返回瑞士,接管了苏黎世联邦理工学院的核磁共振研究小组,并在他的职业生涯中继续推进核磁共振研究。1991年,恩斯特获得了诺贝尔化学奖。他于2021年去世。

主要作品

1966年 《傅里叶变换光谱在磁共振中的应用》

1976年 《二维谱:在核磁共振中的应用》

原子共振

1. 原子核的行为就像旋转的磁铁,通常是混乱的。

2. 在磁场中,原子核自旋要么与磁场对齐,要么与磁场相反。

3. 当适当频率的无线电波击中与磁场对齐的原子核时,其中的一些原子核自旋会发生翻转。

4. 无线电波停止后,原子核自旋重新与磁场对齐,同时发射出无线电信号。这些信号可以提供结构信息。

生命的起源是一件相对容易的事情

生命化学物质

无机化学物质可以反应形成有机化合物——通常由生物体制成。

早期地球的海洋中有水，大气中有氨、氢气和甲烷。

早期地球上存在的化学物质，为生命基本要素的出现创造了条件。

这些基本要素可能自然地导致了生命的出现。

背景介绍

关键人物
斯坦利·米勒（1930—2007年）
哈罗德·尤里（1893—1981年）

此前
1828年 弗里德里希·维勒用氰酸铵制造出了尿素。

1871年 查尔斯·达尔文（Charles Darwin）提出，生命起源于一个富含化学物质的小水体。

此后
1962年 美国生物化学家亚历山大·里奇（Alexander Rich）提出了"RNA世界"的概念，即在DNA或蛋白质出现之前，RNA分子会自我复制。

1971年 科学家在默奇森陨石中发现了氨基酸，证明它们在生命存在之前就已形成。

2009年 英国化学家约翰·萨瑟兰（John Sutherland）和他的团队展示了RNA的组成部分是如何在早期地球可能存在的条件下形成的。

1924年，苏联生物化学家亚历山大·奥巴林（Alexander Oparin）提出了自然发生理论——地球上的生命起源于原始液体，简单的化学物质在其中发生反应，形成生命所需的碳基化合物。奥巴林的同胞德米特里·门捷列夫认为，随着地球早期大气的冷却，金属首先凝固，然后是碳等其他元素，余下的大气则含有氢气等轻质气体。奥巴林提出，碳可以与过热蒸气反应形成碳氢化合物。氨基酸——生命的基本要素——可以从中产生吗？

制造氨基酸

1952年，美国化学家哈罗德·尤里和他的博士生斯坦利·米勒（Stanley Miller），设计了一个实验来检验这一理论。米勒尝试用一

参见: 用电分离元素 76~79页, 尿素的合成 88~89页, 酶 162~163页, 逆合成 262~263页。

> 真正的问题是: 生命的形成中是否存在非常偶然的因素?

斯坦利·米勒

个密封的玻璃装置来模拟早期的地球, 其中两个空心球体通过管道连接。一个球体中有水, 就像地球的海洋。另一个球体中含有氢气、氨和甲烷——他们认为这些气体存在于早期大气中。为了引发化学反应, 米勒用电火花模拟闪电, 由此反复向混合物中注入能量。一天后, 烧瓶里的水变成了粉红色, 几天后, 边缘出现了黄色的浮油。米勒对产生的物质进行了分析, 从中发现了5种氨基酸, 包括地球上生命所必需的20种氨基酸中的3种。

怀疑者转变

当米勒和尤里在1953年发表他们的发现时, 许多科学家并不相信他们。然而, 这个实验是如此简单, 以至于怀疑者们自己尝试后就沉默了。

实验结果证明, 早期地球的条件可以提供创造生命所需的化学物质。但实验也不算完全成功。实验中没有产生其他重要的、使生物进化的生物分子, 如携带遗传信息的RNA和DNA。

在米勒的整个职业生涯中, 他继续在该领域进行研究和创新, 但他承认, 完全解释生命的起源比他1952年的实验要复杂得多。一个关键问题是, 科学家永远无法确定生命出现时地球的确切状况。即使研究人员通过模拟假设条件创造了简单的生命, 他们也无法证明地球上最初的生命形式是以同样的方式产生的。■

斯坦利·米勒

米勒于1930年出生在美国加利福尼亚州奥克兰, 他先在加利福尼亚大学伯克利分校学习化学, 然后于1951年到达芝加哥大学, 在尤里的指导下攻读博士学位。米勒最初更喜欢理论而不是"凌乱、耗时"的实验, 但他最终以其创新性的生命起源实验而闻名。米勒于1954年在加州理工学院完成了为期一年的博士后研究, 之后于1955年转到哥伦比亚大学。

1960年, 尤里将他招募到加利福尼亚大学圣地亚哥分校的新校区。他在那里度过了余下的职业生涯, 直到2007年去世。虽然研究生命的起源是米勒的主要关注点, 但他也为其他领域做出了贡献, 包括麻醉。

主要作品

1953年 《在可能的原始地球条件下制造氨基酸》

1972年 《疏水氨基酸和蛋白质氨基酸的前生物合成》

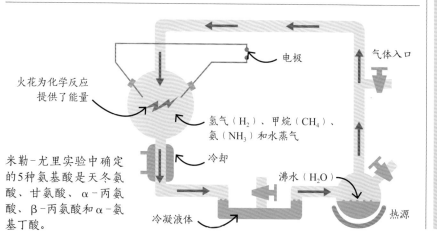

火花为化学反应提供了能量

电极

气体入口

氢气 (H_2)、甲烷 (CH_4)、氨 (NH_3) 和水蒸气

冷却

沸水 (H_2O)

米勒-尤里实验中确定的5种氨基酸是天冬氨酸、甘氨酸、α-丙氨酸、β-丙氨酸和α-氨基丁酸。

冷凝液体

热源

基因语言有一个简单的字母表

DNA的结构

背景介绍

关键人物
弗朗西斯·克里克
（1916—2004年）
罗莎琳德·富兰克林
（1920—1958年）
詹姆斯·沃森（1928—）
莫里斯·威尔金斯
（1916—2004年）

此前
1869年 弗雷德里希·米歇尔
（Friedrich Miescher）从血细胞中提
取了酸性富磷物质——含有核酸。

1885—1901年 阿尔布雷希特·科塞
尔（Albrecht Kossel）分离出了腺嘌
呤（A）、鸟嘌呤（G）、胞嘧啶（C）、
胸腺嘧啶（T）和尿嘧啶（U）。

此后
2000年 人类基因组计划宣布完成
了人类基因组草图的绘制工作。

2011年 詹妮弗·杜德纳（Jennifer
Doudna）和艾曼纽·卡彭特
（Emmanuelle Charpentier）开发了
CRISPR-Cas9基因编辑技术，可以
方便地进行DNA编辑。

生物体可以传递指令以使它们发育、生存和繁殖，这确实是自然界最伟大的奇迹之一。在近一个世纪以来出现了各种线索之后，关于这一奇迹的解释于1953年真正形成——脱氧核糖核酸（DNA）分子盘绕形成双螺旋。

漫长的探索

DNA是由瑞士医生弗雷德里希·米歇尔在19世纪发现的，由德

参见: 分子间力 138~139页, 立体异构 140~143页, X射线晶体学 192~193页, 聚合 204~211页, 化学成键 238~245页, 聚合酶链反应 284~285页。

国生物化学家阿尔布雷希特·科塞尔正式命名，但科学家仍然认为蛋白质分子携带着生命的指令。1928年，英国细菌学家弗雷德·格里菲斯（Fred Griffith）将无害的活细菌与死亡的致病细菌混合在一起，并给老鼠注射了这种混合物。最后老鼠感染了活的致病细菌。格里菲斯认为，"转化原理"是细菌发生变化的原因。例如，一种未知的化学物质从死细菌转移到了活菌上。

其他科学家认为格里菲斯一定犯了一个错误。然而，1944年，加拿大裔美国医学研究者奥斯瓦尔德·埃弗里（Oswald Avery）和科林·麦克劳德（Colin MacLeod）及他们的美国同事麦克林·麦卡蒂（Maclyn McCarty），在纽约洛克菲勒医学研究所成功地重复了这一实验。他们还对引起转化的指令物质进行了生化测试。在排除了所有其他可能的物质后，团队得出结

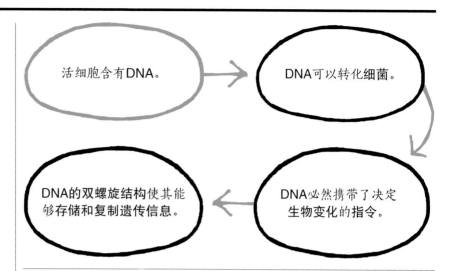

论，DNA是转化的实质。

同样在洛克菲勒医学研究所，曾与科塞尔共事的俄裔美国生物化学家菲巴斯·利文（Phoebus Levene），于1905—1939年详细研究了DNA。他揭示了DNA分子主要是由名为"脱氧核糖"的糖基组成的长链。脱氧核糖分子间通过磷酸基团中的磷和氧原子相连接。他还发现，每个脱氧核糖都与四

种核酸单元中的一种相连，即腺嘌呤（A）、鸟嘌呤（G）、胞嘧啶（C）和胸腺嘧啶（T）中的一种。这四种核酸单元现在被称为"碱基"。然而，没有人知道DNA分子在生物体内的具体结构。

理想的信息存储

强大的X射线衍射技术，使科学家能够根据晶体对X射线的散射

罗莎琳德·富兰克林

罗莎琳德·富兰克林于1920年7月25日出生在英国伦敦，1945年获得剑桥大学物理化学博士学位，并获得研究奖学金的资助。她于1947—1951年在巴黎的法国国家科学研究中心工作，研究X射线衍射。之后她转到了伦敦国王学院。由于她与莫里斯·威尔金斯的紧张关系，以及伦敦国王学院对待女性的方式，她于1953年转到伦敦的伯贝克学院。她也离开了DNA研究领域，之后她发表了17篇关于螺旋和球形病

毒结构的论文，影响十分深远。富兰克林于1956年被诊断出患有卵巢癌，两年后去世。

主要作品

1953年 《胸腺核酸的分子结构》

1953年 《脱氧核糖核酸钠晶体结构中双链螺旋的证据》

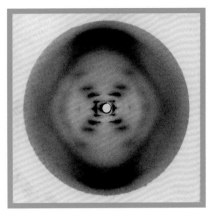

"51号照片"是罗莎琳德·富兰克林于1952年拍摄的X射线衍射图像,它提供了DNA双螺旋结构的关键证据。

计算出原子的位置,它在20世纪50年代初揭示了DNA的结构。来自加州理工学院的美国生物化学家莱纳斯·鲍林,似乎最有可能解决DNA难题。他在物理化学领域的研究处于世界领先地位,他使用X射线衍射数据破译了许多生物分子的结构,并建立了物理模型。然而,1950年5月,答案在伦敦国王学院开始浮现。当时英国生物物理学家莫里斯·威尔金斯从瑞士化学家鲁道夫·西格纳(Rudolf Signer)那里获得了高质量的DNA晶体。威尔金斯和博士生雷蒙·葛斯林(Raymond Gosling)研究了这些晶体,发现DNA分子组织有序,是存储和传输信息的理想选择。

英国化学家罗莎琳德·富兰克林是采集和分析X射线衍射图像的专家,于1951年1月加入伦敦国王学院。她接手了对西格纳DNA样品的X射线检测工作,并指导葛斯林的博士工作。威尔金斯使用不同的样品继续研究DNA,并于1951年5月在那不勒斯的一次会议上展示了他的结果。

外人加入

在那不勒斯,年轻的美国研究者詹姆斯·沃森,是少数认识到威尔金斯研究结果重要性的人之一。同年晚些时候,沃森开始在剑桥大学工作,在那里他遇到了英国分子生物化学家弗朗西斯·克里克。两人联手破译DNA的结构。1951年11月,沃森参加了一个研讨会,富兰克林在会上展示了DNA呈螺旋状盘绕,至少有两条链,磷酸基团在外侧。

沃森没有听懂讲座的内容,也记错了结构的细节,但他和克里克制作了一个模型,就像鲍林为其他分子制作的模型一样。他们的模型

DNA的组成部分

克里克和沃森的模型表明,DNA呈双链螺旋。这些链由糖和磷酸分子链接组成。每个糖分子还连接到四种碱基——腺嘌呤、胸腺嘧啶、鸟嘌呤和胞嘧啶中的一种上。

图例:
- ⬡ 糖(脱氧核糖)
- ⬠ 磷酸基团
- ● 碳原子
- ● 氢原子
- ● 氮原子
- ○ 氧原子
- 〜 氢键

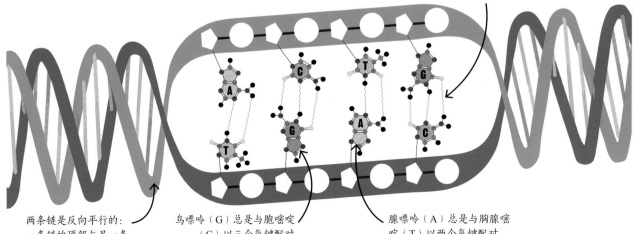

强吸引力相互作用,被称为"氢键"

两条链是反向平行的:一条链的顶部与另一条链的底部对齐。

鸟嘌呤(G)总是与胞嘧啶(C)以三个氢键配对

腺嘌呤(A)总是与胸腺嘧啶(T)以两个氢键配对

有三条DNA链扭曲成螺旋状，内部有糖-磷酸骨架，碱基向外。他们邀请威尔金斯来看这个模型，威尔金斯还带来了富兰克林。富兰克林说他们的模型不符合她的数据，数据表明磷酸基团应该在外侧。

富兰克林和葛斯林在1952年5月拍摄了一张关键的X射线衍射照片，即"51号照片"，照片显示两条链螺旋盘绕，形成了现在众所周知的双螺旋结构。不久之后，克里克和沃森遇到了奥地利裔美国生物化学家埃尔文·查戈夫（Erwin Chargaff），后者发现了另一个重要的结构线索。他发现，在DNA中，腺嘌呤和胸腺嘧啶的数量总是相等的，而鸟嘌呤和胞嘧啶的数量也总是相等的。每对碱基的相对数量因物种而异，因此生物之间的DNA明显不同，但一定有一些基本规则来定义碱基之间的关系。

交叉双螺旋

1952年末，克里克和沃森听

> 核酸基本上很简单。它们是非常基本的生物过程、生长和遗传的根源。

莫里斯·威尔金斯
诺贝尔奖演讲

说鲍林已经研究出了DNA的结构。但是，当他们看到鲍林的模型时，他们意识到这是错误的：模型是一个三链螺旋，磷酸基团在内部，并且还有其他缺陷。沃森去了伦敦国王学院，并提议合作破译DNA的结构，但富兰克林拒绝了。然而，威尔金斯同意提供帮助，并在未经富兰克林允许的情况下向沃森展示了"51号照片"。

沃森意识到，两条互补的DNA链与查戈夫1953年2月的发现相吻合。一条DNA链内部的腺嘌呤可以与另一条DNA链上的胸腺嘧啶配对，鸟嘌呤和胞嘧啶也可能以这种方式配对。通过这种方式，碱基可以相互作用，通过氢键在螺旋内锁定在一起。其他分子也可以通过氢键很容易地与DNA结合，包括复制DNA及读取DNA携带的指令以制造蛋白质的分子。

克里克和沃森建立了另一个三维模型。双链可以沿两个方向螺旋，即右手型或左手型，但在他们的新模型中，DNA的双螺旋只是右手型的。模型还表明DNA链不是对称的。一端可被视为顶部，另一端可视为底部。双链是反向平行的——一条链的顶部与另一条的底部对齐。这一次，该结构说服了威尔金斯和富兰克林。

剑桥大学的研究人员于1953年4月在英国的《自然》杂志上发表了一篇解释双螺旋结构的简短论文，另外还有一篇来自伦敦国王学院研究人员的支持论文。然而，在富兰克林看到沃森和克里克的结构的前一天，即1953年3月17日，她向《自然》杂志提交的文稿便表明，

DNA的快速复制系统

1953年，克里克和沃森提示了DNA的结构与生物体如何复制其遗传物质有关。后来，科学家揭示了这是如何发生的。DNA在双螺旋中独特的A-T和G-C配对，意味着每条DNA链仅与一种碱基序列结合，就像拉链上的齿相互咬合一样。当DNA链被"拉开"或解开时，酶会抓住暴露的碱基——"松动的齿"——在每条解开的链上构建缺失的另一条链。因此，一个螺旋的两条分开的链，产生了两个新的螺旋。

克里克还解释说，DNA中的碱基序列形成了一个编码，即氨基酸组装成蛋白质的顺序的生化组装指令，这些指令可以通过RNA（核糖核酸）进行翻译。

她已经接近于独自破解DNA的结构了。

威尔金斯、克里克和沃森于1962年分享了诺贝尔生理学或医学奖。富兰克林的早逝使她没有资格获得提名，也失去了应有的认可，尽管克里克在1961年的一封信中写到，关键数据"主要由罗莎琳德·富兰克林获得"。安妮·萨耶尔（Anne Sayre）的《罗莎琳德·富兰克林和DNA》一书确认了富兰克林应得的荣誉。■

逆向化学

逆合成

背景介绍

关键人物

艾里亚斯·詹姆斯·科里

（1928—）

此前

1845年 德国化学家赫尔曼·科尔贝（Hermann Kolbe）制造了乙酸，第一次证明了化学反应可以在碳原子之间形成键。

1957年 美国化学家约翰·希恩（John Sheehan）发明了一种合成青霉素的方法。

此后

1994年 美国化学家基里亚科斯·尼古劳（Kyriacos Nicolaou）和他的团队使用了51步的逆合成方法，制造了高度复杂的抗癌药物紫杉醇。

2012年 波兰裔美国化学家巴托什·格日博夫斯基（Bartosz Grzybowski）及其同事开发了Chematica（化学脑）软件，该软件使用算法来预测分子合成的路径。

20世纪40年代后期以来，化学家在合成分子方面取得了长足的进步。到20世纪50年代末，化学家已经找到了许多组装复杂有机分子的方法——用于农药、塑料、纺织品和药物的制造。但选择使用哪种化学反应来合成所需物质，在很大程度上取决于直觉、试验和错误。化学家会选择一种可买到的、在结构上与目标物相似的分子，作为起始材料。然后，他们在数千种可能的反应中寻找他们想要

有机物……构成了地球上所有生命的物质，它们在分子水平上的科学，定义了生命的基本语言。

艾里亚斯·詹姆斯·科里

的转变方式。

逆向作业

1957年，美国伊利诺伊大学厄巴纳-香槟分校的化学教授艾里亚斯·詹姆斯·科里，有了一个简单的想法，彻底改变了有机合成的过程。他决定开发一种理论解构目标分子的方法，逆向研究以找到起始材料。他将他的方法称为"逆合成分析"或"逆合成"。

科里通过一系列假设的"转变"来处理目标分子，每一步都与合成反应（正向反应）相反。每次转变都将目标物分离为前体结构——更小、更简单的部分。该技术精确定位关键化学键（通常在两个碳原子之间），并（从理论上）破坏它们。然后，科里将相同的过程应用于前体结构。逐渐地，他建立起了分子结构和它们之间反应的树状图，代表了目标分子的可能合成路径。这棵树的末端是价格相对便宜或可以制造的化学物质。

科里的方法遵循严格的规则，每个解构步骤都必须与合成反应完

参见: 官能团 100~105页, 结构式 126~127页, 反应为什么会发生? 144~147页, 描述反应机理 214~215页, 化学成键 238~245页。

全相反。这样一来, 他就有信心在实验室中成功地完成正向反应。逆合成还可以帮助科学家确定将原子连接在一起的全新化学反应。

持久的影响

1957年, 科里应用该方法合成的第一个分子是长叶烯, 它存在于松树树脂中。虽然长叶烯本身并不是特别有用的, 但它对化学家来说是一个重要的研究挑战, 因为它的碳原子连接成环, 导致它难以合成。通过逆合成, 科里确定了一个可以人工合成的键, 以正确连接成环。

1959年, 科里转到哈佛大学, 在那里, 他和他的团队继续将逆合成应用于100多种天然物质。例如, 1967年, 科学家分离出了各种昆虫保幼激素 (JH) 的分子, 并探索了其中一种——JH I——作为杀虫剂的用途。从昆虫中获取足够的JH I是不可能的, 但到1968年, 科

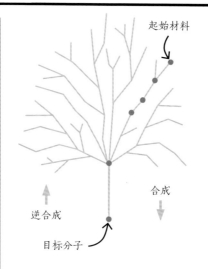

逆合成可以被比作爬树。始于目标分子——根, 目的是找到最快、最简单、最可靠的合成路径, 并找到最佳起始材料。

里的团队已经研究出了如何合成它。在这个过程中, 他们发明了四种全新的化学反应, 其中三种后来被化学家广泛使用。

几种重要的抗生素, 包括红霉素家族的成员, 具有大分子环的复杂结构。1978年, 科里的团队实现了红霉素类抗生素前体 "红霉内酯B" 的合成, 这一突破具有里程碑意义。他们发现的新合成路径使这些药物很容易被制造。

现代方法论

逆合成是科里对科学最重要的贡献。这是一个非常强大的工具, 化学家可以使用它来确定如何构建想要的分子。今天, 逆合成是使用计算机推算的, 计算机可以从众多不同的可能化学反应中给出选项——但路径的选择仍依赖化学家的专业知识。■

艾里亚斯·詹姆斯·科里

艾里亚斯·詹姆斯·科里于1928年出生在美国马萨诸塞州梅休因, 父母是黎巴嫩人, 他最初名叫威廉, 但他的父亲在他出生18个月后去世了, 后来他便以父亲的名字改名为艾里亚斯。16岁时, 科里进入麻省理工学院, 在那里他被有机化学的 "内在美" 迷住了。在完成合成青霉素并获得博士学位后, 科里加入了伊利诺伊大学厄巴纳-香槟分校, 并于1956年成为教授。1959年, 他成为哈佛大学的教授。

科里在他之后的职业生涯中一直留在哈佛, 并因研究如何制造极其复杂的天然分子而闻名。他撰写了1100多篇科学论文, 获得了40多个奖项。他因在逆合成方面的工作获得了1990年的诺贝尔化学奖。

主要作品

1967年 《构建复杂分子的一般方法》
1995年 《化学合成的逻辑》

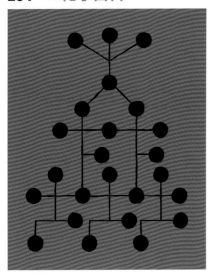

分子特技形成的新化合物

避孕药

背景介绍

关键人物

格雷戈里·平卡斯

（1903—1967年）

张明觉（1908—1991年）

此前

约公元前1850年 关于节育的最早记载出现在古埃及。

1905年 英国生理学家欧内斯特·史达林（Ernest Starling）首次使用了"激素"这个词。

1929年 美国科学家威拉德·艾伦（Willard Allen）和乔治·科恩（George Corner）分离出了会影响卵巢的黄体酮。

此后

1971年 药理学家拉尔斯·特雷纽斯（Lars Terenius）证明，阻断雌激素的药物可以对抗大鼠的乳腺癌。

1980年 法国科学家乔治·图奇（Georges Teutsch）制造出了紧急避孕药米非司酮。

制造或合成女性可以口服的避孕药以预防怀孕，是化学影响人类的最激进的方式之一。活动家们认为女性应该自己控制自己的生育，他们与科学家一起开发和生产避孕药。

美国女性主义者玛格丽特·桑格（Margaret Sanger）在20世纪40年代和50年代，追随并资助了有关节育的科学研究。作为一名护士，她深知贫困和大家庭对女性健康的危害。她的盟友凯瑟琳·麦考密克（Katherine McCormick）于1950年继承了巨额财产，并投入了200万美元用于避孕药研究。

1953年，桑格、麦考密克与美国生物化学家格雷戈里·平卡斯（Gregory Pincus）合作，后者成立了伍斯特实验生物学基金会。当时，平卡斯与华裔美国生物化学家张明觉正在试验在动物身上使用黄体酮。黄体酮可以使身体为受孕

黄体酮可防止卵巢在怀孕期间释放卵子，并防止子宫内膜形成。

→

女性可以使用基于黄体酮的激素药物作为避孕药吗？

↓

合成性激素可以更便宜地制造，也更容易吸收，作为避孕药效果更好。

←

性激素很难从天然来源中提取，并且不能通过胃和肠吸收。

参见: 结构式 126~127页,抗生素 222~229页,逆合成 262~263页,合理药物设计 270~271页,化疗 276~277页。

做好准备、调节月经周期和维持妊娠。他们希望利用这种激素在雌性动物体内产生怀孕信号,从而使这些动物停止排卵。

合成激素

20世纪40年代之前,科学家制造的激素都是从动物体内费力地提取出来的。但美国化学家拉塞尔·马克(Russell Marker)发现,墨西哥薯蓣根中的薯蓣皂苷元具有类似性激素的结构。1942年,他成功将这种化学物质转化为黄体酮。1944年,马克与他人联合创办了一家名为辛太克斯的公司,以生产黄体酮。1945年,马克离开了公司,辛太克斯公司聘用了墨西哥化学家乔治·罗森克兰兹(George Rosenkranz)、保加利亚裔美国化学家卡尔·杰拉西(Carl Djerassi),以及墨西哥化学家路易斯·埃内斯托·米拉蒙特斯·卡德纳斯(Luis Ernesto Miramontes Cárdenas)。

辛太克斯团队的能力克服了

> 生育控制以及性生理
> 学和性行为的相关领域,
> 一直是意见领袖的战场。

格雷戈里·平卡斯
《生育控制》

平卡斯面临的困难。黄体酮以药片的形式被服用时不会产生避孕效果,因为它无法从女性的消化系统进入血液。1951年,辛太克斯的研究人员找到了修饰性激素的方法,并制造出了炔诺酮,它可以药片的形式被服用。

平卡斯和张明觉使用炔诺酮和异炔诺酮在波多黎各进行了避孕药临床试验。异炔诺酮是G. D. 塞

尔公司于1952年首次制造的一种黄体酮修饰物。这些药丸还含有另一种激素——美雌醇,它是在异炔诺酮合成过程中产生的,似乎可以增强避孕效果。

在取得良好成效后,平卡斯、张明觉、桑格和麦考密克转去G. D. 塞尔公司制造避孕药。1960年,G. D. 塞尔公司推出了避孕药"伊诺维德"(Enovid),其中含有异炔诺酮和美雌醇。1964年,辛太克斯推出了低剂量口服避孕药"诺瑞尼"(Norinyl),其中含有炔诺酮和美雌醇。许多女性使用这种剂型的避孕药。

复杂影响

除了意识形态上对避孕的反对,避孕药还引起了其他争议。它的广泛使用意味着,即使相对罕见的副作用,如凝血,也会损害许多女性的身体。然而,在允许使用且人们负担得起的地方,避孕药确实改变了世界。 ∎

制造性激素

数十亿年来,生物已经进化出精妙的方式来制造性激素。相比之下,到20世纪40年代,合成化学仍在努力探索其复杂的结构。性激素分子中碳原子形成四个或更多的环状结构,并且还有其他的碳原子连接在这些环上的不同位置,这导致性激素的合成成为一项巨大的挑战。拉塞尔·马克发现薯蓣皂苷元分子具有四个环,并且排列成与黄体酮

相似的结构,这为他提供了宝贵的捷径,使他可以通过五步化学反应生产黄体酮。

当马克离开辛太克斯后,乔治·罗森克兰兹、卡尔·杰拉西和路易斯·埃内斯托·米拉蒙特斯·卡德纳斯以他的方法为基础来改造黄体酮。他们还结合其他地方的发现,研究如何制造更好的黄体酮替代物,使之在女性身体中被有效吸收。

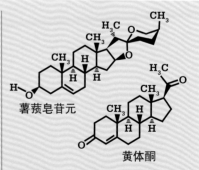

薯蓣皂苷元结构中的四个碳环,使其成为制造具有相似结构的性激素(如黄体酮)的良好起点。

活的光
绿色荧光蛋白

背景介绍

关键人物

下村修

（1928—2018年）

此前

1912年 威廉·布拉格和劳伦斯·布拉格等人开发了X射线晶体学，可以显示分子中原子的位置。

1953年 罗莎琳德·富兰克林、莫里斯·威尔金斯、弗朗西斯·克里克和詹姆斯·沃森揭示了DNA的结构，使马丁·查尔菲能对生物体进行基因工程以制造绿色荧光蛋白。

此后

1997年 美国物理学家埃里克·白兹格（Eric Betzig）和威廉·默尔纳（William Moerner）制造了一种可以开启和关闭的绿色荧光蛋白。

2007年 神经科学家乔舒亚·桑斯（Joshua Sanes）、杰夫·利希曼（Jeff Lichtman）与珍·莱维特（Jean Livet）设计了脑虹（Brainbow）。它使用荧光蛋白来标记脑细胞。

1962年，美国普林斯顿大学的日本裔化学家下村修（Osamu Shimomura），首次从发光水母中分离出了5毫克绿色荧光蛋白（GFP）。下村修用了40多年时间研究GFP的功能。他发现GFP是一种相对较小的蛋白质，由238个氨基酸组成。

20世纪80年代和90年代，基因工程师意识到，他们可以克隆水母细胞中编码GFP的DNA序列。1994年，美国哥伦比亚大学的马丁·查尔菲（Martin Chalfie），使用GFP的遗传指令对透明的"秀丽隐杆线虫"的6个细胞进行了着色。基因工程现在可以修改生物体的DNA指令，将GFP添加到任何蛋白质的末端，从而为科学家指示蛋白质的位置。

美国加利福尼亚大学圣地亚哥分校的钱永健（Roger Tsien）随后花了多年时间，改变GFP中的氨基酸以产生不同颜色的荧光蛋白，

可视化GFP基本上是非侵入性的。只需将蓝光照射到样本上，就可以检测到这种蛋白质。

马丁·查尔菲
诺贝尔奖演讲

从而使科学家能够同时标记和识别不同的蛋白质。GFP现在被广泛用于研究生物细胞的工作原理。它还可应用于其他系统，以检测其他化学物质，如金属和爆炸物。这些检测器使用其他蛋白质来识别化学物质，然后触发GFP的荧光——让科学家能够洞悉此前无法检测到的过程。■

参见：DNA的结构 258~261页，蛋白质晶体学 268~269页，编辑基因组 302~303页。

能阻挡子弹的聚合物

超强聚合物

背景介绍

关键人物

斯蒂芬妮·克沃莱克

（1934—2014年）

此前

1920年 德国有机化学家赫尔曼·施陶丁格发现，淀粉、橡胶和蛋白质等聚合物是由重复单元形成的链，这使科学家能够制造新的聚合物。

1935年 杜邦公司的科学家发明了聚酰胺聚合物尼龙。

1938年 美国化学家罗伊·普朗克特发明了聚四氟乙烯，显示了新型聚合物的商用和实用价值。

此后

1991年 日本NEC公司的物理学家饭岛澄男（Sumio Iijima）在寻找更坚固、更坚韧的材料时，发现了碳纳米管。

2020年 美国众议院通过了PFAS（全氟和多氟烷基物质）行动法案，开始规范"永久化学品"的使用。

20 世纪60年代，在预计美国汽油短缺的情况下，美国杜邦公司希望汽车轮胎能更耐用、更高效。美国化学家斯蒂芬妮·克沃莱克（Stephanie Kwolek）接手了这个项目，研究与尼龙相似的聚酰胺聚合物。

尼龙由具有柔性碳链的单体制成。克沃莱克为她的聚合物选择了刚性单体，将碳原子牢固地连接到苯环上。苯环中的碳原子比尼龙中的碳链更自由地共享电子，并且成键更加牢固。克沃莱克制造的结构是聚芳酰胺或芳纶。不同链上酰胺基团之间的分子间氢键将聚合物结合在一起。苯环周围的电子云也提供了另一种结合力。

1964年，当克沃莱克将其纺成纤维时，这种新聚合物的抗拉强度是钢的5倍，但它像玻璃纤维一样轻。20世纪70年代，杜邦公司将这种聚合物命名为"凯夫拉"。起初，这种坚固、轻质的材料被用于加固轮胎，但很快就被用作其他用途，如防弹衣和防弹背心。

凯夫拉是被称为"永久化学品"或PFAS的聚合物的一个例子，它会在生物组织中积累，并与诱发癌症等长期不良影响有关。它永远不会分解，在人类母乳及从珠穆朗玛峰到极地冰层的生态系统中都有发现。■

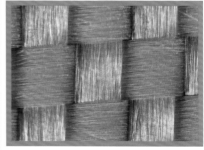

编织的凯夫拉纤维形成的纺织品，重量轻，耐腐蚀、耐热且非常坚固。杜邦公司可以轻松地将其制成一系列坚固如盔甲的织物。

参见： 合成塑料 183页，聚合 204~211页，不粘聚合物 232~233页。

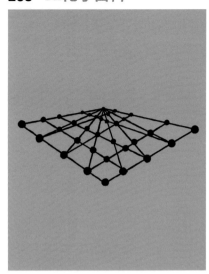

整个结构在眼前展开

蛋白质晶体学

背景介绍

关键人物

多罗西·霍奇金

（1910—1994年）

此前

1913年 英国物理学家威廉·布拉格和劳伦斯·布拉格最先使用X射线来分析晶体结构。

1922年 加拿大医生弗雷德里克·班廷（Frederick Banting）给患者注射了胰岛素。

此后

1985年 美国生物物理学家詹姆斯·霍格尔（James Hogle）确定了脊髓灰质炎病毒的3D结构。

1985年 物理学家迈克尔·罗斯曼（Michael Rossmann）参与发表了鼻病毒（会导致普通感冒）的结构。

2000年 美国的团队，发表了G蛋白偶联受体家族的第一个3D结构，这些受体在生物体内传递信号。

1922年，加拿大多伦多总医院的医生弗雷德里克·班廷，为一名14岁的糖尿病患者注射了第一剂挽救生命的胰岛素。到1923年年底，这种激素在北美治疗了大约25000名患者。然而，它成功的原因却是个谜。英国化学家多罗西·霍奇金于1934年开始研究这种蛋白质，希望能够破解它的结构并解开谜题。

蛋白质研究

20世纪30年代，科学家对蛋白质有了很多了解，但他们无法详细解释蛋白质是如何工作的。科学家已经确定，蛋白质似乎是由连接在一起的氨基酸组成的，但他们很难获得足够纯的蛋白质用于研究。

20世纪30年代初，英国物理学家威廉·阿斯特伯里（William Astbury）使用X射线衍射，研究了纺织工业感兴趣的两种蛋白质（角蛋白和胶原蛋白）的纤维。他特别感兴趣的是为什么由角蛋白组成的羊毛比其他纺织品更有弹性。

阿斯特伯里用X射线束照射纤维，从光束与蛋白质原子相互作用时产生的图像中解读结构线索。他

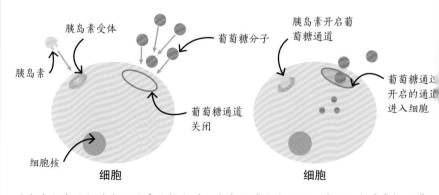

胰岛素与身体细胞表面的受体结合时，会向细胞发出信号，使之从血液中摄取葡萄糖，然后细胞用葡萄糖来产生能量。

参见: 苯 128~129页, X射线晶体学 192~193页, DNA的结构 258~261页, 原子力显微镜 300~301页。

发现这种蛋白质盘绕成螺旋状,当纤维被拉伸时可以展开。这一发现的意义远超纺织品范畴,有些人称之为"分子生物学的开端"。

1934年,多罗西·霍奇金与她在剑桥大学的导师、爱尔兰化学家J. D. 贝尔那合作,拍摄了结晶蛋白——胃蛋白酶的第一张X射线衍射图像。

同年晚些时候,多罗西·霍奇金在牛津大学自然历史博物馆建立了自己的研究实验室。胰岛素是一种通常被称为"肽"的小蛋白质,是她最早研究的物质之一。她用X射线束照射胰岛素的结晶样品,并分析了产生的衍射图像。

她用这种方法得到了比以往任何时候都更详细的胰岛素二维结构,但图像还远未完成。

亚瑟·林多·帕特森(Arthur Lindo Patterson)开发了一种新的数学傅里叶变换技术,这是一项关键的进步。该技术揭示了显示原子位置的电子密度图,这使帕特森能够计算出分子结构。

在实验中,他还使用了重原子(如金属元素的原子)。这些重原子的位置更容易确定,因为它们能更好地偏转X射线。确定重原子的位置帮助他在可能的结构中做出选择。

珍贵的结构

在牛津,多罗西·霍奇金使用重原子技术制作了有机分子的帕特森图。通过这种方式,她确定了青霉素的3D结构,并于1949年将其发表。她的下一个挑战是重要的膳食分子维生素B$_{12}$。通过组建一个庞大的研究团队,霍奇金在20世纪50年代初绘制出了维生素B$_{12}$的181个原子的空间结构。

与此同时,英国生物化学家弗雷德里克·桑格,通过使用酸将蛋白质分解成更小的部分,发现了胰岛素的氨基酸序列。

1959年,多罗西·霍奇金重新开始探索胰岛素的3D结构。她组建了另一个研究小组,再次使用重原子技术。她和她的团队于1969年发表了一份关于胰岛素788个原子的详细3D图像。这有助于科学家研究胰岛素如何与身体细胞上的受体结合,并确定导致糖尿病的胰岛素基因突变。它还帮助制药公司开发了见效更快或更持久的合成胰岛素,同时基本不会引起过敏反应。■

> 我不在解决结构问题的时间,似乎比解决结构问题的时间更长。

多罗西·霍奇金

多罗西·霍奇金

多罗西·霍奇金(多罗西·克劳福特)于1910年出生在埃及开罗。她在英国上学,于1928年前往牛津大学学习化学。在大学最后一年,她请X射线晶体学家赫伯特·鲍威尔(Herbert Powell)担任她的导师。1932年,她转去剑桥大学J. D. 贝尔那的实验室,并在攻读博士学位期间与他合著了12篇论文。1934年,她回到牛津,后于1937年与历史学家托马斯·霍奇金结婚。她余生都留在了牛津,培养了许多学生,其中包括玛格丽特·撒切尔。霍奇金获得了1964年的诺贝尔化学奖。她于1994年去世。

主要作品

1938年 《胰岛素I的晶体结构:风干胰岛素晶体的研究》

1969年 《菱形2锌胰岛素晶体的结构》

神奇疗法和灵丹妙药的吸引

合理药物设计

背景介绍

关键人物
格特鲁德·埃利恩（1918—1999年）
乔治·希金斯（1905—1998年）

此前
1820年 法国化学家皮埃尔-约瑟夫·佩莱蒂埃（Pierre-Joseph Pelletier）和约瑟夫-比奈梅·卡文图（Joseph-Bienaimé Caventou）从金鸡纳属的树皮中分离出了奎宁，被用来治疗疟疾。

1928年 亚历山大·弗莱明发现霉菌产生的一种物质可以杀死细菌。他把它命名为"青霉素"。

此后
1975年 免疫学家乔治·科勒（Georges Köhler）和塞萨尔·米尔斯坦（César Milstein）合成了抗体分子，为高选择性药物铺平了道路。

1998年 伊马替尼（第一种合理设计的选择性抗癌药物）的首次临床试验由美国肿瘤学家布莱恩·德鲁克尔（Brian Druker）领导。

1906年，德国医生保罗·埃利希构想了"灵丹妙药"——一种只影响疾病病因而不伤害患者的化学药物。他一直在显微镜下观察合成染料对动物组织和细菌的影响。埃利希注意到，一些染料会染色特定的组织或细菌，而另一些则不会，他意识到染料的化学结构与它们染色的细胞之间存在联系。

埃利希推断，他可以使用某些化学物质精确地靶向特定细胞（如致病微生物），而不影响其他细胞。他和他的团队使用了一种染料来杀死疟原虫，并改进了用于治疗神经系统非洲锥虫病的、有毒的、基于砷的染料肿酸。他们制造了数百种类似的化合物，随机寻找危害较小的选择。1907年，他们发明了砷凡纳明；1909年，他们发现这种药物能杀死导致梅毒的微生物。

其他科学家也开始筛选染料作为潜在药物，德国细菌学家格哈德·多马克测试了3000多种染料。20世纪30年代，他报告了第一种磺胺类抗菌药物，该药物对多种细菌感染有效。

理性思考
在美国塔卡霍的威尔科姆研究实验室工作的生物化学家乔治·希金斯（George Hitchings），想要找到一种更合理的方法来发现药物，而不是筛选大量染料。他专注于正常人类细胞与导致疾病的细胞（如癌细胞）在处理DNA等分子上的差异。

1944年，希金斯指派格特鲁

我最大的满足来自，知道我们的努力有助于挽救生命和减轻痛苦。

乔治·希金斯
诺贝尔奖演讲

参见: 抗生素 222~229页, DNA的结构 258~261页, 化疗 276~277页, 聚合酶链反应 284~285页, 定制酶 293页。

致病细胞具有特定的有时甚至是独有的**生化机制**。

↓

选择性药物可以针对致病细胞中的**特定机制**。

↓

药物可以被设计来杀死致病细胞，但不影响健康细胞。

格特鲁德·埃利恩

格特鲁德·埃利恩于1918年出生在美国纽约市。在她15岁时，她的祖父死于癌症，她因此立志抗击癌症。她在亨特学院学习化学，于1937年毕业。由于女性的科学职位很少，因此埃利恩担任了低薪的实验室助理，并通过讲课支付在纽约大学的研究生学费。她于1941年获得硕士学位。在新泽西州强生公司短暂任职后，埃利恩于1944年成为威尔科姆研究实验室的乔治·希金斯的助理，并于1967年接替了他的职位。她在1983年退休之前发表了225篇论文。1988年，埃利恩和希金斯获得了诺贝尔生理学或医学奖。埃利恩于1999年去世。

主要作品

1949年 《拮抗剂对牛痘病毒体外增殖的影响》

1953年 《6-巯基嘌呤: 对小鼠肉瘤180和正常动物的影响》

德·埃利恩（Gertrude Elion）研究DNA的4种主要组成部分中的2种——腺嘌呤和鸟嘌呤。细菌需要这些分子来制造它们的DNA，这让希金斯有了一个想法。如果他们可以使用一种化学物质来阻止这些分子进入致病细胞制造DNA的生化机制，那么他们就有可能阻止致病细胞的生长。

1950年，希金斯和埃利恩制造出了二氨基嘌呤和硫鸟嘌呤，它们会锁定在与腺嘌呤和鸟嘌呤结合的酶上，从而阻止DNA的生成。这些药物阻止了白血病细胞的形成——这是第一种实现这一效果的治疗方法。然而，它们也会影响胃细胞，使患者出现严重呕吐。

埃利恩研究了100多种化合物，并创造了选择性更高的6-巯基嘌呤（6-MP）。今天，6-MP是治愈80%白血病儿童的治疗方法的一

部分。硫鸟嘌呤仍用于治疗成人急性髓系白血病（AML）。

埃利恩对核酸的研究还促进了别嘌呤醇（一种治疗痛风的药物）和硫唑嘌呤（抑制免疫系统并用于器官移植）的发现。20世纪60年代，希金斯和埃利恩开发了疟疾药物乙胺嘧啶和抗菌药物甲氧苄啶，用于治疗泌尿和呼吸道感染、脑膜炎和败血症。然而，这些药物中的大多数仍然有副作用。

灵丹妙药

1967年，埃利恩的研究重点转向了病毒。她开发了疱疹药物无环鸟苷，也叫作阿昔洛韦和舒维疗。阿昔洛韦证明了核酸药物可以真正具有选择性，符合埃利希设想的"灵丹妙药"。这帮助埃利恩的同事后来开发了艾滋病药物齐多夫定（AZT）。■

这个屏障很脆弱

臭氧空洞

背景介绍

关键人物

马里奥·莫利纳（1943—2020年）

弗兰克·舍伍德·罗兰

（1927—2012年）

此前

1930年 英国数学家西德尼·查普曼（Sydney Chapman）提出了第一种光化学理论，以说明阳光如何将大气中的氧气转化为臭氧，以及臭氧如何再次分解。

1958年 詹姆斯·洛夫洛克（James Lovelock）发明了电子捕获检测器。该检测器能够检测极微量的物质，包括空气中的气体。

此后

2011年 美国研究科学家格洛丽亚·曼尼（Gloria Manney）领导的团队在北极上空发现了一个臭氧空洞。

2021年 大气科学家斯蒂芬·蒙茨卡（Stephen Montzka）发现，被禁用的CFC-11的排放量在2011—2018年有所增加，然后急剧下降。

在20世纪70年代初期，来自美国加利福尼亚大学欧文分校的墨西哥化学家马里奥·莫利纳和美国化学家弗兰克·舍伍德·罗兰（F. Sherwood Rowland）发现，人造化学物质威胁着地球平流层中的臭氧层。他们的研究使用了英国化学家詹姆斯·洛夫洛克收集的数据。洛夫洛克使用了电子捕获检测器测量了大气中氯氟烃（CFC）气体的丰度。臭氧（O_3）是一种活性气体，含有三个氧原子，而不是通常的两个。它会吸收来自太阳的紫外辐射，而高水平的紫外辐射会导致皮肤癌。

氯氟烃和臭氧层

1973年，莫利纳和罗兰研究了氯氟烃气体如何影响环境。氯氟烃被广泛用作制冷剂、气溶胶罐中的喷雾剂。然而，莫利纳和罗兰发现，氯氟烃会逐渐上升到大气中，

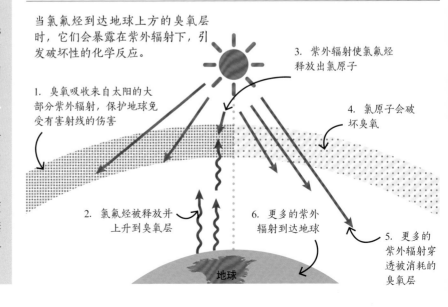

当氯氟烃到达地球上方的臭氧层时，它们会暴露在紫外辐射下，引发破坏性的化学反应。

1. 臭氧吸收来自太阳的大部分紫外辐射，保护地球免受有害射线的伤害

2. 氯氟烃被释放并上升到臭氧层

3. 紫外辐射使氯氟烃释放出氯原子

4. 氯原子会破坏臭氧

5. 更多的紫外辐射穿透被消耗的臭氧层

6. 更多的紫外辐射到达地球

地球

参见：气体 46页，早期光化学 60~61页，温室效应 112~115页，含铅汽油 212~213页。

欧盟哥白尼大气监测局记录了南极上空臭氧空洞的最大"年度范围"。

而那里的紫外辐射很强，会导致氯氟烃分子分解并释放出氯原子。氯原子会与臭氧反应，去除臭氧分子中的一个氧原子，而留下氧分子（O_2）。

1974年，莫利纳和罗兰预测，如果继续使用氯氟烃气体，臭氧层将会被迅速降解。然而，科学家花了将近十年的时间才找到证据。他们预测，在赤道附近的高层大气中，来自氯氟烃的氯对臭氧层的影响最大，但那里的臭氧水平很稳定。相反，地面和卫星测量显示，南极洲上空存在臭氧空洞。

调查空洞

1983年，英国南极调查局科学家乔恩·尚克林（Jon Shanklin）在为公众开放日做准备时绘制了一张图表。他想要展示南极周围的臭氧水平没有变化。然而，他意识到，每年春天，那里的臭氧水平都会急剧下降。尚克林与两位英国同事乔·法曼（Joe Farman）和布莱恩·加德纳（Brian Gardiner）于1985年发表了这一发现。臭氧的最低值出现在10月中旬，于1975—1984年下降了近一半。这一发现令人震惊，迅速引起了公众的关注，并推动政府和科学家采取行动。

1986年，美国国家海洋和大气管理局（NOAA）研究员苏珊·所罗门（Susan Solomon）前往南极考察臭氧空洞。她发现，在春季，当来自太阳的紫外辐射到达南极圈时，南极的云层提供了微小的结冰表面，使得氯氟烃通过复杂的反应释放出消耗臭氧的氯。

臭氧层变薄会削弱地球对危险辐射的保护，增加人类患皮肤癌的风险，以及损害植物。幸运的是，解决方案很明确，因为化学品制造商可以很容易地找到氯氟烃的替代品。1987年，旨在淘汰氯氟烃和其他消耗臭氧的化学品的全球条约——《蒙特利尔议定书》获得同意，并于1989年生效。

如今，臭氧空洞的大小每年都在变化，主要取决于南极上空的大气温度。2019年形成了一个小空洞，但2020年，一个寒冷而稳定的南极涡旋的出现，导致了有记录以来第十二大的臭氧空洞。不过，科学家预计，到2060年，臭氧水平将恢复到1980年之前的水平，这表明只要有足够的时间，全球行动可以扭转环境破坏。■

马里奥·莫利纳

莫利纳出生于墨西哥的墨西哥城，从小就想成为一名化学家。1960年，他就读于墨西哥国立自治大学，学习化学工程，之后转到德国弗莱堡大学学习物理化学。1968年，他开始在加利福尼亚大学伯克利分校攻读博士学位，主要研究光驱动化学反应。1973年，莫利纳转到加利福尼亚大学欧文分校，在那里，他与罗兰一起研究氯氟烃如何影响环境。1975年，他成为助理教授，后来加入了NASA喷气推进实验室，帮助调查南极臭氧空洞。

莫利纳于1989年转到麻省理工学院。1995年，他因在大气化学方面的工作获得了诺贝尔化学奖。2013年，他获得了总统自由勋章。

主要作品

1974年 《由于含氯氟甲烷引起同温层下沉，氯原子催化分解臭氧》

改变世界本质的力量

杀虫剂和除草剂

背景介绍

关键人物

保罗·穆勒（1899—1965年）

蕾切尔·卡逊（1907—1964年）

约翰·弗兰兹（1929— ）

此前

约公元前2500年 苏美尔的农民使用硫黄杀死昆虫和螨虫。

1856年 威廉·珀金生产了第一种化学染料苯胺紫，推动了合成化学品行业的发展。

此后

1985年 德国拜耳公司为第一种新烟碱类杀虫剂"吡虫啉"申请了专利，它可以阻断昆虫的神经信号。此后，许多研究表明新烟碱类杀虫剂与蜜蜂数量下降相关。

2015年 美国上诉法院裁定，环境保护署在没有可靠研究的情况下批准了"氟啶虫胺腈"（一种类似于新烟碱类杀虫剂的杀虫剂），违反了联邦法律。

千年来，化学作物保护帮助农民提高了作物产量。大约从1800年开始，农民使用有毒的重金属盐（如砷盐和汞盐）来杀死昆虫和细菌，但后来发现，这些盐有巨大的健康和环境风险。

1970年，一种新型合成除草剂——草甘膦被开发出来，上市后成为有史以来销量最高的农用化学品。

从天然到合成

世界上最古老的天然杀虫剂之一是除虫菊杀虫剂。它可能在公元前1000年左右被中国农民使用，他们从除虫菊雏菊中提取这种物质。从19世纪开始，许多国家的农民使用来自烟草植物的尼古丁。鱼藤酮第一次被用作杀虫剂是在1848年。它存在于毛鱼藤等几种热带植物的根和茎中，也用于麻痹鱼类。这些物质成本高昂，因为它们是从

不断增长的世界人口需要更多的粮食。

杀死害虫和杂草可以更容易地种植更健康、更大的作物。

有些毒药会杀死害虫和杂草，但可能会伤害其他植物和动物，包括人类。

仅针对害虫和杂草的合成化学品可以更安全地增加产量。

参见：尿素的合成 88~89页，合成染料 116~119页，酶 162~163页，肥料 190~191页，蛋白质晶体学 268~269页。

自然资源中费力提取的。20世纪初，一些公司开始利用合成有机化学方面的进步来制造更好、更便宜的杀虫剂和除草剂。

1939年，瑞士化学家保罗·穆勒（Paul Müller）在寻找接触性杀虫剂时发现，二氯二苯基三氯乙烷（DDT），非常有效。一个涂有DDT的罐子，即便经过清洗只留下微量的DDT，仍然可以杀死苍蝇。1948年，穆勒因发明DDT而获得了诺贝尔生理学或医学奖。DDT可以杀死传播斑疹伤寒、疟疾、鼠疫和其他疾病的昆虫。

DDT便宜、高效，是一种神奇的杀虫剂。杀死大型动物需要大量DDT，因此科学家最初认为它可以安全使用。DDT可大面积喷洒，不易冲走，所以无须经常重复喷洒。但是，DDT会在环境中持续存在，即使在被摄取后也不会分解。DDT会循着食物链向上传递，并在动物体内不断聚集，直到达到致死水平。

1958年，美国生物化学家和作家蕾切尔·卡逊（Rachel Carson）

有机农药来源于天然产物，主要是植物，最常用作粮食作物的杀虫剂。它们也可能对其他动物有毒。

收到了一封关于DDT对鸟类影响的信。她研究了农药的问题，并于1962年在她的名著《寂静的春天》中发表了她的发现，她认为人类正在毒化环境。化学公司试图诋毁卡森，但权威的科学委员会支持她的结论，使农药使用成为一个有争议的问题。

目标选择

20世纪70年代以来，科学家一直在尝试开发更安全的杀虫剂和除草剂，使它们能在微量播撒时起作用，并且可以高选择性地杀死目标物。这些化学物质也应该很容易分解，从而不会渗入环境中。

1970年，美国密苏里州孟山都公司的有机化学家约翰·E.弗兰兹（John E. Franz），开发了一类新的除草剂，包括草甘膦。草甘膦会抑制一种关键的植物酶，阻止植物新细胞生长。它与土壤紧密结合，

解锁目标

杀虫剂和除草剂分子可以结合在蛋白质上起作用，例如，结合在作为生物体生化路径一部分的酶上，使它们失效或推动它们发挥功能。通常，该分子与害虫或杂草生化路径中的特定目标相互作用。目标是锁，杀虫剂或除草剂是钥匙。

通常，杀虫剂试图攻击昆虫的神经。例如，除虫菊和DDT会不断刺激昆虫的神经，使昆虫痉挛直至死亡。鱼藤酮会阻断线粒体中的生化路径以阻止线粒体发挥作用，线粒体是细胞中产生生化学能的细胞器。草甘膦会阻碍微生物和植物中的一种酶，这种酶用于制造氨基酸以合成蛋白质，这对生命至关重要。

因此不会进入附近的作物或更广泛的环境中，它可分解成更安全的化学物质，从而允许新植物在一两个月后生长。孟山都公司很快开始以多种名称销售草甘膦，其中最著名的是"农达"（Roundup™）。

2015年，国际癌症研究机构（IARC）表示，草甘膦可能会导致人类患癌，但美国食品药品监督管理局（FDA）在2018年表示，食物中的草甘膦含量很少，不会对人类构成风险。然而，美国的癌症患者起诉了拜耳，后者于2018年接管了孟山都公司。许多国家已经禁止部分或全部草甘膦产品，其他国家正在审查其使用。化学家在继续寻找更高选择性和更安全的产品。■

如果它能阻止细胞分裂，那将有益于治疗癌症

化疗

背景介绍

关键人物

巴内特·罗森伯格
（1926—2009年）

此前

1942年 美国药理学家阿尔弗雷德·吉尔曼（Alfred Gilman）和路易斯·古德曼（Louis Goodman）使用芥子气进行了第一次化疗。

1947年 美国病理学家西德尼·法伯（Sidney Farber）和印度生物化学家耶拉普拉伽达·苏巴·拉奥（Yellapragada Subba Rao）开发了氨甲蝶呤——首批获批的化疗药物之一。

此后

1991年 免疫学家伊恩·弗雷泽（Ian Frazer）和中国病毒学家周健发明了第一种预防宫颈癌的疫苗。

1994—1995年 美国免疫学家詹姆斯·艾利森（James Allison）意识到，药物可以刺激免疫系统靶向癌症。

20世纪60年代的一次意外发现，促进了化疗药物顺铂的诞生，它被一些人称为"有史以来最重要的抗癌药物"。化疗药物是破坏或抑制细胞生长的药物。在癌症患者中，它们用于缩小肿瘤并阻止癌细胞生长或扩散。顺铂于1978年在美国首次被批准用于治疗睾丸癌。

美国研究员巴内特·罗森伯格（Barnett Rosenberg）于1961年加入了密歇根州立大学，他将细菌放入带有铂电极的溶液中来研究细菌的细胞分裂。他借了一些设备，并请他的实验室技术员洛雷塔·范坎普（Loretta van Camp）将电流通过溶液。当电源接通时，范坎普观察到细菌呈现出奇怪的细长形状。细菌没有死亡，但它们不能分裂形成新的细胞。

似乎电流在控制细菌的细胞分裂，但罗森伯格谨慎地检测了这个结论。他尝试使用以前通过电流的溶液，并观察到细菌有同样的行为。他意识到，阻止细胞分裂的不是电流，而是溶液中溶解的铂盐。罗森伯格在1965年发表了他的结果。然后，他测试了几种不同的铂盐来重现这种效果。效果最强的是顺铂，由意大利化学家米歇尔·佩纶（Michele Peyrone）于1844年首次制备。

救命的结构

顺铂是一种简单的化合物，其中四个化学基团以正方形形状包围铂原子。正方形的两个相邻的角上都有一个氯原子，而另外相邻的两个角上都有一个氨基。每个氨基都包含一个氮原子和与之相连的三

> **他们从来没有见过这样的反应，那么多癌细胞完全消失了……**
>
> 巴内特·罗森伯格

参见: 配位化学 152~153页,DNA的结构 258~261页,合理药物设计 270~271页,编辑基因组 302~303页。

个氢原子。这种简单的结构形状完美,可以干扰细胞的脱氧核糖核酸(DNA),阻止细胞增殖。以顺铂为例,化学家开始了解药物分子结构与其生物学功能之间的联系。

在癌症中,一个人基因中的一个或多个突变,会导致以前正常的细胞分裂然后不断增殖,从而产生更多的细胞。罗森伯格很快意识到,顺铂等化学物质可以用作抗癌药物。他于1968年开始与美国国家癌症研究所(NCI)合作,证明顺铂可以阻止小鼠体内的癌细胞分裂。NCI继续投资于顺铂,并于1972年在纽约的一家专科癌症医院开始对癌症患者进行临床试验。顺铂在治疗睾丸癌、卵巢癌、头颈癌、膀胱癌、前列腺癌和肺癌时效果很好,但也有副作用,包括对患者听力、神经和肾脏的潜在损害。尽管如此,1978年,美国食品药品监督管理局(FDA)仍批准将顺铂用于治疗睾丸癌,而当时还没有对此有效的抗癌药物。此后,顺铂的使用得到了推进,现在它已成为多种癌症联合疗法(如化疗、手术和

在美国密歇根州立大学,巴内特·罗森伯格在检查一瓶源自顺铂的抗癌药物。今天,现代疗法治愈了超过90%的睾丸癌患者。

放疗)的关键部分。

科学家继续寻找毒性较小的替代品。英国的两个组织——庄信万丰公司和癌症研究所——的研究人员共同发现了卡铂。卡铂用有机基团取代了顺铂中的氯原子,从而使药物在患者体内更稳定,1989年,FDA批准了卡铂的使用。类似的,日本研究科学家喜谷喜德(Yoshinori Kidani)在1976年发现了奥沙利铂,该药于2002年获得了FDA的批准。今天,数以百万计的患者利用这些药物控制住了癌症。■

铂类药物如何对抗癌症?

顺铂的化学结构非常适合与DNA反应。DNA中的氮原子取代了顺铂中心的铂原子所连接的两个氯原子。DNA被以这种方式捆绑后,细胞便无法修复或复制DNA,这些细胞就会死亡。然而,由于顺铂靶向DNA,所以它会影响所有活细胞。顺铂尤其影响快速分裂的细胞,如癌细胞。但是,还有其他类型的细胞会迅速分裂,这些细胞也会停止分裂并死亡。这会导致人们感到不适、易感染和脱发。顺铂对多种癌症有效,如某些形式的白血病和睾丸癌。在其他癌症中,它要么效果不佳,要么在一段时间内有效,但当癌细胞发展出可以排出药物的方法时,药物就会失效。这种耐药性癌症需要不同的药物,如卡铂或奥沙利铂。

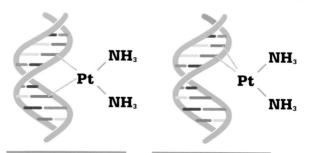

链间交联	链内交联
1%的交联形式	96%的交联形式

DNA链可以取代顺铂的氯原子,留下铂原子和两个氨基。跨DNA两条链的链间交联,或单链内的链内交联,都可以杀死细胞。

移动时代的
隐藏主力

锂离子电池

背景介绍

关键人物

约翰·古迪纳夫（1922—2023年）

此前

1800年 亚历山德罗·伏打发明了第一个电池，其中锌圆盘和铜圆盘堆叠在一起，由浸有盐水的布隔开。

1817年 瑞典化学家奥古斯特·阿韦德松（August Arfwedson）和永斯·雅各布·贝采利乌斯发现了锂，并从矿物样品中提纯了锂。

1970年 瑞士工程师克劳斯-迪特尔·贝库（Klaus-Dieter Beccu）最先申请了镍氢充电电池的专利。这种充电电池比以前的充电电池更强大。

此后

1995年 据称，美国科学家K. M. 亚伯拉罕（K. M. Abraham）偶然发现锂离子电池的泄漏使其能量含量更高，他因此发明了更持久的锂空气电池。

2019年 美国能源部的电池工程师尝试用镍代替正极中的钴，并寻找新的负极材料，以比石墨更高的密度嵌入锂。

锂重量轻且易释放电子，可用于电池，但它很容易着火。

层状正极可以制造更好的电池，但锂负极仍然会起火。

碳基负极有助于控制起火风险，并提供锂离子电池所需的更大电压。

锂离子电池广泛用于各种电子产品。

锂离子电池如今已司空见惯，可为几乎所有类型的便携式电子产品供电。手机、笔记本电脑、无线耳机和无线电钻都依赖于电池中持续进行的化学反应。一位名叫约翰·古迪纳夫的美国材料科学家，于1980年发明了这种电池。

出人意料的是，这种相对"绿色"的能源技术的存在，要归功于世界上最大的化石燃料生产商之一。1973年，沙特阿拉伯停止向包括美国、日本、英国、加拿大和荷兰在内的多个国家出口石油，引发了一场石油危机。一年之内，石油的价格翻了两番。此外，政府和科学家也开始担心，地球上有限的石油资源会被耗尽。因此，人们对非化石燃料能源技术的兴趣越来越浓。

在石油危机开始之前，英国化学家M. 斯坦利·惠廷厄姆（M. Stanley Whittingham）在美国新泽西州埃克森公司（一家石油公司）的研究和工程部门工作。他起初研究超导材料，其电阻非常低，可以更有效地进行长距离供电。

作为这项研究的一部分，他研究了被称为"层状硫化物"的导电材料。他之前研究过电池，并意识到层状硫化钛非常适合通过一种叫作"嵌入"的过程在电池中储存能量。硫化钛等离子化合物中的原

参见: 稀土元素 64~67页, 催化 69页, 第一个电池 74~75页, 用电分离元素 76~79页, 异构现象 84~87页, 电化学 92~93页, 电子 164~165页。

充电电池的工作原理

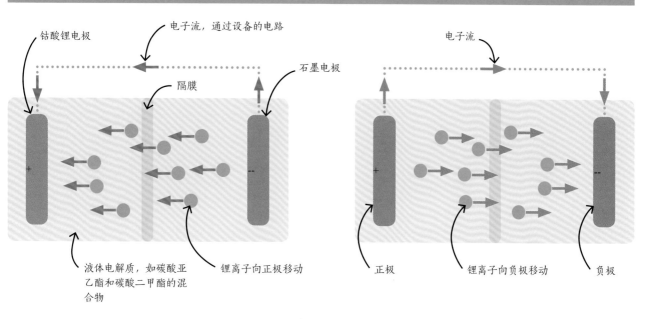

电子设备在使用时, 电子和锂离子从负极流向正极。当电子通过设备的电路时, 锂离子穿过电解质来平衡它们。

当你为设备的电池充电时, 反应会逆转。然而, 电池内部同时会发生许多不良反应, 这就是旧电池工作不佳的原因。

子以规则的层状结构排列。在电池中, 带正电荷的金属离子可以在这些层之间滑动或嵌入, 然后再退出。

电池如何工作?

两个多世纪以来, 电池的基本工作原理都是相同的。它们有一个带正电荷的电极和一个带负电荷的电极——在传统电池中, 它们分别被称为"正极"和"负极"。

电极之间是一种被称为"电解质"的介质, 通常是空气或水等液体, 带电离子可以通过该介质移动, 此时便会产生电流。

通常, 电池还具有隔膜——

一种防止电极相互接触和短路的阻隔材料。短路将快速释放存储的能量, 造成能量浪费。电池的电极连接到电线上, 将能量传送到为设备供电的电路中。

锂离子电池使当今的移动IT社会成为现实。

吉野彰

供电的电路中。

为了释放能量, 负极的化学过程会将电子推入电路。产生的化学物质通过电解质到达正极, 在那里, 它们触发另一个化学过程, 该过程需利用从电路进入电池的电子。

电池的容量是其电压、可以产生的电流以及供电时间的乘积。电压取决于负极的化学物质释放电子的难易程度, 以及正极的化学物质吸收电子的难易程度。在可充电电池中, 这个过程是可逆的。这意味着, 电池设计人员必须谨慎选择化学过程, 以避免产生消耗电池材料并降低其电压的副反应。

一次性电池

到20世纪70年代，一次性电池或原电池已被普遍使用。可充电铅酸电池，也已经存在了数十年，但其化学反应会随着时间的推移腐蚀电极。

寻找替代品

至少从20世纪50年代起，化学家就开始考虑锂在电极方面的应用潜力了。作为密度最小的金属，锂有可能减轻电池的重量，从而使电池更适合为小型设备供电。虽然锂在自然界中不以金属形式存在，但锂在构成许多岩石的矿物质中少量存在。

锂有另一个优势，但同时也是它的一个缺点，那就是锂原子很容易失去电子，而这个化学过程可以释放大量能量。这种特性使锂非常不稳定，因为它在空气和水组成的标准电池电解质中会剧烈反应，生成氢氧化锂和高度易燃的氢气。因此，出于安全考虑，化学家将锂储存在油中。

20世纪50—70年代，科学家逐渐发现，一些有机溶剂可以很好地用作锂电池中的电解质。他们还证实，尽管锂金属具有易燃倾向，但仍可用作负极，只是他们需寻找合适的正极。

1973年，美国工程师亚当·海勒（Adam Heller）设计了一种使用液体正极的一次性锂电池，它具有较长的使用寿命，至今仍被广泛使用。

同年，惠廷厄姆在研究硫化钛时意识到，硫化钛的导电特性以及锂在其层间嵌入的方式，使其非常适合作为锂电池的正极。

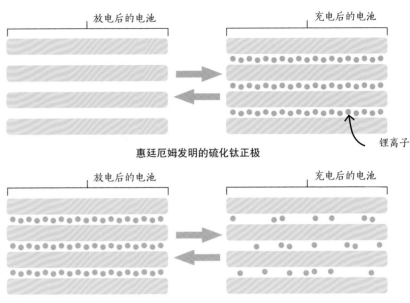

惠廷厄姆发明的硫化钛正极

古迪纳夫发明的钴酸锂正极

在以硫化钛为正极的电池中，当锂离子嵌入正极原子形成的夹层之间时，电池会充电。钴酸锂正极在充电时，夹层间有较少的锂离子。

埃克森公司迅速采取行动，于1976年开发出了2.5伏电池。然而，副反应会导致长指状锂金属（称为"枝晶"）在电极之间生长，从而导致短路和起火。与此同时，油价下跌，埃克森公司在1980年左右被迫放弃了电池研究。

夹层

为解决锂电池存在的问题，科学家希望在负极和正极中引入夹层以避免枝晶，但没有取得太大成功。例如，锂原子可以嵌入石墨形式的碳层之间，但电池电解质中使用的溶剂会逐渐将石墨分解成碎片。古迪纳夫和他在英国牛津大学的团队发现了一种更好的正极材料，并于1979年获得了专利。

古迪纳夫认为，如果使用金属氧化物正极代替金属硫化物来制造电池，就可以产生更大的电压。他推断，较小的氧原子比较大的硫原子更容易获得电子，并且可以让锂更紧密地嵌入。他用氧化钴作为正极，成功地生产了一种4伏电压

在不久的将来，我们必须将对化石能源的依赖转向清洁能源。

约翰·古迪纳夫

的电池，这足以为许多设备供电。

小就是美

与此同时，在日本，制造便携式电子产品的公司开始对锂电池产生兴趣。例如，在旭化成（Asahi Kasei）公司，化学家吉野彰（Akira Yoshino）试验了各种碳基材料作为夹层式负极。其中一种材料叫作"石油焦"，它的某些部分像石墨一样分层，而有些部分则没有。这种结构可以防止剥落，使它有足够的强度可供使用。

1985年，吉野彰制造出了一种高效、持久的4伏电池，该电池不会起火，并且可以在报废之前充电数百次。

基于这种设计，日本索尼公司制造了第一款商用可充电锂离子电池，并于1991年开始销售。从此，锂离子电池开始广泛用于便携式电子产品，尤其是笔记本电脑、平板电脑和手机中，形成了一个价值数十亿美元的市场。

锂离子电池的性能也在不断

改善。现在的锂离子电池使用新型正极材料和不会降解石墨的电解质溶剂。

2019年，任职于美国能源部的惠廷厄姆宣称，他希望将锂离子电池的能量密度提高一倍。为了实现这一目标，电池工程师现在正用镍代替正极中的钴，并寻找新的负极材料，以比石墨更高的密度嵌入锂。

锂的提炼耗费大量水和能源，

锂离子电池推动了手机、手表、玩具和相机等电子产品的流行。然而，开采锂会产生环境问题。

会污染水道和土壤。它还涉及一些人权指控和严重的健康问题。因此，提高锂离子电池的回收利用率是一个重要目标。■

约翰·古迪纳夫

约翰·古迪纳夫于1922年出生在德国耶拿，父母是美国人，他在耶鲁大学学习数学。第二次世界大战期间，他担任美国陆军气象学家。然后，他在芝加哥大学师从核物理学先驱恩利克·费米（Enrico Fermi），并于1952年获得物理学博士学位。

古迪纳夫起初在麻省理工学院担任研究科学家，之后于1976年转到英国牛津大学，在那里，他开发了金属氧化物正极材料。1986年，他成为得克萨斯大学奥斯汀分校的教授。

2019年，古迪纳夫与斯坦利·惠廷厄姆、吉野彰分享了诺贝尔化学奖，并成为历史上最年长的诺贝尔奖获得者。2023年6月26日，约翰·古迪纳夫去世。

主要作品

1980年 《Li_xCoO_2 $(0<x≤1)$：一种用于高能量密度电池的新型正极材料》

完美精密的复制机器

聚合酶链反应

2020年，聚合酶链反应的缩写PCR，由于COVID-19的大流行而出名，但其实它早已是科研中的重要技术。聚合酶是一种在链反应中工作的酶，用于制造数百万个特定基因分子（如一段DNA）的拷贝。PCR只需使用微量的病毒基因样品，即可生成足以用于检测的拷贝数。

PCR的起源可以追溯到20世纪50年代，当时越来越多的人接受DNA和RNA等核酸是基因的物

聚合酶链反应的基本步骤

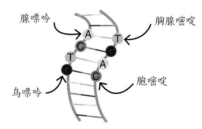

腺嘌呤　胸腺嘧啶
鸟嘌呤　胞嘧啶

1. 在DNA双螺旋中，氢键将组成基因的碱基对连接在一起。

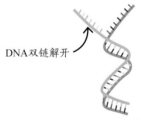

DNA双链解开

2. 将DNA加热到95℃左右会破坏碱基之间的氢键。

含有约20个碱基的引物结合在目标区域边缘

互补DNA链

3. 将DNA冷却至低于70℃可以使较短的引物DNA单链结合到双螺旋解开的单链上。

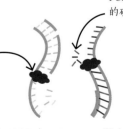

PCR混合物中的碱基

Taq DNA聚合酶捕获碱基建立新的碱基对

4. 在72℃时，Taq DNA聚合酶延伸每个引物，复制出与原始DNA链相同的拷贝。

参见: 分子间力 138~139页，酶 162~163页，聚合 204~211页，DNA的结构 258~261页，定制酶 293页，编辑基因组 302~303页。

引物

引物是长度约为20个碱基的短DNA片段，在PCR中可以定位到特定基因位点，使Taq DNA聚合酶在此位点开始工作。在DNA双螺旋解开后，两种引物分别结合到两条DNA单链的目标区域。PCR检测首先使用一种被称为"逆转录酶"的酶将其序列复制到DNA中。然后，引物定位到目标基因片段，此基因负责编码使病毒进入人体细胞的蛋白质。Taq DNA聚合酶以此为基础创建两条单链的拷贝。

理基础这一观点。1953年，DNA双螺旋的发现表明，DNA的四个碱基的顺序是一种编码。1961年，美国生物化学家马歇尔·尼伦伯格和他的德国同事海因里希·马泰伊确定，碱基序列可被解读为三个字母的"单词"，称为"密码子"。每个密码子对应一种特定的氨基酸，即蛋白质的基本组成分子。

1956年，美国生物化学家亚瑟·科恩伯格和西尔维·科恩伯格发现了DNA聚合酶，它负责复制新的DNA链。到20世纪60年代初，其他科学家已经证明，RNA聚合酶以DNA为模板来制造具有特定序列的RNA分子。

1960年，印裔美国生物化学家哈尔·戈宾德·霍拉纳（Har Gobind Khorana）与他的团队，通过化学方法制造了RNA，以解释RNA分子如何引导细胞内蛋白质合成。1970年，他合成了一小段DNA分子，并创造了世界上第一个人工合成基因。

生物体在复制DNA时会将DNA双螺旋分解成两条单链，从而展现出每条链上独特的碱基序列。该序列被当作模板，新的碱基可以与其匹配。DNA聚合酶将碱基连接在一起，并产生两条新的相同的DNA链。这个过程需要一个引物——一个短的核酸序列，它可以结合到一条展开的DNA链上。霍拉纳的团队将这些不同的要素结合在一起，发现一种被称为"DNA连接酶"的酶在实验室中比DNA聚合酶更高效。

快速复制机器

1971年，霍拉纳团队的挪威成员基尔·克莱佩（Kjell Kleppe）建议使用两种合适的引物来复制双螺旋的两条链。使用DNA聚合酶复制短片段遗传物质已成为常规操作，但还没有人尝试同时复制两条链。

1983年，在美国加利福尼亚州希得（Cetus）生物技术公司工作的生物化学家凯利·穆利斯，想到了一种可以快速复制或扩增特定基因或DNA链的方法。穆利斯将样品DNA、DNA聚合酶和引物的混合物进行加热，使DNA双链分离成两条单链。之后，冷却混合物，使两条单链复制成两条双链，然后在几个小时内，重复该过程20~60次——穆利斯称之为"聚合酶链反应"（PCR）。该过程可以产生数十亿份DNA拷贝，而他需要的只是一个试管和一些热量。

希得公司当时正在寻找新的方法来检测遗传病，如镰状细胞贫血，而PCR可以迅速扩增DNA，使其达到测试所需的量。但是，加热双螺旋以将其分离的过程会破坏DNA聚合酶，因此穆利斯必须在每个加热步骤后添加更多聚合酶，这使得该过程非常昂贵。1986年穆利斯离开公司后，希得公司转而使用水生嗜热菌中的嗜热DNA聚合酶，这种酶被称为"Taq DNA聚合酶"，耐高温，可在PCR的每个循环中存活，从而大大降低了成本。尽管穆利斯在这项创新之前两年就离开了希得公司，但1993年，他仍因发明了PCR而独立获得了诺贝尔化学奖。■

我们改变了分子生物学的规则。

凯利·穆利斯

60个碳原子击中我们的脸

富勒烯

背景介绍

关键人物
哈里·克罗托（1939—2016年）

此前
1913年 弗朗西斯·阿斯顿发明了质谱仪。

此后
1988年 科学家在蜡烛火焰的烟灰中发现了C_{60}。

1991年 日本物理学家饭岛澄男发现了碳纳米管。

2004年 出生于俄罗斯的英国物理学家安德烈·海姆（Andre Geim）和康斯坦丁·诺沃肖洛夫（Konstantin Novoselov）证实了石墨烯的存在。它是一种碳同素异形体，由排列成六边形的碳原子单层组成。

2010年 天文学家在行星状星云中发现了富勒烯分子。

2019年 NASA的哈勃空间望远镜在星际介质中探测到了C_{60}。

红巨星周围的神秘分子可以吸收微波辐射。

→ 这些分子可能在红巨星的大气层中产生。

↓

来自太空的证据后来证实C_{60}分子会吸收微波辐射。

← 尝试模拟形成条件揭示了C_{60}分子的存在。

碳的化学多功能性是地球上生命过程的基础，虽然碳如此普遍，对它的研究如此之多，但它仍然让研究人员感到震惊。20世纪科学界最大的惊喜之一发生在1985年，当时，英国化学家哈里·克罗托（Harry Kroto）正试图破解太空中的一个谜团。

在英国萨塞克斯大学，克罗托试图解释从红巨星到达地球的信号。红巨星是富含碳的恒星。这些信号以微波辐射的形式出现，位于电磁波谱中的可见光和无线电波之间。所有的电磁辐射都是波的形式，波峰之间的距离（称为"波长"）是一个典型特征。1919年，美国天文学家玛丽·利娅·黑格（Mary Lea Heger）首次在光谱中检测到特定波长较暗的谱线。星际云中的未知化学物质吸收了来自恒星的微波辐射，其波长由化学物质的分子结构决定。

受建筑启发

大约在1975年，克罗托发现了一些证据，这些证据表明，在红巨星大气中检测到的一些谱线，可能来自名为"氰基多炔烃"的长

参见： 尿素的合成 88~89页，官能团 100~105页，结构式 126~127页，苯 128~129页，质谱 202~203页，碳纳米管 292页，可再生塑料 296~297页，二维材料 298~299页。

链状碳氮分子。他想知道这些分子是如何形成的。1985年，克罗托拜访了美国得克萨斯州莱斯大学的化学家理查德·斯莫利（Richard Smalley）。斯莫利制造了自己的仪器，该仪器使用激光将材料蒸发成原子，然后剥离它们的电子，形成一种被称为"等离子体"的物质形态。斯莫利的同事罗伯特·柯尔（Robert Curl）研究了汽化原子形成的结构。

在11天的时间里，克罗托、斯莫利、柯尔和两名博士生将石墨形式的碳蒸发，并让其原子形成团簇。他们使用光谱仪分析了碳簇，以确定有多少原子联结在一起。有的团簇有60个原子，被标记为C_{60}，特别稳定；而一些团簇有70个原子，被标记为C_{70}。这些碳的形式（同素异形体）以前从未被发现过。

为了解释C_{60}的稳定性，克罗托、斯莫利和柯尔意识到，60个原子足以形成一个非常坚固的形状，称为"截头二十面体笼"。他们以美国建筑师理查德·巴克敏斯特·富勒（R. Buckminster Fuller）的名字为他们新发现的结构命名，富勒在加拿大蒙特利尔举行的第67届世博会上设计了标志性的网格穹顶。

令人信服的证据

碳的两种形式，石墨和金刚石，是众所周知的，但没有人预料到碳会呈现出这种奇怪的巴基球形状。当克罗托、斯莫利和柯尔发表他们的研究时，一些科学家持批判态度，但另一些则热情洋溢。他们继续搜集证据，到1990年，他们已可以制造出足够进行检测的巴基球（也称为"富勒烯"）。他们还发现了其他不太稳定的碳簇，包括C_{72}、C_{76}、C_{78}和C_{84}。

巴基球可以承受高温和高压，可以作为半导体，甚至是超导体。它也是已知最大的同时表现出粒子

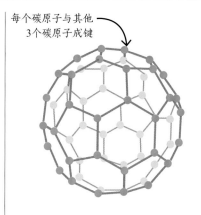

每个碳原子与其他3个碳原子成键

一个C_{60}分子有12个五边形面和20个六边形面——一种类似于足球的形状。

和波的特性的物体之一。

2010年，由加拿大西安大略大学的比利时天文学家简·卡米（Jan Cami）领导的团队，首次在距离地球6000光年的行星状星云Tc 1中发现了富勒烯分子C_{60}和C_{70}。克罗托很高兴，尤其是证据如此清晰，他说："我以为我永远不会像现在这样确信。"■

哈里·克罗托

1939年10月，哈罗德·克罗托希纳（Harold Krotoschiner）出生在英国的威斯贝奇，他的父母在他出生的两年前从纳粹德国以难民身份移民英国。1955年，他的父亲在博尔顿建立了一家气球工厂，并将家族的姓缩短为克罗托（Kroto）。从1958年起，克罗托在谢菲尔德大学学习化学。1964年获得博士学位后，他去了加拿大渥太华的国家研究委员会，利用微波光谱研究小分子。

1966年，克罗托转到美国的贝尔实验室，后于1967年返回英国加入萨塞克斯大学。在那里，他开始使用激光和微波光谱学研究碳分子，这引导了他对富勒烯的研究，并使他与斯莫利、柯尔共同获得了诺贝尔化学奖。他还于1996年获得了爵位。克罗托于2016年去世。

主要作品

1981年 《星际分子的光谱》
1985年 《C_{60}：巴克敏斯特富勒烯》

A CHANGING WORLD
1990 ONWARDS

不断变化的世界

1990年至今

日本物理学家饭岛澄男首先发现了碳纳米管，后来它被用于运动器材和智能手机。

1991年

由可再生资源制成的第一种合成可生物降解塑料"聚乳酸"（PLA）开始批量生产。此后，PLA在某些用途中取代了石油基塑料。

2001年

物理学家安德烈·海姆和康斯坦丁·诺沃肖洛夫分离出了石墨烯，这是单层的碳原子结构，是世界上第一种二维材料。

2004年

1993年

美国生物化学家弗朗西丝·阿诺德（Frances Arnold）开创了"酶定向进化"工作，为药物合成、生物燃料生产、清洁剂生产等领域制造更有效的催化剂。

2001年

肯尼斯·默勒斯滕（Kenneth Möllersten）提出了"生物质能碳捕获与封存"（BECCS）的概念，这是一种从源头减少二氧化碳净排放的方法。

20世纪90年代以来，科学学科之间的界限变得越来越模糊。学科间的交叉领域一直都存在，例如，原子结构科学跨越了化学和物理学的边界，而生物化学的子学科则处于化学和生物学的交界处。

现在，越来越多的知识和技术的融合推动了科学的进步，这些知识和技术打破了学科之间的明确界限。

化学遇上生物学

所有生物都是由碳基分子构成的，因此有机化学一直与生物学有着密切的联系。近年来，一些最重要的科学进步，源于化学在生物学问题上的应用。

20世纪90年代，生物化学家开创了酶的定向进化。这种技术模仿了进化的自然过程。它使科学家能够定制酶以更有效地催化反应，从而能够创造新的生物燃料、更环保的化学品，以及对特定疾病更具选择性的抗体。

2011年，一种更强大的医疗工具被开发了出来：CRISPR-Cas9基因编辑技术。

CRISPR-Cas9基因编辑技术是对靶向基因进行特定DNA修饰的技术。它在一系列基因治疗的应用领域都展现出了极大的应用前景，例如，这项技术有望治疗一些癌症和遗传疾病。

COVID-19的疫苗，是生物和化学之间合作的最佳案例。虽然疫苗的某些方面显然是生物学范畴的，但是，化学在疫苗配方中发挥了重要作用，确保它们有效发挥作用。

在医学之外，化学和生物学已经结合起来共同解决环境危害。例如，设计基于生物能源的方法来避免化石燃料排放二氧化碳，以及利用可再生资源制造可生物降解的塑料。

化学遇上物理学

新元素的发现曾经是化学家的领域，现在则需要尖端的物理学。天然元素的发现已经基本完

詹妮弗·杜德纳和艾曼纽·卡彭特开发了CRISPR-Cas9基因编辑技术。该技术可以前所未有的准确度"编辑"基因。

新的疫苗类型——mRNA疫苗和新的病毒载体疫苗被批准。用于制造疫苗的技术将来可能用于治疗其他疾病。

2011 年

2020 年

2009 年

研究人员首次使用原子力显微镜（AFM）拍摄了单个分子的图像。

2015 年

113、115、117、118号元素的发现被证实。它们在次年被命名并被添加到元素周期表中。

成，1939年发现镎以来，添加到元素周期表中的所有化学元素都是首先在实验室中被发现的。

元素发现也不是现代科学家的独立追求。大量的研究团队在专门的设施中工作，用元素相互轰击，希望能够短暂地产生一种新元素的原子，这些新元素在自然界中很少或根本不存在。

元素周期表中最后一次添加新元素是在2015年，这一次添加完成了元素周期表的第七行。从那以后，我们看到了自合成元素发现以来最长的发现间隔。

尽管人们仍有信心创造更多元素，但人们也越来越重视现有超重合成元素的奇异特性。

物理学家不仅帮助化学家寻找新元素，还帮助他们发现了现有元素的新形式。许多元素可以以不同的形式（同素异形体）存在，碳就是最好的例子。

金刚石和石墨是众所周知的碳元素的同素异形体。近几十年来，人们已经鉴定出了更多的碳同素异形体——富勒烯、碳纳米管和石墨烯。

科学家希望，这些新近发现的同素异形体的有益特性，可以给人类带来更多的用途。他们已经发现了一些实际的和潜在的应用，从智能手机到能量存储，再到药物递送系统。

最后，基于物理学的新技术使化学家能够"看到"分子——这一壮举会让早期推测分子结构的化学家感到震惊。值得注意的是，原子力显微镜的使用产生了前所未有的单个分子图像，从而使科学家可以直接观察分子的行为。■

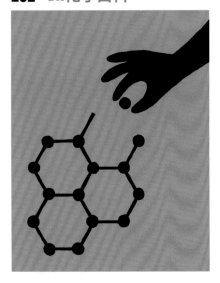

一次一个原子地制造东西

碳纳米管

背景介绍

关键人物

饭岛澄男

（1939—）

此前

1865年 雅各布斯·范托夫和约瑟夫-阿奇尔·勒贝尔证实了碳原子的四面体结构。

1955年 美国科学家L. J. E. 霍弗（L. J. E. Hofer）、E. 斯特林（E. Sterling）和J.T. 麦卡特尼（J. T. McCartney）观察到了微小的管状碳丝。

1985年 理查德·斯莫利和其他人发现了富勒烯。

此后

1997年 瑞士研究人员展示了碳纳米管的特殊电性能。

2004年 俄罗斯出生的英国物理学家安德烈·海姆和康斯坦丁·诺沃肖洛夫证实了石墨烯的存在。

在理查德·斯莫利和哈里·克罗托发现巴基球之后，科学家想知道碳分子中还有哪些秘密。1991年，日本物理学家饭岛澄男发现了碳纳米管——富勒烯分子卷成纳米尺度的管子。

微小的碳纤维早在1955年就被观察到了，但是饭岛澄男正确地鉴定了它们。他通过电子显微镜看到，碳纤维是微小的"瑞士卷

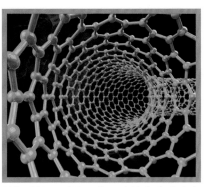

就拉伸性和弹性而言，碳纳米管是迄今为止发现的最强和最坚硬的材料。

状"分子（现在被称为"多层纳米管"）。两年后，他和美国物理学家唐纳德·白求恩（Donald Bethune）各自独立地发现了更简单的单层碳纳米管或巴基管——中空圆柱状碳分子，其中的碳原子以六边形结构键合，碳纳米管比人类头发细10万倍。

碳纳米管比铜的导电性和导热性更好，它们很轻，比钢强度高得多，而且耐腐蚀。使用碳纳米管代替碳纤维材料中的铜或钢，可以使碳纤维更加坚固耐用。

2004年，科学家证实了石墨烯的存在，这是一种由单层原子组成的碳的同素异形体。他们意识到，这可能是所有碳纳米管中最强的。如果较厚的碳纳米管被生产出来，那么它们就有可能被用来代替钢和其他金属。碳纳米管已经被广泛用于各种产品——从运动器材到智能手机。■

参见： 立体异构 140~143页，超强聚合物 267页，富勒烯 286~287页，二维材料 298~299页。

为什么不利用进化过程来设计蛋白质？

定制酶

20世纪80年代，科学家掌握了基因工程技术，可以使有机体根据指令生产化学物质。但这一过程很费力，而且并不总是有效的。1993年，美国生物化学家弗朗西斯·阿诺德率先提出了模仿自然以获得更好结果的想法。自然选择可以使物种进化，因为有利的突变会被保留下来并发展，而不利的突变会被淘汰并消失。阿诺德的方法被称为"定向进化"——在感兴趣的基因中反复引入突变，然后每次只选择那些朝着目标方向改进的突变。

阿诺德的关键实验聚焦于枯草杆菌蛋白酶，该酶可以分解酪蛋白。在研究这种酶的工业应用时，她开发了一种在溶剂二甲基甲酰胺（DMF）中——在细胞的水环境之外工作的酶。她在生产枯草杆菌蛋白酶的细菌中引入了突变，并在含有酪蛋白和DMF的培养皿中培养这些细菌。能够生产酶以分解酪蛋白的、效果最好的细菌，被挑

生物学处理化学问题非常高效。

弗朗西丝·阿诺德

选出来进行进一步的突变。通过这种方式，阿诺德在短短3代内就创造了一种酶，其效率是原始酶的256倍。

阿诺德的团队使用相同的方法开发出了其他的酶，可以催化以前没有的酶促反应，他们甚至还制造出了自然界中从未有过的键合物质，如碳和硅键合形成的物质。该技术现在被用来制造从新型生物燃料到合成药物的所有东西，未来的潜力是巨大的。■

参见： 酶 162~163页，逆合成 262~263页，合理药物设计 270~271页，聚合酶链反应 284~285页。

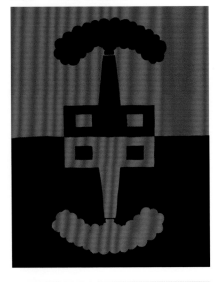

负排放是好的

碳捕获

背景介绍

关键人物

肯尼斯·默勒斯滕

（1966—）

此前

1972年 一种早期形式的碳捕获技术被用来提高石油开采量。

1996年 挪威的斯莱普纳（Sleipner）项目开始捕获CO_2并将其封存在北海的一个盐水库中。

2000年 碳封存计划在美国麻省理工学院启动。

此后

2014年 加拿大的边界大坝碳捕获与封存（CCS）项目，开始从发电站排放物中收集CO_2。

2020年 壳牌集团在加拿大奎斯特（Quest）的CCS项目，将超过500万吨CO_2封存在地下盐矿床中。

2020年 全球约有4000万吨CO_2被捕获和封存，主要用于提高石油开采量。

为了实现将全球变暖限制在比工业化前温度高1.5℃的目标，需要大幅减少化石燃料燃烧产生的二氧化碳（CO_2）的排放量。这可以通过提高能源效率和从化石燃料转向可再生能源来实现。

一些研究机构认为这些措施不够及时，所以需要捕获和封存CO_2，其中一些机构与化石燃料公司相关。2001年，瑞典博士生肯尼斯·默勒斯滕解释说，"生物质能碳捕获与封存"（BECCS）可以

我们必须学习如何进行碳捕获和封存，以及如何在商业规模上快速完成它。

尼古拉斯·斯特恩
《更安全星球的蓝图》

部分实现这一目标。他的想法包括种植作物或树木，它们生长时可以从大气中吸收二氧化碳。树木将被砍伐并燃烧以产生生物质能，由此产生的CO_2会被捕获。然而，种植这些作物和树木所需的大片土地对紧张的自然资源是一个不小的压力。

CCS选项

碳捕获与封存（CCS）的概念于1977年被提出，但默勒斯滕为其注入了新的动力。CO_2需要与其他排放物分离，被压缩并被运输到封存地点，与大气隔离。一种隔离方法是将CO_2泵送到地下，并溶解在地下水中。2010年，麻省理工学院的生物工程师找到了方法，可以使溶解在水中的CO_2与矿物离子结合形成固体碳酸盐，以用作建筑材料。还有一种选择是在其他工业项目中再利用捕获的CO_2。

CCS设施

1972年，美国得克萨斯州的特勒尔（Terrell）甲烷加工厂将

参见: 气体 46页, 固定空气 54~55页, 温室效应 112~115页, 裂化原油 194~195页。

萨省电力公司在加拿大萨斯喀彻温省的边界大坝燃煤发电站, 耗资11亿美元被改造成捕获和封存CO_2的设施。

CO_2输送到了附近的油田, 用于最大限度地从地下开采石油。这项技术不是"绿色"的——因为它被用来开采更多的化石燃料——但它显示了CCS的潜力。

1996年, 挪威的斯莱普纳海上储存设施开始将工业产生的CO_2泵入海底砂岩地层。地下封存地点的地质条件非常重要: 它必须位于不透水的岩盖下方, 就像斯莱普纳的岩盖一样, 以防止CO_2回到地表。到2017年, 该设施已封存约1650万吨CO_2。

2020年, 全球有26个商业CCS项目投入运营, 还有其他项目处于不同的发展阶段。加拿大的边界大坝CCS项目源于加拿大一座改建的燃煤发电站, 该项目捕获了自身排放的90%的CO_2。煤燃烧时产生的水蒸气和气体混合物被通入碱性胺溶液中, 从而使CO_2分子被从空气中吸入溶液中。然后, 溶液被导入加热器中加热, CO_2分子蒸发出溶液并被捕获和压缩。

一些科学家认为, 只要有足够的投资, 碳捕获就可以实现约14%的减排量。"直接空气捕获"(DAC) 也可以直接提取大气中的CO_2。除了提高能源效率及提高可再生能源在工业、家庭和交通中的使用比例, CCS还可以在减少碳排放方面发挥重要作用。然而, 捕获CO_2的高成本及封存地点的不确定性是仍待解决的问题。■

直接空气捕获

直接空气捕获(DAC)不是在CO_2被排放处(如工厂烟囱处)捕获CO_2, 而是收集已经存在于大气中的CO_2。DAC工厂有大型风扇, 将空气吸入分隔间并用过滤器提取CO_2。然后, CO_2被加热至100℃并溶解在水中。为了将其封存在地下, 稀碳酸被泵入玄武岩等反应性岩层中, 岩层会在两年内矿化成固体碳酸盐, 如方解石。

2020年, 全球共有15家DAC工厂, 最大的在冰岛, 其吸收的量大约相当于400人的年排放量。尽管冰岛拥有丰富的廉价地热能源为其DAC工厂供电, 但这种碳捕获方法仍非常昂贵。到目前为止, DAC只捕获了极少量的CO_2, 科学家认为它不能为气候危机提供完整的解决方案。但随着对技术的更多投资和更多工厂的建立, 它的贡献可能会增多。

瑞士一家垃圾焚烧厂屋顶上的巨大风扇, 用于捕获CO_2以进行回收。

碳捕获的优点和缺点	
优点	**缺点**
是一种经过考验的减少净排放的技术	长期封存容量不确定
它是从源头上减排的有效方法	在消除人、农业、供暖和运输等的排放量方面表现很差
其他污染物可同时被除去	成本昂贵

生物来源的和可生物降解的

可再生塑料

背景介绍

关键人物
帕特里克·格鲁伯
（1961—）

此前
20世纪20年代 华莱士·卡罗瑟斯
（Wallace Carothers）发现了聚乳酸（PLA），这是一种由可再生资源制成的可生物降解塑料。

20世纪90年代 由可再生生物质制成的生物塑料用于生产手提袋、防护服、手套、杯子和一次性餐具。

此后
2010年 由海藻制成的生物塑料在法国开始商业化生产。

2018年 芬兰石油公司耐思特（Neste）开始为宜家家具生产生物聚丙烯。

2018年 第一款由生物塑料组成的、可完全回收的汽车原型在荷兰埃因霍温被组装。

2001年，两家美国公司（嘉吉和陶氏化学）的合资企业，率先大规模生产了由可再生资源制成的合成聚合物。以前，石油基聚合物是制造塑料的关键成分，因此这一发展对于减少塑料行业对化石燃料的依赖具有重大意义。

生物塑料时代

"生物塑料"一词可用于任何主要源于可再生有机材料（如玉米淀粉、植物脂肪、木薯根或牛奶）的塑料。嘉吉-陶氏的生物塑料使用了聚合物聚乳酸（PLA）。这种

材料并不是新的——美国化学家华莱士·卡罗瑟斯在20世纪20年代就发现了聚乳酸——但它的生产非常昂贵，所以它并没有实现商业化生产。

然后在1989年，嘉吉-陶氏的化学家帕特里克·格鲁伯（Patrick Gruber）在家里的炉子上用玉米制造了聚乳酸。2001年，这种塑料由奈琪沃克（Nature Works）公司生产，以替代传统塑料，如用于包装和食品服务的聚对苯二甲酸乙二醇酯（PET）和聚苯乙烯塑料。

到2019年，全球每年生产的塑料超过3.6亿吨，造成了巨大的

塑料食用者

PET用于制造大多数塑料饮料瓶和许多合成纤维。它分解非常缓慢，并会在动物的胃中积聚，因此可能进入人类食物链。2016年，日本研究人员报告称，一种细菌（Ideonella sakaiensis）已经进化出了两种酶——PET酶和MHET酶（MHET指羟乙基对苯二甲酸酯），这两种酶可以将

PET塑料分解成对苯二甲酸和乙二醇，而这两种物质可以被细菌消化并用作碳和能量的来源。一个问题是速度慢：在30℃时，这种细菌需要大约6周的时间才能完全降解一块拇指指甲大小的PET塑料。然而，2020年，一个英国和美国的团队将这两种酶重新设计成了一种"超级酶"，将降解塑料的速度提高了6倍。

参见： 温室效应 112~115页，酶 162~163页，合成塑料 183页，裂化原油 194~195页，聚合 204~211页，定制酶 293页。

处置问题。2020年，生物塑料产量约为210万吨，预计到2025年将增加到280万吨。传统塑料耐久且降解非常缓慢，而聚乳酸生物塑料可用于堆肥，进而分解成营养丰富的生物质。然而，这只能在特定条件下发生，而且需要氧气。

聚乳酸通常来源于糖类，性质与聚乙烯和聚丙烯相似。它是一种热塑性塑料，可以被反复加热到熔点，再冷却。如今，聚乳酸生物塑料用于多种产品，包括塑料薄膜、收缩包装、瓶子、3D打印材料和可被人体吸收的医疗植入物。

聚乳酸的替代品

聚羟基脂肪酸酯（PHAs）是可生物降解的塑料，通过糖和脂质的细菌发酵生产。细菌培养时被"剥夺"了运作所需的营养物质，而被给予了高水平的碳。细菌将碳储存在PHAs颗粒中，然后被收集。

PHAs已被用于农业和许多医疗应用，包括缝合线、骨板、支架和外科网片。其他生物塑料包括基于纤维素的塑料——使用纤维素或纤维素衍生物制造，以及源自谷蛋白、酪蛋白和牛奶蛋白的蛋白基塑料。

生物塑料具有取代石油基塑料的潜力。然而，批评者认为，要实现这一点，需要大片农田来生产生物塑料原料，这可能会造成环境问题，例如，为玉米或甘蔗种植园而砍伐森林，并可能导致食品价格上涨。此外还有其他环境问题，当生物塑料降解时，它们会排放温室气体二氧化碳和甲烷，并增加土壤和水的酸度。

此外，联合国2015年的一份报告表达了担心：如果人们认为他们使用的塑料在丢弃后会无害地降解，那么他们就可能会减少塑料的回收利用。生物塑料和回收利用只是塑料污染解决方案的一部分。最终，人类需要大幅减少塑料的生产和消费。■

生物塑料的优点和缺点	
优点	**缺点**
降低对不可降解的一次性塑料的需求	生产成本高
产生的环境问题更少	需要合适的湿度、酸度和温度才能生物降解
减少对化石燃料的依赖	需要土地种植用于制造生物塑料的植物
与传统塑料相比，其生产产生的温室气体更少	生物降解时会释放温室气体

生物降解的工作原理

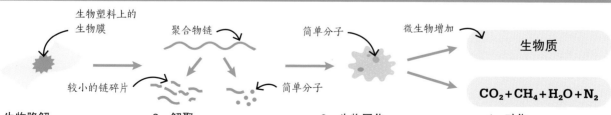

1. 生物降解
各种土壤细菌和真菌组成的生物膜在生物塑料上形成并生长。

2. 解聚
细菌和真菌分泌酶，分解聚合物链。

3. 生物同化
细菌和真菌的细胞摄取聚合物分解产生的简单分子。

4. 矿化
二氧化碳、甲烷、水和氮气是最终产物。

生物塑料上的生物膜　聚合物链　简单分子　微生物增加　生物质

较小的链碎片　简单分子　$CO_2 + CH_4 + H_2O + N_2$

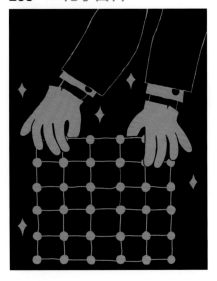

平面碳原子的魔力

二维材料

背景介绍

关键人物
安德烈·海姆（1958—）
康斯坦丁·诺沃肖洛夫（1974—）

此前
1859年 英国化学家本杰明·布罗迪（Benjamin Brodie）将石墨用强酸处理，发现了他所谓的"石墨化炭黑"，这是一种分子量为33的新型碳分子。

1962年 德国化学家乌尔里希·霍夫曼（Ulrich Hofmann）和汉斯-彼得·博姆（Hanns-Peter Boehm）用氧化石墨制造了单原子层，但他们的发现没有得到重视。

此后
2017年 三星电子制造了一种晶体管，它利用了石墨烯中电子的全速运动。

2018年 瑞士材料科学家尼古拉·马扎里（Nicola Marzari）和他的团队发现，1825种不同的物质可以具有二维形式。

21 世纪最著名的科学发现之一，与用铅笔在纸上写字有相同的原理。石墨由原子厚度的碳层堆叠而成，这些碳层通过弱键结合在一起。当用石墨铅笔在纸上书写时，一些碳层会滑落。石墨的单层被称为"石墨烯"。

这些平坦石墨烯层存在的证据已在19世纪和20世纪被发现，但似乎被遗忘了。然后，在2002年，俄罗斯出生的英国物理学家安德烈·海姆和康斯坦丁·诺沃肖洛夫开始了一系列实验，吸引了科学家的注意力。

全部用胶带完成

海姆在英国曼彻斯特大学领导了一个团队，成员包括诺沃肖洛夫。海姆对超薄材料及其在电子领域的应用潜力很感兴趣，并认为石墨是一个很好的选择。

海姆和诺沃肖洛夫在石墨上贴上一段透明胶带，然后在撕下胶带的同时撕下石墨的一些薄片。他们将胶带折叠再拉开，以再次分裂薄片。重复这个过程会产生越来越薄的片层。他们将胶带溶解在溶剂中，再将硅片浸入溶液中，最终发现有厚度小于10纳米的薄片粘在硅片上面。

薄片是透明的，但在显微镜下观察时，最薄的片层在硅的衬托下看起来是深蓝色的。然后，他们取出其中一块超薄的薄片，并用它来制造晶体管。

海姆和诺沃肖洛夫还没有制造出厚度不到1纳米的二维石墨烯

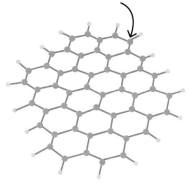

以蜂窝晶格排列的单层碳原子

石墨烯非常薄，但非常坚固，耐撕裂，可以卷成纤维。

参见：苯 128~129页，合成塑料 183页，超强聚合物 267页，富勒烯 286~287页，碳纳米管 292页，可再生塑料 296~297页。

石墨烯的制备方法主要有"微机械剥离"，这是生产石墨烯的最简单方法。它需要一些胶带、石墨和基底，如硅。如果石墨烯底层对基底的附着力强于石墨烯层之间的结合力，那么一些石墨烯层就会残留在基底上。

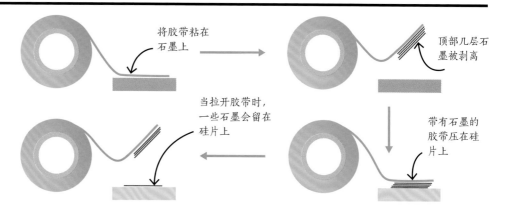

将胶带粘在石墨上

顶部几层石墨被剥离

当拉开胶带时，一些石墨会留在硅片上

带有石墨的胶带压在硅片上

层，但他们继续进行实验。一年后，他们成功地使用两层石墨烯和一层石墨烯制造了晶体管，并发现它们表现得非常不同。

2004年，他们发表了关于石墨烯导电性的论文，引起了科学界的关注。到2010年海姆和诺沃肖洛夫获得诺贝尔物理学奖时，许多领域的学者已在探索这种"神奇材料"的可能性，一些电子公司也参与其中。

物理性质优越

由于制造难度很大，石墨烯成为地球上最昂贵的材料之一。此外，高昂的价格也是因为其卓越的性能。尽管石墨烯非常轻，但它的断裂强度是钢的200倍，这使其成为有史以来最坚固的材料。今天，石墨烯被添加到一些材料中以提高它们的强度，如网球拍的框架。它也非常柔韧，因此可以卷成纳米管。

石墨具有高导电性。海姆和诺沃肖洛夫测量了石墨烯的电子迁移率值——电子通过它的速度——

结果比用于制造计算机芯片的硅高约100倍，比当时导电最快的半导体高约10倍，这激发了人们对石墨烯在超快先进电子产品方面应用潜力的兴趣。

这种增强的迁移率是因为石墨烯与其他材料不同，其电子的速度与它们的质量无关。石墨烯电子的行为类似于光子——以与质量无关的速度移动的光粒子。

石墨烯的发现使研究人员能够探索：当他们将其他材料减薄为单原子层时会发生什么？例如磷烯，它相当于石墨烯，但由磷组成，具有与石墨烯相似的电子迁移率，且作为半导体效果更好。今天，二维材料的列表很长，而且在不断增加，可能性似乎无穷无尽。■

制造石墨烯

硅芯片制造商主要依赖"外延附生"的过程，在高温下生产硅晶体。这可以在晶片上构建材料层，原子一个接一个地沉积。一种类似的方法是，通过使甲烷与氢在铜膜上反应来生产石墨烯。碳化硅（SiC）也是一种半导体材料，已被制成晶片并在工业上使用，尽管不如硅使用广泛。将高晶体质量的碳化硅晶片加热到1100℃以上，硅会选择性地从顶部表面蒸发，而顶部表面的碳化硅会变成石墨烯。

一种偏化学的方法也可能有助于利用石墨烯的物理特性。如果将氧化石墨烯纸放在纯肼（N_2H_4）溶液（一种用于火箭燃料的化合物）中，它就会发生反应并变成单层石墨烯。

令人惊叹的分子图像

原子力显微镜

背景介绍

关键人物

利奥·格罗斯（1973—）
格哈德·迈耶（1957—）

此前

1965年 美国电气工程师哈维·纳坦森（Harvey Nathanson）发明了无线电调谐器，这是第一个微机电系统——一种带有移动部件的微型电子设备。

1981年 格尔德·宾宁（Gerd Binnig）和海因里希·罗雷尔（Heinrich Rohrer）发明了扫描隧道显微镜（STM），它可以拍摄小于光学显微镜观察尺度的物体。

此后

2016年 利奥·格罗斯利用原子力显微镜（AFM）使一个可逆化学反应可视化。

2020年 美国生物物理学家西蒙·舒尔灵（Simon Scheuing）通过组合同一区域的多幅图像，提高了AFM的分辨率。

尽管我们无法自然地看到周围物质中的原子，但一些工具和技术可以帮助我们更好地理解它们，并推动化学领域的发展。

X射线晶体学是一种利用X射线穿过晶体时形成的衍射图像逆向工作的方法。化学家还可以使用来自核磁共振（NMR）的无线电信号来推断原子是如何连接的。然而，20世纪80年代，研究人员发明了一种方法，即原子力显微镜（AFM），它可以产生更引人注目的原子图像。德国物理学家利奥·格罗斯（Leo Gross）和格哈德·迈耶（Gerhard Meyer）进一步发展了这项技术，后来它能够以原子分辨率拍摄图像。

AFM源于计算机巨头IBM在瑞士苏黎世的研究实验室，紧跟扫描隧道显微镜（STM）的相关进程。STM是第一种扫描探针显微镜，它通过传感器或探针在表面上扫描来工作。STM通过检测通过探针的电流的微小变化来生成图像。德国物理学家格尔德·宾宁和瑞士物理学家海因里希·罗雷尔因

发明STM而获得了1986年的诺贝尔物理学奖，但该技术仅适用于导电材料。

寻找改进

宾宁想将这种方法扩展到其他物质。正如AFM的名称所暗示的那样，宾宁与美国物理学家卡尔文·奎特（Calvin Quate）、瑞士物理学家克里斯托夫·格伯（Christoph Gerber）在1985年解

我对这种方法很着迷，部分原因是实验者可以立即得到响应。

利奥·格罗斯

参见: 分子间力 138~139页, X射线晶体学 192~193页, 核磁共振波谱 254~255页, 蛋白质晶体学 268~269页, 富勒烯 286~287页, 碳纳米管 292页, 二维材料 298~299页。

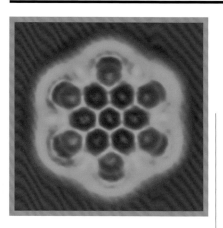

纳米石墨烯单分子图像显示了不同长度的碳-碳键, 证明不同的键具有不同的物理特性。

决了这个问题。他们测量了力而不是电流, 这是移动物体的基本现象。AFM使用非常精密的探针, 它的尖端只有几个原子宽。该探头位于悬臂的末端, 可以测量力的微小变化。

宾宁、格伯和奎特用金箔和金刚石尖端制作了AFM的悬臂。后来的悬臂通常由硅制成——与制造微芯片的材料相同。然而, 硅弯曲程度较大, 无法探测小于20纳米的细节。虽然这仍然是非常高的分辨率了, 但检测单个原子需要测量1纳米甚至更小的细节。

德国物理学家弗朗茨·吉西比尔 (Franz Giessibl) 在20世纪90年代找到了解决这个问题的方法, 他意识到手表中用于计时的石英音叉正好适合悬臂的刚度。1996年, 他开始制造使用石英悬臂的AFM传感器。

精密的细节

吉西比尔的石英悬臂末端的探针尖端只有几个原子宽, 但还不够灵敏, 无法实现原子水平的分辨率。想要用几个原子宽的探针来测量单个原子, 就像用网球来测量弹珠一样。因此, 2009年, 包括格罗斯和迈耶在内的IBM团队将一个一氧化碳 (CO) 分子固定在了AFM探针上。只有一个碳原子连接在探针上, 一个氧原子悬挂在下方, 这样一氧化碳会产生一个原子级的尖锐尖端。它是一种高度灵敏的探针, 因为它可以检测物质周围电子密度的微小变化。电子密集区域 (如原子甚至它们之间的键) 可以使一氧化碳分子偏转, 从而产生探针可以检测到的力。

同样在2009年, 一氧化碳帮助IBM的研究人员获得了"并五苯"的图像, 这是由五个相互连接的六元碳环组成的链。AFM图像清楚地显示了原子之间的键, 就像在一张纸上绘制的那样。这是开创性的。他们的发现激发了化学家的想象力, 为更直接地观察化学物质的行为打开了大门。■

AFM的工作原理

原子力显微镜有点像留声机。相当于留声机唱针的是非常精细的探头, 位于悬臂的末端。悬臂就像留声机的唱臂。与唱片凹槽中的轮廓会导致唱针振动并产生声音一样, 样品表面会在探针上产生一个研究人员可以追踪的力。探针和样品表面上的电子有时会相互吸引, 从而将探针锁定。因此科学家会振动探针。随着探针接近表面, 振动频率会发生变化。研究人员通常通过在悬臂上照射激光来测量振动频率。或者, 由石英制成的悬臂在振动时会产生电流, 科学家可以检测电流来绘制表面图像。

由于检测涉及如此微小的振动, 周围的噪声可能会造成干扰, 因此, 位于奥地利维也纳的一家实验室将AFM悬挂在天花板上, 以保护其免受交通引起的振动的干扰。

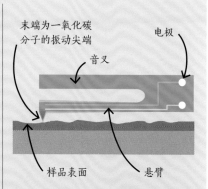

手表的石英音叉被用来产生更清晰的图像, 从而使原子水平分辨率的AFM成为可能。

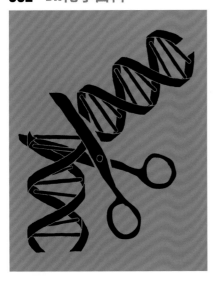

更好的操纵基因的工具

编辑基因组

1987年，日本大阪大学的一个生物化学家团队，在大肠杆菌的基因中发现了一段奇怪的DNA序列。5个短的重复DNA序列被短的非重复"间隔"序列分开，每个重复DNA序列都有29个碱基（DNA的组成部分）的相同序列。

到20世纪90年代末，进一步的科学研究表明，这种特殊的序列并不是大肠杆菌所特有的，实际上，这可以在许多不同的细菌中找到。西班牙生物化学家弗朗西斯科·莫吉卡（Francisco Mojica）和荷兰微生物化学家鲁德·詹森（Ruud Jansen）在2002年将这种序列命名为"成簇的规律间隔的短回文重复序列"，简称CRISPR。

CRISPR

同样在2002年，詹森和他的团队观察到CRISPR总是伴随着另一组序列，即CRISPR相关基因或Cas基因。Cas基因似乎编码了切割DNA的酶。2005年，莫吉卡已经确定CRISPR之间的"间隔"序列与病毒的DNA具有相似性。这使莫吉卡开始设想：CRISPR充当了细菌的免疫系统。

2005年，俄罗斯微生物化学家亚历山大·波洛廷（Alexander Bolotin）正在研究嗜热链球菌，这种细菌含有一些以前未知的Cas基因，其中一种可以编码现在被称为Cas9的酶。他注意到这些"间隔"序列在一端共享一个序列，这

詹妮弗·杜德纳和艾曼纽·卡彭特在DNA编辑和修改方面的开创性工作而分享了2020年的诺贝尔化学奖。

参见：生命化学物质 256~257页，DNA的结构 258~261页，绿色荧光蛋白 266页，定制酶 293页。

似乎对于入侵病毒的目标识别至关重要。

了解Cas9

2007年，由法国微生物化学家菲利普·霍瓦特（Philippe Horvath）领导的丹麦科学家，用两种病毒株感染了嗜热链球菌，更多地揭示了CRISPR-Cas9系统的功能。虽然许多细菌被病毒杀死了，但有些细菌存活了下来。进一步的研究显示，存活的细菌正在将病毒的DNA片段插入它们的"间隔"序列中，这使它们能够抵抗随后的攻击。

面对入侵者（如病毒），细菌会复制病毒的DNA片段并将其整合到自己的基因组中，作为CRISPR中短DNA重复序列之间的"间隔"。"间隔"序列为细菌在未来识别入侵病毒的DNA提供了模板。

卡彭特和杜德纳

2011年，法国微生物化学家艾曼纽·卡彭特发现了CRISPR-Cas9系统的另一个组成部分——一种称为crRNA的分子，它有助于识别入侵病毒的基因序列，并与以前未知的tracrRNA分子协同作用，将Cas9引导至其靶点。

同年，卡彭特开始与美国生物化学家詹妮弗·杜德纳合作。她们一起重新创造了细菌的"基因剪刀"（切割DNA的能力）并简化了剪刀的分子成分，使其更易于使用。她们在2012年的一篇论文中报告了她们的发现。她们还更进一步，对剪刀进行了重新编辑，使它们不仅可以用于切割病毒DNA，还可以在任何需要的位置切割任何DNA分子，从而使基因组编辑成为可能。

2012年，由生物化学家维吉尼亚斯·斯克斯尼斯（Virginijus Šikšnys）领导的团队，也独立展示了如何使用Cas9切割DNA序列。而在美国，生物化学家张锋也报道说他改进了CRISPR-Cas9系统。科学家现在有了一种工具，可以前所未有的准确度修改和重写基因组。■

CRISPR的作用

CRISPR有可能彻底改变医学、农业和其他领域的生物科学。CRISPR细胞疗法的第一次试验是在2019年，它通过修复胎儿血红蛋白来治疗镰状细胞贫血。它还被用来改造作为免疫系统一部分的T细胞，使其更有效地杀灭癌细胞。在COVID-19大流行期间，CRISPR被用作诊断工具，利用Cas9的搜索功能来靶向病毒遗传物质。它有利于干细胞研究，可用于重新编程和培养干细胞以产生所需的确切类型的组织。

在农业领域，预计到2030年，来自CRISPR改良的、抗虫和抗旱作物的食品可能会在市场上销售。CRISPR还可以延长易腐食品的保质期。在生物能源领域，细菌、酵母和藻类已被改造以生产更高产量的生物燃料。

CRISPR-Cas9基因编辑技术

目标基因　目标DNA序列　CRISPR链的一部分与目标DNA序列结合　酶切割目标DNA序列　在切割部位插入设计DNA以修正或恢复基因功能　CRISPR链　Cas9（基因切割酶）

目标基因与CRISPR-Cas9系统混合　　**CRISPR-Cas9定位和切割目标基因**　　**目标基因被修正或编辑**

我们将会知道物质在哪里终止

完成元素周期表？

2015年12月30日，国际纯粹与应用化学联合会宣布，4种新化学元素的发现已被证实，分别为113、115、117和118号元素。元素周期表第7行中最后缺失的元素已经被找到。

6个月后，他们确定了这4种新元素的名称：钫（nihonium），以日语中"日本"的读法Nihon命名；镆（moscovium），以俄罗斯联合核研究所（JINR）所在的莫斯科地区命名；础（tennessine），以橡树岭国家实验室所在的美国田纳西州命名；氫（oganesson），以尤里·奥加涅相（Yuri Oganessian）的名字命名，这位俄罗斯核物理学家在该元素的发现中发挥了重要作用。

超重元素

钫、镆、础和氫是超重元素家族的成员，该家族中元素的原子序数为104～118。它们也被称为"超锕系元素"，因为它们的原子序数大于锕系元素的原子序数

> 超重元素的发现有时让我想起潘多拉魔盒的开启。
>
> ——尤里·奥加涅相

（89～103）。

20世纪60年代，第一种超锕系元素的合成伴随着长期的政治影响。美国和苏联的科学家在争论谁首先发现了104、105和106号元素，以及应该如何命名它们。这些争议被称为"超镆元素争议"，因为争议的中心是100号元素镆之后的元素的发现。1997年，他们才达成了最终解决方案。

今天，制造超重元素是一项更加协作的工作。虽然钫的发现

尤里·奥加涅相

奥加涅相于1933年出生在苏联罗斯托夫，他童年的大部分时间是在亚美尼亚的埃里温度过的，但后来他回到苏联学习。1956年，他毕业于莫斯科工程物理学院。然后，他转到了联合核研究所，在当时的主任乔治·弗莱罗夫（Georgy Flerov）手下工作。

奥加涅相发明了两种制造超重元素的关键方法。1974年，他开创了冷聚变技术，用于制造107～112号元素。他后来的技术——热核聚变技术——被用来发现113～118号元素。其中最重的元素——氫（118号元素），是以他的名字命名的，这使得奥加涅相成为第二个在生前拥有以自己名字命名的元素的人。

主要作品

1976年 《钙-48离子的加速和合成超重元素的新可能性》

参见: 元素周期表 130~137页, 电子 164~165页, 放射性 176~181页, 同位素 200~201页, 改进的原子模型 216~221页, 合成元素 230~231页, 超铀元素 250~253页。

完全归功于日本理化学研究所, 但镆、砀和氪的发现要归功于美国和俄罗斯团队的合作, 他们共同努力, 共享必要材料以制造新元素。

实际问题

在理论上, 制造超重元素听起来很简单。科学家需要将两种元素的原子结合在一起, 这两种元素的质子数之和与新元素的相同。但这并不像将两个原子放在一起那么简单。

为了让两个原子的原子核融合在一起形成一个更大的原子核, 它们必须以非凡的速度相互撞击, 才能有足够的能量来克服带正电荷的质子之间的静电排斥力。

元素的发现历来是化学家的领域, 但合成超重元素需要使用物理学家的关键工具——名为"回旋加速器"的粒子加速器。

在实验室中, 回旋加速器将所要结合的一种元素原子的原子

当回旋加速器中的加速离子束射向靶标时, 不需要的副产物会被分离出来, 如果发生成功的碰撞, 新生成的元素就会进入检测器进行识别。

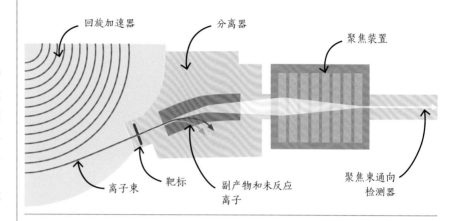

核发射向另一种元素的原子组成的靶标。轰击速度大约是十分之一光速。大多数高能碰撞以两个原子核都粉碎而告终, 但在极少数情况下, 两个碰撞的原子核会融合形成新元素的原子核。

即使是这样的描述也让任务听起来比实际的容易得多。有时, 新元素的放射性衰变速度快到无法

检测, 因此识别这些碰撞产生的新元素的原子耗时很长。

富中子同位素

由于创造和检测超重元素原子的机会如此稀少, 以至于致力于制造它们的科学家必须设法提高有利的机会出现的概率。

提高新形成的原子稳定性的

为了制造砀, 科学家向锫靶发射了钙-48。聚变形成的复合核失去了3个中子, 形成了具有117个质子和177个中子的超重元素砀。

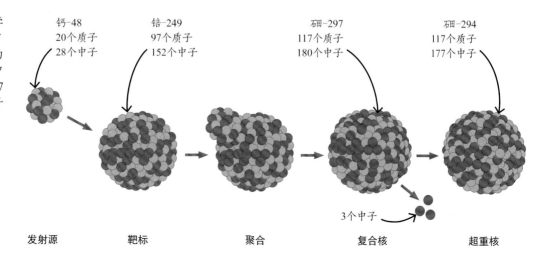

一种方法是，使用富含中子的同位素作为发射源和靶标。例如，2015年12月确认的4种元素中的3种的合成，都使用了钙-48作为发射源。这是钙的一种同位素，具有20个质子和28个中子。撞击后，新产生的原子会首先失去中子，而不是立即衰变，这使得检测更容易。不过，这项技术并不便宜：2022年，钙-48每克的成本超过25万美元。

最后，即使是检测过程，也具有挑战性。尽管我们讨论的是检测新元素的原子，但现实情况是，这些原子因存在时间太短暂而无法被直接获取。它们会经历放射性衰变，形成一个独特的衰变链，科学家需要逆向追溯以确定原始的衰变元素。

目前，元素周期表第7行最后一种元素的发现让元素周期表看起来完整了。但是，那些创造超重元素的科学家的工作还没有完成——他们相信超越氮的元素会被发现，

寻找超重元素

超重元素不是直接检测到的，其存在是从特征放射性衰变链的证据中推断出来的。首先，实验产生的任何超重元素原子必须与其他产物分离，这是使用电场或磁场完成的。超重元素通常会经历α衰变，即其原子核会失去一个由两个质子和两个中子组成的α粒子（氦核）。较轻的合成核可以再次发生α衰变或β衰变，或者在某些情况下它可能会发生裂变并分裂成两个较小的原子核。

探测器可以检测超重元素原子产生的衰变产物和裂变产物。它们会记录每个单独的事件，并使研究人员可以沿着衰变链一路回溯到原始原子核。衰变链的确认可以作为新元素已经产生的证据。

他们甚至认为有些后续元素的存在时间可能比目前已知的超重元素还要长。

原子核的结构

原子的组成部分会影响原子的稳定性。具有饱和最外电子壳层的原子，如稀有气体，特别稳定。在学校化学课上，师生关注的重点是电子在电子壳层中的排列方式，而包含质子和中子的原子核通常被视为均质的团状。

历史上也是如此，直到科学家注意到，正如特定数量的电子会产生更稳定的原子一样，具有特定数量质子和中子的原子也是如此。

1949年，德裔美国理论物理学家玛丽亚·格佩特·梅耶和德国核物理学家汉斯·詹森各自独立论证了原子核结构的数学模型。这一结构是由不同能级的单个核壳层组成的，其中成对的中子和质子耦合在一起。

为了简单地解释这种结合，梅耶用"华尔兹舞伴"做了一个精彩的类比："舞厅中的所有舞者都走一条路径，那就是你的轨道。然后每一对舞者又在舞池中转圈，这就是你的自旋。"

她继续进行类比，解释说，就像华尔兹舞者更容易在一个方向上跳舞一样，在原子核中，"每个粒子都以与所有粒子在轨道上运行方向相同的方向自旋"。这被称

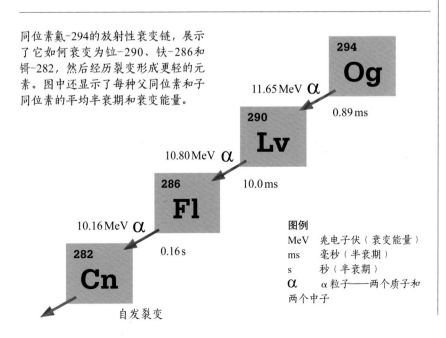

同位素氮-294的放射性衰变链，展示了它如何衰变为铊-290、铁-286和镉-282，然后经历裂变形成更轻的元素。图中还显示了每种父同位素和子同位素的平均半衰期和衰变能量。

294
Og
11.65 MeV α
0.89 ms

290
Lv
10.80 MeV α
10.0 ms

286
Fl
10.16 MeV α
0.16 s

282
Cn
自发裂变

图例
MeV　兆电子伏（衰变能量）
ms　毫秒（半衰期）
s　秒（半衰期）
α　α粒子——两个质子和两个中子

> 获奖并不像工作本身
> 那么令人兴奋。
>
> 玛丽亚·格佩特·梅耶
> 诺贝尔奖获得者

为"自旋-轨道耦合"。

　　梅耶和詹森的模型解释了为什么某些数量质子和中子的组合比其他配置更稳定。正如具有完整最外电子壳层的原子更稳定一样，具有完整核壳层的原子也很稳定。梅耶的一位同事、匈牙利裔美国物理学家尤金·维格纳（Eugene Wigner）创造了"幻数"一词来指代这些完整的核壳层——具有 2、8、20、28、50、82 或 126 个质子或中子的原子核。质子数或中子数为这些幻数之一的原子核比任何其他原子核都要稳定。如果原子核中质子和中子的数量都是幻数，则原子核被称为"双幻核"。

　　这些幻数是超重元素研究背后的关键驱动力。制造超重元素的部分目标是制造过程本身：大多数超重元素只存在几秒钟或几分之一秒，因此它们永远不会在实验室之外得到应用。但幻数也代表了一种诱人的可能性，即所谓的"稳定岛"——元素的同位素可能存在几分钟、几小时甚至更长时间。

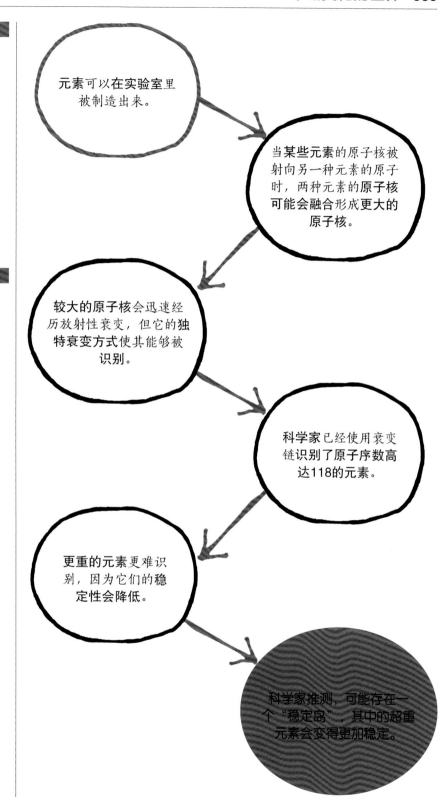

到达"稳定岛"是一项挑战。部分问题在于要知道超重元素的幻数是多少。我们通常假设原子核是球形的，但现在人们认为超重元素的原子核不是球形的，这可能会导致幻数发生偏移，甚至导致出现额外的幻数。

科学家曾经预测（并希望）114号元素，即铁（flerovium），可能含有幻数数量的质子，因此它将比它的邻居更稳定。然而，随后的研究使这一希望破灭了。"稳定岛"的下一个潜在候选者是120号元素，但尚未被合成。

创造一种比当前元素周期表中最后一种元素氟多两个质子的元素，听起来可能不是一项艰巨的任务。然而，超重元素"猎手们"在他们目前可用的合成方法上遇到了障碍。

创造超越氟的元素需要比钙-48质子更多的原子核作为发射源。钙-48在115、117和118号元素的发现中被用作发射源。此外还需要更重的靶标，要获得足够的数量

"稳定岛"被认为是大约112个质子和184个中子。该图显示了已知和预计的超重元素稳定性；颜色越深表示稳定性越高。

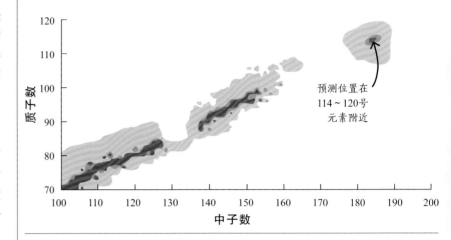

预测位置在114～120号元素附近

可能更难。

科学家正在努力创造119号和120号元素，他们用钛原子（22号元素）核撞击锫（97号元素）或锎（98号元素）原子。这两种靶标材料都只能在专门的核反应器中以毫克级的数量生产。尽管他们仍然相信119号和120号元素将在未来几年内被制造出来，但合成元素时代开始以来，我们正处于发现新元素之间的最长时间间隔中。

方向改变

全世界只有少数实验室拥有超重元素合成所需的资金和设备，近年来，其中一些实验室已经减少了生产更多元素的尝试。超重元素研究的重点越来越多地转向了解那些已鉴定元素的不寻常特性。这种研究途径不是为了扩展元素周期表，而是为了使我们完全解析支配其结构的规则。

通常，元素原子的行为方式与我们的简单模型预测的方式相同，但偶尔也会出现奇怪的情况。随着原子变得越来越重，它们的电子移动得越来越快，最终达到接近光速的速度，科学家在处理它们时不得不考虑爱因斯坦的广义相对论。

由于相对论效应，以这种速度运动的电子的质量大于静止时电子的质量，这会导致原子轨道尺寸的收缩。一个日常的例子是黄金，这种收缩意味着金原子的两个最高能量原子轨道之间的能量差与蓝光相当。因此，金原子中的电子会吸收蓝紫光，而反射红色和橙色的光

冷聚变和热聚变

有两种方法被用来制造107～118号元素。第一种是冷聚变（与室温下核聚变的奇幻概念无关）。这种方法使用大小相似的发射原子核和靶标原子核，如铅或铋的靶标，以及质量数超过40的发射原子核。将大小类似的原子核结合可以减少聚变所需的能量。生成的原子核不需要失去中子以变得更稳定。这继而使检测新元素的同位素变得更加容易。

第二种是热聚变。热聚变使用不太相似的发射原子核和靶标原子核。质子数和中子数均为幻数的钙-48通常被用作发射源，而更重的元素锔、锫和锎则被用作靶标。质量上的巨大差异增加了原子核融合的机会。最近使用更强烈的发射束使这种技术成为可能。

并呈现金色。

相对论效应影响的不仅仅是元素的颜色，还有元素的性质。元素周期表的组织由周期性支配——元素的属性遵循可预测和重复的模式。

元素周期表中特定族的元素有特定的行为方式。例如，化学家预计第1族碱金属都容易与水反应，而他们预计第18族元素几乎不会与任何物质发生反应。然而，现在有证据表明，超重元素受到的相对论效应影响，可能会扰乱这种预期。

惊人的行为

镉（112号元素）是合成超重元素中寿命较长的元素之一，因此化学家能够更详细地探测其性质，并得到了惊人的结果。在元素周期表中，镉位于汞（80号元素）之下。

汞本身会受到相对论效应的影响，这就是为什么它是元素周期表中唯一在室温下呈液态的金属。计算机模拟表明，镉应该表现得像稀有气体，这与其在元素周期表中的位置不符，但镉像汞一样在室温下是液体。

同时，作为稀有气体类别的超重元素氭，在预测中完全不像稀有气体，相反，计算机预测它是一种金属半导体，并且它所受到的相对论效应非常强，以至于它的电子壳层结构在很大程度上消失了。

这很重要。电子壳层中电子的数量和排列决定了元素的反应性。如果这种结构对于118号元素及以后的元素变得不适用，那么元素周期表预测元素特性的能力基本上就变得无用了。

很多问题有待回答

就氭而言，鉴于其最稳定的同位素会在不到1毫秒的时间内衰变，科学家似乎不太可能通过实验证实这些预测。但对于镉是有可能的，因为其最稳定同位素的半衰期约为30秒。

有趣的是，计算机模拟产生的

> 如果你回顾过去几十年，人们大约每三年就会制造出一种新元素——直到现在。

佩卡·皮克

预测提出了有趣的问题，即元素周期表中较重的区域是否会违反门捷列夫在150多年前组织它的标准？

为了明确地回答这个问题，化学家需要的不仅仅是迄今为止生产的有限数量的超重元素原子。俄罗斯科学家建造了一个超重元素工厂，目的是生产更多的超重元素的同位素——达到每天最多100个原子，而不是每周一个。

超重元素研究人员仅使用有限数量的原子就发现了如此奇特的化学性质，谁知道他们在未来几年里会发现什么奇特的东西呢？ ■

核物理学家乔治·弗莱罗夫（最左边）和尤里·奥加涅相拥有以他们的名字命名的超重元素，分别是114号元素铁和118号元素氭。

人类对抗病毒

新型疫苗技术

背景介绍

关键人物
卡塔林·考里科（1955—）

此前

1796年 英国医生爱德华·詹纳（Edward Jenner）为一名13岁的男孩接种了牛痘，从而保护他免受天花的侵害。这一做法开启了现代疫苗学科学。

1931年 美国病毒学家艾丽丝·迈尔斯·伍德拉夫（Alice Miles Woodruff）和欧内斯特·古德帕斯特（Ernest Goodpasture）在一个鸡胚中培养了一种病毒。该技术后来被用来制造其他病毒疫苗。

1983年 美国生物化学家凯利·穆利斯开发了聚合酶链反应以制造大量遗传物质。

2020 年年初，在应对新型冠状病毒感染大流行的紧急情况时，解决问题的主要方法很明显是疫苗。但这种希望似乎遥不可及，因为以前开发速度最快的疫苗——腮腺炎疫苗——花了四年时间。然而，到2020年12月初，已有几种疫苗在大规模人体试验中显示出比较好的效果。

人体免疫系统的防御需要白细胞寻找可识别的感染细胞。白细胞只有之前遇到过病原体（使宿主致病的各类微生物的通称）才能这样做。疫苗接种使我们的免疫系统暴露于病原体的弱化、死亡或碎片

参见：分子间力 138~139页，酶 162~163页，抗生素 222~229页，生命化学物质 256~257页，DNA的结构 258~261页，聚合酶链反应 284~285页，定制酶 293页。

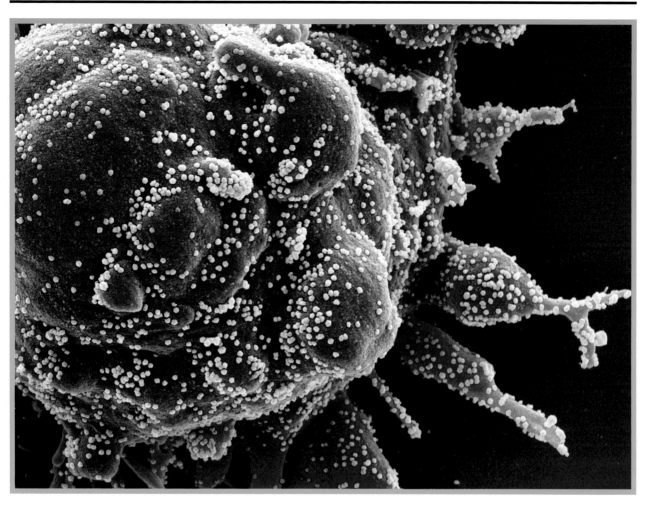

人体细胞上的病毒颗粒在图中以黄色显示。

形式下。这些形式可以安全地激发我们的免疫系统，而不会引起任何疾病。减毒疫苗、灭活疫苗、亚单位疫苗和结合疫苗使用病原体的失能形式或无活性片段。

相比之下，mRNA疫苗和病毒载体疫苗都是重组疫苗，它们与我们细胞中读取基因的生物机器一起工作。它们将疫苗蛋白的遗传指令

传递到我们的细胞中，从而产生疫苗蛋白。

调控响应

mRNA的英雄之旅始于1990年。当时，匈牙利生物化学家卡塔林·考里科（Katalin Karikó）提议，将其用作基于DNA的基因治疗的替代方案。基因治疗寻求产生永久性的改变，以指引细胞制造新的蛋白质并将人变成自己的"药物工厂"。然而，mRNA负责从

（截至2023年5月5日）新冠疫情已在全球造成6921614人死亡……

世界卫生组织

卡塔林·考里科是mRNA疗法的专家。

DNA中转录遗传信息，并向细胞的蛋白质制造机器发出指令。因此，mRNA可以在不永久改变基因的情况下建立体内"药物工厂"。

mRNA的工作原理

当mRNA被注入人体而不是让人体自己制造时，检测病毒的"免疫传感器"会注意到，并且细胞会关停它们的蛋白质生产。2005年，

现在有很多我们需要做并且有能力做的疫苗开发工作。

莎拉·吉尔伯特

考里科在与她的同事、美国免疫学家德鲁·韦斯曼（Drew Weissman）合作时，发现避免这种关停非常简单。与DNA一样，mRNA有四种组成部分，其中一种为DNA不使用的物质——尿嘧啶（代替了胸腺嘧啶）。考里科和韦斯曼将尿嘧啶换成了假尿嘧啶。使用假

尿嘧啶制成的mRNA可以逃避"免疫传感器"。

为了制造药物或疫苗，病毒学家还必须保护mRNA在患者体内不被分解，然后才能发挥作用。他们的解决方案是将mRNA包裹在脂质分子中，形成微小的纳米颗粒球。

---

mRNA疫苗

这种类型的疫苗利用了我们的细胞制造蛋白质的过程。这个过程从我们的基因所在的DNA分子开始。在细胞核中，酶将构成DNA双螺旋的两条链分开。其他酶使用解开的DNA链作为模板来制造匹配的mRNA链。mRNA从细胞核转移到细胞的核糖体，这种生化工厂可以读取mRNA的遗传密码以制造蛋白质。在实验室中，科学家可以制造出编码其他蛋白质的mRNA，并将其

传送到细胞核糖体。mRNA疫苗包含刺突蛋白的遗传指令，病毒正是通过该蛋白吸附并进入我们的细胞的。核糖体接受这些指令并制造刺突蛋白，刺突蛋白会附着在细胞表面。接下来，免疫系统会识别并制造针对刺突蛋白的抗体，而不会引起感染。免疫系统还会制造更多可以杀死病毒感染细胞的白细胞。

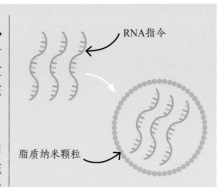

RNA指令

脂质纳米颗粒

编码病毒刺突蛋白的合成mRNA受到脂质纳米颗粒的保护，可防止人体分解它。

脂质纳米颗粒仍然是mRNA疫苗面临的最大挑战之一，原因有两个。首先，它们很难制造，这会减慢mRNA疫苗的制造速度。其次，脂质纳米颗粒在室温下不稳定。这些挑战反映了一个事实，即这项技术刚刚成熟，到可以广泛使用还有很长的路要走。

使用病毒载体

使用腺病毒作为病毒载体的技术源于牛津大学詹纳研究所的疫苗学家团队多年的研究。该团队由英国科学家莎拉·吉尔伯特（Sarah Gilbert）和爱尔兰研究者阿德里安·希尔（Adrian Hill）领导。2014年，该团队利用该技术开发了一种潜在的疫苗，旨在对当年的非洲埃博拉病毒做出快速反应。他们未能在疫情结束前完成试验，但获得了宝贵的经验。吉尔伯特继续研究可引起一种名为"中东呼吸综合征"（MERS）的疾病的冠状病毒，该冠状病毒于2012年首次被检测到。

> mRNA可以指引细胞制造蛋白质，帮助我们的**免疫系统**识别**病毒**。

⬇

> 我们的**免疫系统**可以识别出我们的细胞没有制造的mRNA，并关闭蛋白质的生产。

⬇ ⬇

> 科学家可以改良mRNA，使免疫系统无法识别它。

> **病毒载体**自然地将遗传指令传递到细胞内。

⬇ ⬇

> 用这些方法使人体细胞制造刺突蛋白可以实现有效的疫苗。

安全性和有效性

与活疫苗不同，病毒载体不能自我复制。这意味着需要使用大量病毒载体才能使它们有效，但这有助于确保它们的安全性。很多机构之所以能够迅速推出有效的疫苗，是因为吉尔伯特、希尔、考里科和韦斯曼等研究人员早已在研究相关的创新技术。这表明即使是重要性不明确的研究也可以改变世界。■

病毒载体疫苗

与mRNA疫苗一样，病毒载体疫苗利用了我们身体自然制造蛋白质的方式。在这种情况下，为了让RNA进入我们的细胞，科学家将它添加到另一种病毒（病毒载体）的遗传物质中。这种新的、改变的病毒被称为"重组病毒"。

一旦病毒蛋白RNA进入细胞，核糖体——遵循任何来源的指令——就会按照指示制造病毒蛋白。这会引起免疫反应，训练我们身体的免疫系统来识别病毒。如果我们之后感染了这种病毒，免疫系统就会对它做出更快的反应。

病毒载体疫苗的效果不如mRNA疫苗。然而，未来对抗病毒感染的疫苗可能并非如此。因此，拥有不止一种类型的疫苗很重要，因为病毒学家不知道下一次大流行会是什么形式。

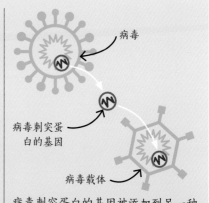

病毒刺突蛋白的基因被添加到另一种病毒的遗传物质中，该病毒经过基因改造，不会引起疾病。

DIRECTORY

人名录

人名录

本书已经介绍的关键人物只是在化学发展中发挥作用的众多人物中的一小部分。以下按时间顺序列出了其他的主要贡献者。其中包括那些做出重大发现的人，从已知第一个分离出新元素的亨尼格·布兰德，到通过合成有机分子的新技术彻底改变工业化学的铃木章（Akira Suzuki）。有些人找到了使用化学治疗疾病的方法，例如，爱丽丝·鲍尔（Alice Ball）发现了治疗麻风病的药，保罗·埃利希发明了治疗梅毒的药。有些人是伟大的教育家，例如，简·马塞特（Jane Marcet）让数百万人接触到了化学，乔治·华盛顿·卡弗（George Washington Carver）对植物和土壤化学的理解帮助了无数农民。

亨尼格·布兰德
约1630—约1710年

关于德国炼金术士布兰德的早年经历，人们知之甚少。他可能出生在德国汉堡，参加了"三十年战争"（1618—1648年），并担任过医生。布兰德还坚持追寻点金石，这种物质被认为可以将普通金属变成黄金。在1669年的一项实验中，他将大量尿液煮沸并产生了白色固体残留物。这种物质会在黑暗中发光，因此布兰德将其命名为"磷"——来自希腊语。事实上，布兰德发现了一种新元素，他是已知的第一位发现化学元素的人。

参见： 制造黄金的尝试 36~41页。

约翰·贝歇尔
1635—1682年

贝歇尔是17世纪最有影响力的炼金术士之一。他是一位德国路德教会牧师的儿子。1669年，贝歇尔发表了《物理种属》，调查了矿物和其他物质的性质。他提出材料由三种"土"组成——玻璃化的、汞的和可燃的，且所有易燃材料都包含"肥土"或"火元素"，在燃烧过程中会被释放或"解放"。这种物质在18世纪被重新命名为"燃素"。贝歇尔后来试图将沙子变成黄金。

参见： 制造黄金的尝试 36~41页，燃素 48~49页，氧气的发现和燃素的消亡 58~59页。

埃蒂安·杰弗里
1672—1731年

法国医生、化学家和药剂师埃蒂安·杰弗里是第一位考虑化学亲和力或不同物质之间固定吸引力的科学家。他于1718年提出的亲和表是许多此类表中的第一个。杰弗里表中的每一列都以一种元素或化合物为首；其他可与之反应的化学物质按亲和力从大到小依次列在下面。直到18世纪后期，亲和表才成为权威参考。

杰弗里的亲和表伴随着炼金术向科学化学的转变，一些人认为这张表标志着化学革命的开始。杰弗里后来成为巴黎皇家公园的化学教授，并驳斥了炼金术的某些方面，如对点金石的信仰。

参见： 制造黄金的尝试 36~41页，反应为什么会发生? 144~147页。

丹尼尔·卢瑟福
1749—1819年

1772年，苏格兰化学家卢瑟福在英国爱丁堡大学研究他的博士论文时，使用火焰从密封容器中去除了"良好空气"（氧气），并将剩余的气体通过溶液以去除"固定空气"（二氧化碳）。剩余的气体既不能维持生命，也不能燃烧。他称之为"有毒空气"，但我们现在将其称为"氮气"。他于1783年与他人共同创立了爱丁堡皇家学会，并在植物学和医学领域取得了成功。

参见： 固定空气 54~55页，氧气的发现和燃素的消亡 58~59页。

简·马塞特
1769—1858年

马塞特出生于伦敦，原名简·哈尔迪曼德（Jane Haldimand），父母是瑞士人，她在参加了英国化学家汉弗莱·戴维的课程后成为一名科学作家。1805年，马塞特匿名出版了《化学谈话》，该书讲述的是一位教师和两名女学生之间探索科学基础的一系列虚构对话。马塞特是为女孩写的这本书，但此书的影响范围非常广。几乎没有受过正规教育的英国化学家迈克尔·法拉第在担任装订工时受到了这本书的启发。

《化学谈话》在英国和美国成为畅销书，是女子学校的标准教材，并被翻译成法语和德语。马塞特后来继续撰写了《政治经济学谈话》（1816年）和《蔬菜生理学谈话》（1829年）。

参见： 易燃空气 56~57页，氧气的发现和燃素的消亡 58~59页。

奥古斯特·阿韦德松
1792—1841年

当瑞典矿物学家阿韦德松开始在斯德哥尔摩皇家矿业委员会工作时，他遇到了瑞典人永斯·雅各布·贝采利乌斯。贝采利乌斯是19世纪初最杰出的化学家之一。贝采利乌斯允许阿韦德松进入他的实验室。1817年，阿韦德松在那里分析了矿物"透锂长石"的成分。除了铝、硅和氧，他还发现了一种新元素，可以形成与钠和钾相似但又不同的盐。他将新元素称为"锂"，但无法将其分离出来。四年后，英国化学家威廉·布兰德（William Brande）实现了这一目标。

参见： 用电分离元素 76~79页，锂离子电池 278~283页。

卡尔·莫桑德
1797—1858年

瑞典出生的莫桑德最初接受过医生培训，但后来他成为斯德哥尔摩瑞典皇家科学院的矿物馆长。1832年，他成为该市卡罗林斯卡学院的化学和矿物学教授，他的导师是永斯·雅各布·贝采利乌斯。

1839年，莫桑德在研究氧化铈样品时意识到，虽然其中大部分是不溶的，但有些是可溶的，他推断这是一种新元素的氧化物。这是第三种被发现的稀土元素，莫桑德将其命名为"镧"，来自希腊语lanthanein，意思是"隐藏的"。四年后，他分

离出了另外两种稀土元素——铒和铽。他还认为自己发现了另一种元素，但后来证实那（钕镨化合物）是氧化物的混合物。

参见： 元素周期表 130~137页。

查尔斯·固特异
1800—1860年

自学成才的化学家固特异，从他父亲在美国康涅狄格州的五金生意起步。他对开发改进橡胶的新技术产生了兴趣，想要使印度橡胶（乳胶）强度更高、黏性更小、更不易受极热和极冷的影响。1839年，在一次实验中，他不小心将一些与硫黄混合的橡胶掉落在了热炉上，由此发现了制造耐磨橡胶（如用于汽车轮胎的橡胶）的工艺。他于1844年为他的发明申请了专利（后来被命名为"硫化"）。可悲的是，他的专利遭到了广泛的侵犯，当其他人因他的发现而变得富有时，固特异却因法律费用而负债累累。

参见： 聚合 204~211页。

卡尔·雷米吉乌斯·费森尤斯
1818—1897年

作为化学分析的先驱，德国化学家费森尤斯设计了一种系统的方法来鉴定化学物质混合物的成分。1841年，他出版了第一版《定性化学分析手册》。后来他转到吉森大学，担任德国著名化学家尤斯图斯·

冯·李比希的助手。1862年，费森尤斯创办了《分析化学杂志》，这可能是世界上第一份专业的化学期刊。他一直编辑这份期刊到去世，那时，他的《定性化学分析手册》已经经历了16版并被翻译成了多种语言。

参见： 色谱法 170~175页。

路易斯·巴斯德
1822—1895年

巴斯德出身卑微，但后来成为19世纪最伟大的科学家之一。他最出名的成就是在微生物学方面的发现，尤其是细菌会引起疾病——细菌理论的核心。他还发明了巴氏杀菌法，并研制了狂犬病和炭疽的疫苗。

巴斯德的第一项研究将偏振光应用于化学分析过程。在研究葡萄酒的发酵过程时，他发现了两种物质（酒石酸和对酒石酸）具有相同的化学成分，但它们的原子在空间中的排列方式不同，彼此互为镜像——它们是旋光异构体。他证明了，要了解一种物质的性质，不仅要研究其成分，还要研究其结构。

参见： 异构现象 84~87页，立体异构 140~143页，抗生素 222~229页，新型疫苗技术 312~315页。

尤利尔斯·洛塔尔·迈耶尔
1830—1895年

德国化学家迈耶尔从1859年开始教授化学。五年后，他发表了《现代化学理论》，提出了元素的

周期性分类。他按原子量排列了28种元素，并研究了元素的重量与其性质之间的关系。迈耶尔在1868年和1870年进一步发展了他的想法，但此时俄国化学家德米特里·门捷列夫已经发表了他自己的元素周期表。从1876年到去世，迈耶尔一直是蒂宾根大学的化学教授。

参见： 元素周期表 130~137页。

威廉·克鲁克斯
1832—1919年

英国物理学家和化学家克鲁克斯最出名的是他在真空管方面的工作（克鲁克斯管以他的名字命名），可能是在遇到迈克尔·法拉第之后，他的注意力被吸引到了光学物理领域。克鲁克斯很富有，几十年来在他自己设备齐全的实验室里不知疲倦地工作。他的大部分研究涉及火焰光谱学。他在1861年发现了后过渡金属铊。他在一些不纯硫酸的光谱中看到了一条绿线，并意识到这代表着一种新元素。

参见： 火焰光谱学 122~125页。

亨利·莫瓦桑
1852—1907年

1884年，在巴黎药学院工作的法国化学家莫瓦桑开始研究氟化合物。无机化学中一个尚未解决的大问题是分离氟——元素周期表中最活泼的元素。氟是一种有剧毒的气体。1886年，莫瓦桑因电解氟化氢

钾和氢氟酸溶液而数次中毒。因分离了氟和发明了电炉，他获得了1906年的诺贝尔化学奖。

参见： 用电分离元素 76~79页，电化学 92~93页，反应为什么会发生？ 144~147页。

保罗·埃利希
1854—1915年

德国医生和化学家埃利希注意到，他用于染色细胞的苯胺化学染料有选择性。埃利希意识到这揭示了不同的细胞类型和不同的化学反应，以及一些化学物质可以治疗疾病。他开发了一系列染料来区分不同的血细胞，并发现身体中的细胞耗氧量是不同的。因为在免疫方面的工作（使用了血细胞中的抗体），埃利希获得了1908年的诺贝尔生理学或医学奖。1907年，埃利希实验室合成的一种化学物质（"化合物606"）被证明是一种非常有效的梅毒治疗药物。这种药物后来被称为"砷凡纳明"，是抗菌化学疗法的第一个重大突破。

参见： 抗生素 222~229页，化疗 276~277页，新型疫苗技术 312~315页。

卡尔·奥尔·冯·韦尔斯巴赫
1858—1929年

1885年，奥地利化学家韦尔斯巴赫使用分级结晶法，将钕镨合金（此前被认为是一种元素）分离成了两种稀土元素：一种绿盐，他称

之为镨，一种粉红色盐——钕。同年，他获得了一种气灯罩的专利，其中使用了另一种稀土元素镧。韦尔斯巴赫是独立发现稀土元素镥的三位化学家之一，但这一发现最终被归功于法国化学家乔治斯·于尔班。

参见： 稀土元素 64~67页。

乔治·华盛顿·卡弗
约1864—1943年

非裔美国人卡弗在奴隶制废除前一年出生，在美国艾奥瓦农业学院和示范农场学习农业科学。1894年，他是美国首批获得科学学位的黑人之一。后来他在艾奥瓦州农业和家政实验站，以及亚拉巴马州的塔斯吉师范和工业学院任教。尽管他以开发花生的多种用途而闻名，但他最有价值的工作是土壤化学。卡弗开发了一些技术，通过种植固氮花生、大豆和番薯等方式来为因多年单一种植棉花而枯竭的土壤补充肥力。

参见： 肥料 190~191页。

爱丽丝·鲍尔
1892—1916年

鲍尔出生于美国西雅图，获得了药物化学和药学的学位。然后在夏威夷学院，她成为第一位获得化学硕士学位的非裔美国人，并在23岁时成为该机构的第一位女性化学老师。在那里，鲍尔开发了第一

种对麻风病有效的治疗方法——注射从大风子树中提取的油溶液。"鲍尔法"被成功使用了三十多年，直到磺胺类药物被引入。鲍尔从未看到她的疗法的真正效果：她在不慎吸入氯气后于次年死亡。学院的院长最初声称是他自己的发现，鲍尔的贡献直到1922年才被正式认可。

参见： 官能团 100~105页，抗生素 222~229页。

伊雷娜·约里奥–居里
1897—1956年

作为法国物理学家玛丽·居里和皮埃尔·居里的女儿，伊雷娜·约里奥-居里在第一次世界大战期间与母亲一起在流动战地医院操作X光机。然后，她在父母位于巴黎的镭研究所学习化学，撰写了关于钋辐射的博士论文。她与丈夫弗雷德里克·约里奥一起研究放射性和元素的衍变。1935年，他们因发现可以从稳定的元素合成新的放射性元素而分享了诺贝尔化学奖。1938年，约里奥-居里关于中子对重元素作用的工作，是铀裂变发展的重要一步。和她的母亲一样，约里奥-居里死于工作过程导致的白血病。

参见： 放射性 176~181页，合成元素 230~231页，核裂变 234~237页。

珀西·朱利安
1899—1975年

非裔美国化学家朱利安是化学合成植物药物的先驱。20世纪20年代美国的种族主义意味着朱利安无法在主要大学获得职位，尽管他获得了哈佛大学的奖学金。1929年，他获得了洛克菲勒基金会的奖学金，并前往维也纳大学学习，最终于1931年获得了博士学位。

回到美国后，朱利安发展了自己的技术，从大豆油中分离的化学物质开始，合成性激素黄体酮和睾酮。他还开发了一种廉价的、以大豆为基础的可的松替代品，用于缓解疼痛。1953年，他成立了自己的研究公司"朱利安实验室"。他仍然必须与种族主义做斗争。20世纪50年代，他在芝加哥的房子至少遭到过两次袭击。

参见： 官能团 100~105页，避孕药 264~265页。

塞韦罗·奥乔亚
1905—1993年

西班牙内战以及后来第二次世界大战的爆发限制了欧洲的研究机会，因此，西班牙生理学家和生物化学家奥乔亚于1941年去了美国。他后来成为美国公民。奥乔亚的研究重点是他感兴趣的"酶和蛋白质合成"。1955年，在纽约大学医学院，他和同事玛丽安·格兰贝格-马纳戈（Marianne Grunberg-Manago）发现了一种可以连接核苷酸的酶，

核苷酸是RNA（核糖核酸）和DNA（脱氧核糖核酸）的组成部分。他们的发现使人们能够更好地理解遗传信息是如何被翻译的。为此，他获得了1959年诺贝尔生理学或医学奖。

参见： 酶 162~163页，DNA的结构 258~261页。

弗雷德里克·桑格
1918—2013年

英国生物化学家桑格有时被称为"基因组学之父"，他是唯一一位两次获得诺贝尔化学奖的科学家。1943年，他开始在英国剑桥大学研究蛋白质胰岛素。1955年，他确定了构成胰岛素分子的独特氨基酸序列，并因此于1958年获得了他的第一个诺贝尔化学奖。这项工作为理解DNA编码在细胞中制造蛋白质的方式提供了关键线索。

1977年，桑格开发了一种技术以确定DNA分子内的核苷酸序列，进而可以绘制出生物基因组图谱。由于这项工作，他获得了1980年的诺贝尔化学奖。

参见： DNA的结构 258~261页，聚合酶链反应 284~285页，编辑基因组 302~303页。

铃木章
1930年—

1979年，在担任日本北海道大学应用化学教授期间，铃木章与化学家宫浦宪夫（Norio Miyaura）合作，使用钯作为催化剂，通过键合碳原子合成有机大分子。这种被称为"铃木反应"（或"铃木-宫浦反应"）的交叉偶联反应，能够生产联芳、烯烃和苯乙烯，对有机化学有着巨大的影响，在工业化学和制药工业中非常重要。铃木反应的产物在纳米技术中可能很重要。由于这项工作，铃木章与日本化学家根岸英一（Ei-ichi Negishi）、美国化学家理查德·赫克（Richard Heck）分享了2010年的诺贝尔化学奖。

参见： 催化 69页，官能团 100~105页。

屠呦呦
1930年—

1969年，屠呦呦接受了寻找治疗疟疾的新方法的任务，因为疟原虫已对抗疟药氯喹产生了抗药性。

艾草（青蒿）自古就被用于中药。1972年，屠呦呦的团队从其中分离出了一种关键化学物质——一种她称之为"青蒿素"的内酯。它通过阻断蛋白质合成来杀死寄生虫。次年，她的团队分离出了双氢青蒿素。这些化合物催生了新一代抗疟疾药物，挽救了数百万人的生命。2015年，屠呦呦因"过去半个世纪最重要的药物干预"而获得了诺贝尔生理学或医学奖。

参见： 官能团 100~105页。

詹姆斯·哈里斯
1932—2000年

非裔美国化学家哈里斯于1953年毕业，但他仍需努力寻找科学研究工作。1960年，他受雇于美国加利福尼亚大学伯克利分校的劳伦斯放射实验室，负责寻找超铀（超重）元素。他和团队在1969年分离出了104号元素（𬬻），在1970年分离出了105号元素（𬭊），他是第一个为发现新元素做出贡献的非裔美国人。在后来的职业生涯中，哈里斯将他的大部分空闲时间用于鼓励年轻的非裔美国科学家。

参见： 超铀元素 250~253页。

格哈德·埃特尔
1936年—

在慕尼黑大学卓越的电化学家海因茨·格里舍（Heinz Gerischer）的建议下，德国化学家埃特尔从20世纪60年代开始研究新兴学科"表面科学"，尤其是固气界面。多年来，他研究了表面化学反应加速的原因，并开发了超纯真空技术来帮助研究表面化学反应。他的研究应用包括改进哈伯-博施法以合成氨，以及提高氢燃料电池的性能。埃特尔于1986—2004年担任柏林弗里茨·哈伯研究所所长。他因在固体表面化学过程方面的工作而获得了2007年的诺贝尔化学奖。

参见： 肥料 190~191页。

玛格丽塔·萨拉斯
1938—2019年

1964—1967年，西班牙生物化学家萨拉斯是美国纽约大学塞韦罗·奥乔亚实验室团队的一员，研究将遗传信息从DNA传递到蛋白质的复制、转录和翻译机制。她后来回到西班牙。1977年，在马德里的塞韦罗·奥乔亚分子生物学中心（CBMSO），萨拉斯和生物化学家路易斯·布兰科（Luis Blanco）开发了一种新的DNA复制机制。与聚合酶链反应相比，"多重置换扩增"能够实现更快、更准确的DNA检测。萨拉斯的方法只需要微量的DNA片段即可生成大量全基因组副本，因此非常适合法医分析、肿瘤突变鉴定和化石遗传分析。

参见： DNA的结构 258~261页，聚合酶链反应 284~285页。

阿达·约纳特
1939年—

约纳特出生于一个贫穷的以色列家庭，在耶路撒冷希伯来大学学习化学、生物化学和生物物理学，并在魏茨曼科学研究所学习X射线晶体学（XRC）。约纳特使用XRC来检测核糖体（细胞中的蛋白质工厂）的原子结构和功能。她还开发了低温晶体学技术来限制XRC对蛋白质的辐射损伤，并研究了抗生素的原子结构。由于在核糖体结构方面的贡献，她获得了2009年的诺贝尔化学奖。

参见： X射线晶体学 192~193页，生命化学物质 256~257页，蛋白质晶体学 268~269页。

丹·舍特曼
1941年—

1982年，以色列材料科学家舍特曼在美国马里兰州国家标准与技术研究院（NIST）做访问研究员时，注意到了铝锰合金中的奇怪衍射图像。这些图像是有序的，但不是周期性的或重复的——这表明了一种以前未知的、在晶体中堆叠原子和分子的方式。这种物质后来被命名为"准晶体"。准晶体的应用范围从不粘锅到将热能转化为电能的材料。由于此发现，舍特曼获得了2011年的诺贝尔化学奖。

参见： X射线晶体学 192~193页，化学成键 238~245页。

艾哈迈德·泽维尔
1946—2016年

1976年，埃及裔美国化学家泽维尔开始在美国加州理工学院工作。他的团队使用了千万亿分之一秒（飞秒）的超快激光脉冲来引发化学反应，并观察化学反应，这比分子水平的反应时间尺度"皮秒"（万亿分之一秒）还要短。泽维尔将其命名为"飞秒光谱"，它伸科学家能够观察反应过程中的反应动力学和分子路径。凭借开创性的超快化学，泽维尔获得了1999年的诺

贝尔化学奖，他是第一位来自阿拉伯语世界的诺贝尔化学奖获得者。

参见： 化学成键 238~245页。

戴维·麦克米伦
1968年—

直到20世纪末，仍只有金属和酶可以用作化学反应的催化剂。2000年，在美国加利福尼亚大学伯克利分校，苏格兰裔美国有机化学家麦克米伦发明了有机催化技术。该技术使用一种小的碳基分子作为催化剂来生产一种称为"对映异构体"（不可叠加的镜像结构）的特殊分子。这一突破使新药物和材料的制造成为可能。有机催化剂也是可生物降解的，并且比传统的、可能有毒的催化剂更便宜。麦克米伦在普林斯顿大学进一步发展了这项技术。2021年，他与同样在不对称有机催化方面取得进展的德国化学家本杰明·李斯特（Benjamin List）分享了诺贝尔化学奖。

参见： 催化 69页，官能团 100~105页。

术语表

气溶胶 Aerosol
微小液体或固体颗粒在空气中的分散体系。

阻弯异构体 Akamptisomer
2018年发现的一种立体异构体，通常灵活的化学键会因分子结构而被阻碍旋转。

碱 Alkali
见碱（Base）

合金 Alloy
多种金属元素的混合物，有时也包括非金属。

肺泡 Alveoli（单数形式为alveolus）
肺部的微小气囊，在此处，空气和血液之间进行氧气和二氧化碳的交换。

氨基酸 Amino acid
在生物体中存在的含氮小分子化合物。蛋白质分子是由多达20种不同类型的氨基酸组成的长链，每种蛋白质都有独特的氨基酸序列。

原子 Atom
所有化学元素的最小单位，由原子核和围绕原子核运行的电子组成。

原子弹 Atomic mass
一种炸弹，其能量主要来自铀同位素铀-235或钚同位素钚-239的裂变。参见同位素、核裂变。

原子质量 Atomic mass
一个中性原子处于基态的静止质量。

原子序数 Atomic number
原子核中的质子数。一种化学元素的所有原子的质子数都相同，与任何其他元素原子的质子数不同。在中性原子中，围绕原子核运行的电子数（决定元素的化学性质）与质子数相同。

原子量 Atomic weight（相对原子质量）
相对于同位素碳-12（相对原子质量为12）表示的元素原子的平均质量。原子质量通常不是整数，因为大多数元素由不同质量的同位素混合物组成。参见同位素。

阻转异构体 Atropisomer
一种单键旋转受限的立体异构体，在大多数其他分子中单键可以自由旋转。

碱 Base
与酸相反的化学物质。酸和碱反应生成盐。

碱基 Base
一种含氮碳化合物，在DNA中有四种类型，在RNA中也有四种类型（其中一种与DNA的不同）。DNA和RNA分子中不同碱基的顺序"阐明"了它们编码的遗传指令。

生化途径 Biochemical pathway
生物中一系列有组织的化学反应。生化途径由酶控制。

高炉 Blast furnace
炼铁的主要炉型。铁矿石、焦炭和其他材料从其顶部引入，铁水从底部排出。空气通过喷嘴被喷入以保持冶炼过程的进行。参见熔炼（Smelting）。

锻铁炉 Bloomery furnace
小型炼铁熔炉，自古以来就被人类使用，铁在其中不会变成液体。

化学键 Bond
两个原子之间存在的将它们结合在一起形成分子或化合物的相互作用。化学键大致有离子键、共价键和金属键三种。

硼硅酸盐玻璃 Borosilicate glass
成分中包含三氧化硼的玻璃，可用于厨具等。参见钠钙玻璃（Soda-lime glass）。

卡罗法 Calotype
最早使用负片的摄影方法，从负片可以获得许多正片。

金属灰 Calx
矿物或金属经过烘烤或燃烧后留下的脆的或粉状残留物。

投像器 Camera obscura
一种使用镜头将视野图像投影到暗盒内表面上的设备。它被艺术家使用，是照相机的前身。

铸铁 Cast iron
一种硬而脆的铁，由高炉生产的金属重新熔化而成。它的碳含量很高。

催化剂 Catalyst
一种加速化学反应而其本身的数量和化学性质在反应前后基本不变的物质。

阴极射线 Cathode ray
从负电极（阴极）射出的电子流。参见电极。

阴极射线管 Cathode ray tube
一种密封的高真空设备，其中电子束被引导到屏幕上，就像传统的电视接收器一样。

氟氯烃 CFCs
以前工业上使用的、人工生产的卤代烃，后来发现它们会破坏臭氧层。参见卤烃、臭氧层。

手性 Chirality
参见不对称手性（Handedness）。

准直器 Collimator
一种用于产生平行辐射束的装置。

化合物 Compound
由一种以上元素的原子按一定比例键合而成的物质。对于共价化合物，化合物的最小部分是单个分子。

质量守恒定律 Conservation of mass
物质的总质量在化学反应中既不增加也不减少的定律。

接触杀虫剂 Contact insecticide
接触后对昆虫有毒的物质。

接触法 Contact process
制造硫酸的主要现代工业工艺。

日冕 Corona
太阳稀薄的外层大气，延伸数百万千米。

坩埚 Crucible
在高温下熔化金属或其他物质的容器。

晶体 Crystal
以重复的三维几何模式规则排列的原子或分子组成的固体。

D线 D lines
太阳光谱中特定波长的暗线，表明有钠存在。

银版摄影法 Daguerreotype
一种早期的、显现在镀银铜板上的直接正像法。

密度泛函理论 Density functional theory
一种计算分子或固体中电子分布的方法。

脱氧核糖 Deoxyribose
一种糖分子，构成DNA结构的一部分。

脱燃素空气 Dephlogisticated air
氧气的一种旧称，当时人们认为氧气由去除了燃素的空气组成。参见燃素（Phlogiston）。

脱氧核糖核酸 DNA
一种由单个小单元组成的长链分子。生物的基因记录在它们细胞的DNA中，一些病毒的基因以RNA而非DNA的形式出现。参见核酸（Nucleic acid）。

干电池 Dry-cell battery
电解液为糊状而非液体的电池。

干馏 Dry distillation
加热固体以收集气体而不使固体完全蒸发或燃烧。

动态平衡 Dynamic equilibrium
当反应物变成生成物的速率和生成物变成反应物的速率相同时，化学反应的状态没有净变化。

电化学 Electrochemistry
研究化学与电之间关系的化学分支。

电极 Electrode
电路的一部分，放出或吸收电子的导体。

电解 Electrolysis
用电分解化学物质的过程。

电解质 Electrolyte
一种液体或糊状物，由于其中正离子和负离子的运动而可以导电。

电磁辐射 Electromagnetic radiation
以波的形式传输能量的辐射，这种波是以光速行进的波动电场和磁场。

电磁波谱 Electromagnetic spectrum
从无线电波（最低频率和最长波长）到微波、红外辐射、可见光和紫外辐射，再到X射线和伽马射线的完整范围的电磁辐射。

电子 Electron
带负电荷的微小粒子。在原子中，电子围绕着重得多的中心原子核运行，平衡了原子质子的正电荷。

电子轨道 Electron orbital
电子绕原子核运行时所遵循的路径。轨道不是精确的路线，而是代表在任何特定点找到电子的概率。

电负性 Electronegativity
一种特定元素的原子与另一种元素的原子形成化学键时吸引电子的能力。氟是电负性最强的元素。

化学元素 Element
由具有相同原子序数的原子组成的物质。参见原子序数（Atomic number）。

发射线 Emission lines
光谱中特定位置的亮线表示存在某些化学元素，其原子在加热时会以这些特定频率发光。

酶 Enzyme
催化（促进）特定类型的化学反应的高分子物质。几乎所有的酶都是蛋白质。

酯 Ester
由酸与醇反应形成的有机化合物。

火焰光谱 Flame spectra
当物质在火焰中被加热时观察到的光谱。不同的元素会发出特征频率的光，并且可以通过它们的光谱来识别。

温室效应 Greenhouse effect
大气中的某些气体（如二氧化碳）具有吸收地球辐射并使大气变暖的作用。

半衰期 Half-life
特定放射性物质样品的一半衰变为其他物质的时间。该术语也用于其他情况，如药物在体内停留的时间长度。

卤烃 Halocarbon
类似于碳氢化合物的有机化合物，其中部分或全部氢原子被卤素原子取代。

卤素 Halogen
一组相似的元素，包括氟、氯、溴、碘和砹。

不对称手性 Handedness
用于以两种镜像形式存在的分子的术语，类似于右手和左手手套。也称为"手性"。参见立体异构（Stereoisomerism）。

杂化轨道 Hybrid orbital
一种在原子之间的键中发现的电子轨道，其中单个原子的轨道重叠并结合。参见电子轨道（Electron orbital）。

杂化 Hybridization
在化学键合的情况下，形成杂化轨道的过程。

烃 Hydrocarbon
仅由碳原子和氢原子组成的有机化合物，如甲烷或辛烷。

氢键 Hydrogen bond
氢原子与某些其他原子（如氧原子和氮原子）之间的一种吸引力，比共价键弱。氢键有助于稳定许多生物分子的形状，如蛋白质和核酸。

冰芯 Ice core
通过钻孔从冰川或冰盖中获得的长圆柱形冰柱。冰芯提供了几千年来气候条件和污染水平变化的证据。

红外辐射 Infrared radiation
波长比可见光长的电磁辐射，在日常生活中表现为热辐射。

离子 Ion
获得或失去一个或多个电子的原子，因此具有总体上的负电荷或正电荷。

电离辐射 Ionizing radiation
导致原子电离的任何形式的辐射。这种辐射通常对人体有害。

异构体 Isomer
分子组成相同但结构和性质不同的两种

或多种化合物之一。

同位素 Isotope
包含特定数量中子的特定元素的原子。许多元素有几种不同的同位素，它们通常具有相同的化学性质，但物理特性可能不同，例如，有些同位素是有放射性的。

钾碱球 Kaliapparat
一种19世纪的玻璃仪器，用于测量不同物质的碳含量。

基林曲线 Keeling curve
地球化学家查尔斯·基林根据1958年以来地球大气中二氧化碳的水平绘制的锯齿状曲线。

潜像 Latent image
一种照片图像，其细节以照片表面上的化学差异的形式存在，但未经进一步处理，图像是肉眼不可见的。

定比定律 Law of Definite Proportions
纯物质仅以按重量计量的固定比例结合形成化合物的化学定律。

莱顿罐 Leyden jar
一种在18世纪发明的用于储存静电的装置。

弯月面 Meniscus
管中液体的弯曲上表面。

线粒体 Mitochondria（单数形式为mitochondrion）
活细胞中为细胞提供能量的细胞器。参见细胞器（Organelle）。

分子 Molecule
两个或多个原子通过（通常是共价的）化学键结合在一起的组合。原子可以是相同元素（如氢分子，它包含两个氢原子）或不同元素的。

负片 Negative image
摄影图像中原始场景的明亮区域显示为

暗的，反之亦然。

中子 Neutron
一种不带电荷的粒子，存在于几乎所有原子（氢原子除外）的原子核中。中子的质量几乎与质子相同。核裂变会释放自由中子。

核裂变 Nuclear fission
某些种类的原子核分裂成两个或更多个更小的其他元素的原子核的过程。

核酸 Nucleic acid
生物中的两种长链分子：DNA（脱氧核糖核酸）和RNA（核糖核酸）。核酸由称为"核苷酸"的单个单元的长链组成，每个核苷酸又包含一个糖分子、一个磷酸基团和一个碱基。

核 Nucleus（复数形式为nuclei）
（1）原子的中心部分，包含质子和中子。（2）大多数生物细胞中的细胞器，含有细胞的遗传信息。

细胞器 Organelle
一种微小结构，通常被膜包围，在细胞内执行特定功能，如线粒体。

有机化合物 Organic compound
任何含碳的化合物（通常会排除一些非常简单的化合物，如二氧化碳）。

渗透 Osmosis
水或其他溶剂通过半透膜从更稀的溶液移动到更浓的溶液的过程。

氧化 Oxidation, oxidize
在化学反应中，当物质与氧气结合时，或（更一般性地）当从物质中除去电子时，物质就会被氧化。参见还原（Reduction）。

氧化物 Oxide
氧与另一种元素的化合物。

臭氧层 Ozone layer
大气层中含有气态臭氧（氧的三原子形

式）的层，可保护地球免受有害的紫外辐射的伤害。

病原体 Pathogen
引起疾病的细菌或其他微生物。

肽聚糖 Peptidoglycan
构成细菌细胞壁一部分的大分子。

培养皿 Petri dish
带盖的浅平底圆盘，通常是透明的，由玻璃或塑料制成。

燃素 Phlogiston
一种假定的物质，在所有物质燃烧时被释放出来。燃素理论后来被推翻了。

李子布丁模型 Plum pudding model
一种过时的原子结构模型，其中带负电荷的电子被想象成嵌入带正电荷的基质中，就像李子布丁中的李子一样。

聚合物 Polymer
由较小的重复单元连接在一起形成的长链分子。

质子 Proton
在所有原子的核中都存在的带正电荷的粒子。每种化学元素的原子中都有不同数量的质子。参见原子序数（Atomic number）。

辐射 Radiation
（1）参见电磁辐射（Electromagnetic radiation）。（2）电子或中子等亚原子粒子束。

放射性 Radioactivity
某些类型的原子核在转变为其他类型的原子核时释放出辐射的现象。

反应物 Reactant
参与化学反应并在此过程中发生分解或变化的物质。

还原 Reduction, reduce
在化学反应中，当从物质中除去氧

时，或（更一般性地）当向其中添加电子时，物质会被还原。例如，氧化铁在冶炼过程中被还原成铁。参见氧化（Oxidation）。

共振 Resonance
在化学中，用于表示分子的两种键合状态的中间模式的术语。

可逆反应 Reversible reaction
可以在两个方向上发生的化学反应。

核糖核酸 RNA
一种类似于DNA的长链分子。遗传指令需要从DNA复制到细胞中的RNA中才能发挥作用。RNA分子还在细胞中发挥其他作用。

盐 Salt
酸与碱反应形成的物质。

熔炼 Smelting
使用热和还原剂从矿石中提取金属的过程。

钠钙玻璃 Soda-lime glass
最常见的玻璃类型，其成分包括碳酸钠（苏打）、氧化钙（石灰）及二氧化硅（硅土）。

光谱 Spectrum
使用棱镜或其他设备分散不同波长的光或其他电磁辐射时产生的图案。该术语还可以表示一系列波长，如红外光谱。

静电 Static electricity
正负电荷通过不同材料之间的摩擦或在雷云中自然分离的现象。积累的能量可能会突然释放，就像闪电一样。

立体异构 Stereoisomerism
原子在空间排列不同但连接方式或成键方式无差异的异构现象。

四乙基铅 Tetraethyl lead (TEL)
一种铅化合物，以前被添加到汽油中以

提高汽油的性能，但由于其造成的铅污染现在在全球范围内已被禁止。

沙利度胺 Thalidomide
一种以前用于治疗孕妇晨吐的药物，但后来证明这种药物会导致严重的出生缺陷。

热力学 Thermodynamics
关于热与其他形式的能量的关系的理论与研究。热力学的原理对于理解化学反应至关重要。

超铀元素 Transuranic elements
元素周期表中原子序数大于铀的元素。

紫外辐射 Ultraviolet radiation
波长比可见光短但比X射线长的电磁辐射。

化合价 Valence, valency
一个原子的"结合力"，即它可以与其他原子或分子形成的不同键的数量。

波 Wave
一种传递能量的有规律的运动形式。波长是连续波峰之间的距离。

锻铁 Wrought iron
通过锤击或轧制不纯的铁制成的低碳形式的铁。它的脆性比铸铁的小得多，但今天它已被钢取代。参见铸铁（Cast iron）。

X射线衍射 X-ray diffraction
通过向晶体发射X射线，并研究X射线通过晶体时被影响的方式来研究晶体结构的技术。

原著索引

V

W

XYZ

引文出处

以下引文出自不是该主题关键人物的人。

致 谢

Dorling Kindersley would like to thank: Aparajita Kumar and Hannah Westlake for editorial assistance; Nobina Chakravorty for design assistance; Bimlesh Tiwary for CTS assistance; Ahmad Bilal Khan for picture research assistance; Ann Baggaley for proofreading; and Helen Peters for indexing.

PICTURE CREDITS

The publisher would like to thank the following for their kind permission to reproduce their photographs:

(Key: a-above; b-below/bottom; c-centre; f-far; l-left; r-right; t-top)

18 Alamy Stock Photo: Adam Ján Figeľ (bc). **19 Hop Growers of America. 21 akg-images:** Roland & Sabrina Michaud (cr). **24 Alamy Stock Photo:** Science History Images (b). **27 Alamy Stock Photo:** Zev Radovan / www.BibleLandPictures.com (cr). **29 Alamy Stock Photo:** Chronicle (bl). **30 Alamy Stock Photo:** The History Collection (cb). **38 Dreamstime.com:** Rob Van Hees (t). **39 Alamy Stock Photo:** Heritage Image Partnership Ltd (crb). **41 Alamy Stock Photo:** Realy Easy Star (bc). **Getty Images:** Hulton Archive / Apic (tl). **42 akg-images:** Erich Lessing (b). **44 Alamy Stock Photo:** PvE (cb). **47 Alamy Stock Photo:** Granger Historical Picture Archive (cr). **49 Science Photo Library. 54 Science & Society Picture Library:** Science Museum (bc). **55 Science Photo Library:** Sheila Terry (tl). **57 Science Photo Library:** Sheila Terry. **59 Alamy Stock Photo:** Prisma Archivo (bl). **61 Alamy Stock Photo:** Granger Historical Picture Archive (tr). **Getty Images:** mashuk / DigitalVision Vectors (tl). **63 Alamy Stock Photo:** Chronicle (bl). **Science Photo Library:** (t). **65 Alamy Stock Photo:** ART Collection (bl); SBS Eclectic Images (tr). **68 Alamy Stock Photo:** Panagiotis Kotsovolos (tl). **74 Getty Images:** Universal Images Group Editorial / Leemage (crb). **75 Dreamstime.com:** Nicku (bl). **77 Alamy Stock Photo:** Science History Images (bc). **78 Science Photo Library:** Paul D Stewart (tl). **79 Science Photo Library:** Alexandre Dotta (tl). **80 Science Photo Library:** Cordelia Molloy (cb). **81 Science Photo Library:** Library Of Congress (bl). **83 Depositphotos Inc:** georgios (bl). **Getty Images:** Hulton Archive / Apic (cr). **85 Alamy Stock Photo:** The Print Collector / Oxford Science Archive / Heritage Images (tr). **86 Dreamstime.com:** Sergey Tsvirov (b). **87 Getty Images:** DigitalVision Vectors / ZU 09 (clb). **89 Alamy Stock Photo:** Library Book Collection (bl). **90 Alamy Stock Photo:** World History Archive (br). **93 Alamy Stock Photo:** GL Archive (bl). **Science Photo Library:** Sheila Terry (tr). **95 Science Photo Library:** Sheila Terry (crb). **96 Alamy Stock Photo:** Chronicle (b). **97 Alamy Stock Photo:** FLHC 96 (tr). **99 Alamy Stock Photo:** Pictorial Press Ltd (bl). **Getty Images:** Hulton Archive / V&A Images (t). **103 Alamy Stock Photo:** Hirarchivum Press (bl). **Dreamstime.com:** Tashka2000 (tc). **104 Dreamstime.com:** Tezzstock (b). **106 Science & Society Picture Library:** Science Museum (bc). **107 Alamy Stock Photo:** Everett Collection Inc (b); Science History Images (tr). **113 Alamy Stock Photo:** Pictorial Press Ltd (tr); Nikolay Staykov (b). **114 Our World in Data | https://ourworldindata.org/:** Global Carbon Budget - Global Carbon Project (2021) (Graph's visual representation). **115 Getty Images:** Josh Edelson / AFP (t). **117 Alamy Stock Photo:** Zuri Swimmer (tr). **Science Photo Library. 119 Science Photo Library. 120 Getty Images:** GraphicaArtis / Archive Photos (crb). **123 Science Photo Library:** Charles D. Winters (tr). **124 Alamy Stock Photo:** Chronicle (bl). **Science Photo Library:** (tr); Sheila Terry (cl). **125 Dreamstime.com:** Reese Ferrier (crb). **127 Getty Images:** Apic / Hulton Archive (bl). **129 Alamy Stock Photo:** Pictorial Press Ltd (bl); Science History Images (tr). **132 Getty Images:** Sovfoto / Universal Images Group (bl). **133 Alamy Stock Photo:** Photo Researchers / Science History Images (ca). **134 Science & Society Picture Library:** Science Museum. **135 Getty Images:** Science & Society Picture Library / SSPL (t). **137 Alamy Stock Photo:** Everett Collection Historical (br). **139 Alamy Stock Photo:** Historic Collection (tr). **141 Science Photo Library:** Alfred Pasieka (t). **142 Alamy Stock Photo:** History and Art Collection (bl). **145 Getty Images:** Hulton Archive / Stringer (t). **148 Science Photo Library:** Charles D. Winters (bc). **149 Alamy Stock Photo:** Pictorial Press Ltd (bl). **151 Dreamstime.com:** Egortetiushev (cr). **153 Alamy Stock Photo:** Science History Images (tr). **156 Alamy Stock Photo:** The History Collection (tr). **157 Internet Archive:** *The Gases of the Atmosphere: The History of Their Atmosphere* by William Ramsay, 1896. **158 Shutterstock.com:** Kim Christensen (bl); Kim Christensen (bc/Helium); Kim Christensen (bc); Kim Christensen (bl/Crypton); Kim Christensen (fbl). **159 Alamy Stock Photo:** Aardvark (t). **161 Getty Images:** Nicola Perscheid / ullstein bild (bl). **162 Science Photo Library:** Laguna Design (br). **163 Alamy Stock Photo:** Chronicle (tr). **164 Science Photo Library:** Science Source / Charles D. Winters (b). **165 Alamy Stock Photo:** World History Archive (bl). **172 Science Photo Library:** Charles D. Winters (crb). **174 Getty Images:** Mondadori Portfolio Editorial (tl). **Science Photo Library:** Cordelia Molloy (tr). **178 Getty Images:** Archiv Gerstenberg / ullstein bild (crb). **179 Alamy Stock Photo:** GL Archive (bl). **180 Dorling Kindersley:** USGS. **181 Alamy Stock Photo:** Yogi Black (b). **183 Alamy Stock Photo:** Christopher Jones (cr). **187 Carlsberg Archives:** (bl). **188 Alamy Stock Photo:** Aleksandr Dyskin (clb). **189 Dreamstime.com:** Pramote Soongkitboon (t). **191 Alamy Stock Photo:** GL Archive (tr). **Dorling Kindersley:** Data: Erisman, J., Sutton, M., Galloway, J. et al. "How a century of ammonia synthesis changed the world." Nature Geosci 1, 636–639 (2008). https://doi.org/10.1038/ngeo325 / Our World in Data | https://ourworldindata.org/ (bl). **193 © The University of Manchester 2022. All rights reserved. 194 Getty Images / iStock:** blueringmedia (b). **195 Getty Images:** Photo12 / Universal Images Group (ca). **197 Alamy Stock Photo:** Interfoto / Personalities (tr). **198 Archiv der Max-Planck-Gesellschaft, Berlin. 201 Austrian Central Library for Physics:** (tc). **203 Alamy Stock Photo:** Yogi Black (tr). **207 Alamy Stock Photo:** John Davidson Photos (ca). **Getty Images:** Fritz Eschen / ullstein bild (bl). **209 Alamy Stock Photo:** World History Archive (t). **211 Alamy Stock Photo:** Trinity Mirror / Mirrorpix (t). **Getty Images:** Meinrad Riedo (br). **213 Alamy Stock Photo:** Historic Images (tr); Suzanne Viner / Retro AdArchives (cb). **220 Alamy Stock Photo:** Pictorial Press Ltd (bl). **224 Getty Images:** Baron / Hulton Archive (t). **225 Science Photo Library:** St Mary's Hospital Medical School (cla). **226 Alamy Stock Photo:** Retro AdArchives (b). **228 Dorling Kindersley:** Data:

229 Science Photo Library: Stephanie Schuller (b). **231 Alamy Stock Photo:** Science History Images (bl). **Science Photo Library:** ISM (cra). **232 Shutterstock.com:** AP (br). **235 Bridgeman Images:** © Estate of Lotte Meitner-Graf (tr). **237 Getty Images:** Universal History Archive / Universal Images Group. **241 Alamy Stock Photo:** Sueddeutsche Zeitung Photo (bl). **242 Oregon State University Special Collections and Archives Research Center, Corvallis, Oregon:** The Ava Helen and Linus Pauling Papers (MSS Pauling). **245 Science Photo Library:** Ramon Andrade 3dciencia. **251 Alamy Stock Photo:** Alpha Stock (t). **252 Science Photo Library:** National Archives (t); US Department Of Energy (clb). **255 akg-images:** Bruni Meya (tr). **xkcd.com:** © Andrew Hall 2016 (b). **257 Science Photo Library. 259 Alamy Stock Photo:** Pictorial Press Ltd (bl). **260 Alamy Stock Photo:** Science History Images (tl). **263 Getty Images:** Pam Berry / The Boston Globe (tl). **267 Science Photo Library:** Sinclair Stammers (crb). **269 Alamy Stock Photo:** Keystone Press (bl). **271 Shutterstock.com:** Sipa (tr). **273 Getty Images:** Brooks Kraft / Sygma (tr). **© The European Centre for Medium-Range Weather Forecasts (ECMWF):** (t). **275 Getty Images:** Pramote Polyamate / Moment (t). **277 Getty Images:** James L. Amos / Corbis Historical (cla). **283 Alamy Stock Photo:** Alex Segre (t); University of Texas at Austin via Sipa USA (bl). **287 Alamy Stock Photo:** Andrew Hasson (bl). **292 Science Photo Library:** Laguna Design (cb). **295 Alamy Stock Photo:** Ken Gillespie / First Light / Design Pics Inc (ca). **Shutterstock.com:** Walter Bieri / EPA (crb). **301 Reprint Courtesy of IBM Corporation ©:** (tl). **302 Alamy Stock Photo:** picture alliance / dpa (bc). **306 Alamy Stock Photo:** ITAR-TASS News Agency (bl). **310 Dorling Kindersley:** IOP Science: Yuri Oganessian 2012 J. Phys.: Conf. Ser. 337 012005. **311 TopFoto:** Sputnik. **313 Science Photo Library:** NIAID / National Institutes Of Health (t). **314 Shutterstock.com:** Csilla Cseke / EPA-EFE (tr)

All other images © Dorling Kindersley
For further information see: www.dkimages.com